ZHONGGUO SHACHENBAO
SHACHENWUZHI SUYUAN YANJIU

中国沙尘暴
沙尘物质溯源研究

李谭宝 姜 英 李 鹏 编著

中国林业出版社
China Forestry Publishing House

图书在版编目（CIP）数据

中国沙尘暴沙尘物质溯源研究 / 李谭宝，姜英，李鹏编著. -- 北京：中国林业出版社，2024.9. -- ISBN 978-7-5219-2763-4

Ⅰ. P425.5

中国国家版本馆CIP数据核字第2024PG6582号

审图号：GS京（2024）2348号

策划、责任编辑：许　玮
封面设计：姜子夏　刘临川

出版发行：中国林业出版社
　　　　　（100009，北京市西城区刘海胡同7号，电话：010-83143576）
网　　址：https://www.cfph.net
印　　刷：北京中科印刷有限公司
版　　次：2024年9月第1版
印　　次：2024年9月第1次印刷
开　　本：787mm×1092mm　1/16
印　　张：15.75
字　　数：385千字
定　　价：120.00元

《中国沙尘暴沙尘物质溯源研究》
编委会人员

主　　编： 李谭宝　姜　英　李　鹏

副 主 编： 孙景梅　花　丛　李占斌　李才文　于坤霞

编　　委： 闫　睿　范　琳　成玉婷　徐　冉　王继康　姜子夏　张　霖
　　　　　　程　杰　陈　喆　王得军　赵义兵　贾毅立　任宗萍　赵彬汀
　　　　　　孔祥吉　刘晓双　李　洋　李黛文　张斯莲　乔牡丹　李小婷
　　　　　　彭春梅　许　尫　胡冰泽　高建立　时　鹏　肖　列　王　添
　　　　　　贾　路　马建业　张泽宇　赵宾华　周世璇　许垚涛　韩建纯

参编人员： 张　瑞　吴信社　李雪琴　刘倩叶　杨志汝　何铁祥　张　恒
　　　　　　郭生建　龚文婷　白凌霄　贾　茜　卜　静　邢忠利　张　渊
　　　　　　张　博　孙　琴　吕广林　李鹏飞　杜　敏　米亚玲　赵　静
　　　　　　杨　梅　常佩静　汤永康　李永善　刘太国　李彦彬　那仁图雅
　　　　　　李　梅　王润明　郝泽东　贺建梅　王　欧　朱田甜　郭晨曦
　　　　　　高宏元　薛若冰　许延强　颖尔德木图　杨　智　王含予　李媛媛
　　　　　　李雪辉　敖日格乐　常　艳　朱宾宾　王学强　苏　亮　刘巍巍
　　　　　　沈兴芝　武晓旭　胡日查　闫　伟　杜金辉　陈培兵　卢立娜
　　　　　　贾学文　萨格萨　王阿萍　王丽娜　何金军　何　志　樊金富
　　　　　　靳玉荣　王永明　张新圣　袁　亮　牛乌日娜　刘　坤　尚正文
　　　　　　韩国茹　孙亚珍　苏俊艳　冯　薇　张　琼　张日升　迟琳琳
　　　　　　辛智鸣　罗凤敏　马仲武　王　彬　赵洪民　高斌斌　黄海广
　　　　　　杨制国　常　艳　李雪辉　余海滨　王　玉　马　浩　李玉强
　　　　　　连　杰　曾凡江　张　波　刘　波　詹科杰　段晓峰　张克存
　　　　　　安志山　邢存旺　赵广智　塔吉古丽·艾麦提　张　虎　郭瑞英
　　　　　　赵玉红　刘志民　谢文辉　王惠宁　黄保强

前言

沙尘暴是强风把地面大量沙尘卷扬起来，使空气变得相当混浊，能见度大为减小的一种灾害性天气现象。沙尘暴是发生在干旱、半干旱沙化地区的重要灾害性天气，其形成原因受到自然因素和人类活动的影响。沙尘暴发生时，强烈的上升气流把地面细颗粒物质卷扬到天空，空气中沙尘物质浓度相当大，并随着气流的水平运动向下风向移动，如果没有降水等其他天气过程，沙尘暴过境后，细小的尘土颗粒还会以浮尘的形式较长时间在空中停留。

沙尘暴携带的沙尘物质对我国北方气候变化和人民生产生活具有十分重大的影响，其来源研究一直是沙尘暴研究的热点问题之一。我国北方多次发生沙尘暴天气，沙尘来源多以气象数据结合各地现地反馈来认定，沙尘源区的具体位置并不清楚，仅笼统地理解为我国干旱、半干旱地区的某一沙区或区域或者境外一些区域，各监测站点的降尘物质尚缺乏一个权威机构来统一进行化验和分析，沙尘源地的沙尘物质成分也没有进行过统一的采集化验分析。

针对我国沙尘频发、沙尘物质源头不清等问题，国家林业和草原局西北调查规划院在荒漠化防治司的大力支持下，联合西安理工大学、国家气象中心，启动了中国沙尘暴沙尘物质溯源研究项目。该研究对我国沙尘暴降尘物质和策源地及经过路径区域的沙尘物质进行了定时、定量分析，开展了沙漠、沙地调查、沙尘样品收集、沙尘溯源分析以及沙尘天气预测，经过3年多的努力，项目研究取得了较好的成果。

一是系统分析了我国沙尘暴发生的主要区域及变化特点，确定了境内不同沙漠、沙地和降尘物质组成，研究了沙尘发生的主要天气系统，探明了生态环境及气象条件是沙尘变化的主要原因。二是利用常规气象观测数据和卫星遥感数据，发现影响我国扬沙天气移动路径以偏西、偏北和西北三条路径为主，探明了影响北京地区沙尘天气的主要路径。三是基于大气化学模型中的物源示踪模型进行沙尘溯源模拟，结果表明蒙古高原是东亚地区沙尘释放最多的地区，也是北京沙尘的主要来源地之一。四是分析了我国沙尘天气近年发生规律及其影响因素，探明了沙尘路径与强风蚀区关系，识别了沙尘移动轨迹，构建了沙尘潜在源区识别体系。五是识别了北京市大气颗粒物输送路径和潜在源区，北京市除夏季气流主要来源于东南方向外，春、秋、冬季气流均主要来源于西北方向，且占比均在40%以上。六是溯源了2021.3.15特大沙尘暴国外来源，识别了2021.3.15特大沙尘暴国内潜在沙尘源区。基于不同沙漠沙地物质组成差异识别了2021.3.15特大沙尘暴降尘国内来源。确定此次沙尘暴天气过程起源于蒙古国中南部，并呈辐射状传输。探明了2021.3.15特大沙尘暴影响北京的国内潜在沙尘源区在锡林郭勒盟的浑善达克沙地。七是通过分析沙尘策源地沙化土地现状，总结沙尘策源地治理成效和存在问题，梳理制约因素，结合我国目前实施的防沙治沙重点工程建设情况，基于沙尘轨迹识别提出了我国沙尘策源地防治策略，以期为沙化土地治理提供参考。研究结果将会对我国沙尘暴预防和灾害评估产生积极影响，对沙尘策源地保护和治理提供理论依据。

感谢参加《中国沙尘暴沙尘物质溯源研究》项目组成员的积极参与和努力。全书共分11章，各章主要编写者如下：第1章绪论，主要编写者为李谭宝、姜英、李鹏、孙景梅、李占斌；第2章我国沙尘天气概况，主要编写者为花丛、孙景梅、李才文；第3章主要沙漠分布及其特征，主要编写者为孙景梅、于坤霞、闫睿、范琳、李洋、成玉婷、任宗萍、刘晓双、李黛文、彭春梅；第4章主要沙地分布及其特征，主要编写者为闫睿、姜子夏、王添、李黛文、李小婷、许㟁、胡冰泽、赵宾华、贾路、肖列；第5章沙尘暴发展历史，主要编写者为赵彬汀、孔祥吉、程杰、李洋、姜英；第6章我国强风蚀区与沙尘天气传输特征，主要编写者为李谭宝、徐冉、姜英、孙景梅；第7章沙尘与颗粒物轨迹分析及潜在源区识别，主要编写者为李鹏、孙景梅、于坤霞、成玉婷、范琳、时鹏、许垚涛、周世璇；第8章基于地面物质组成沙尘溯源分析，主要编写者为于坤霞、李鹏、成玉婷、姜英、马建业、张泽宇、韩建纯；第9章基于数值模式沙尘溯源分析，主要编写者为王继康、李鹏、孙景梅、于坤霞、成玉婷、姜英、任宗萍、王添、张斯莲、许垚涛；第10章沙尘策源地防治，主要编写者为贾毅立、张霖、陈喆、姜英、闫睿、范琳、高建立、赵义兵、乔牡丹；第11章结论，主要编写者为李鹏、姜英。

感谢国家林业和草原局荒漠化防治司为《中国沙尘暴沙尘物质溯源研究》提供的支持和帮助。感谢内蒙古自治区林业和草原局、北京师范大学、北京林业大学、中国科学院西北生态环境资源研究院、甘肃民勤荒漠草地生态系统国家野外科学观测研究站、新疆策勒荒漠草地生态系统国家野外科学观测研究站、内蒙古磴口荒漠生态系统国家定位观测研究站、中国科学院沈阳应用生态研究所、甘肃省祁连山水源涵养林研究院、河北省林业和草原科学研究院、阿克苏地区林业和草原局林业发展保障中心、辽宁省沙地治理与利用研究所、内蒙古多伦站、内蒙古林业科学研究院、甘肃省治沙研究所、甘肃民勤荒漠草地生态系统国家野外科学观测研究站、甘肃省生态资源监测中心、甘肃省林业科技推广站、内蒙古自治区阿拉善盟气象局、内蒙古自治区阿拉善左旗气象局、内蒙古自治区阿拉善右旗气象局、内蒙古自治区额济纳旗气象局、内蒙古自治区阿拉善高新技术产业开发区气象局、内蒙古自治区锡林郭勒盟气象台、鄂尔多斯市林业和草原事业发展中心、鄂尔多斯市造林总场、张家口市林业调查规划院、内蒙古呼伦贝尔市林业和草原事业发展中心、内蒙古呼伦贝尔市新巴尔虎右旗林业和草原局。

感谢在本书编著过程中提供资料和帮助的所有同仁，感谢所引用参考文献的作者，由于时间和联系方式缺乏，在引用时未能一一求教和征得他们的同意，在此一并感谢。

编著者

2024 年 6 月

目录

前 言

1 绪论

1.1 研究背景与目的 002
1.2 国内外研究进展综述 003
  1.2.1 沙尘暴成因及其影响因素 003
  1.2.2 沙尘来源及轨迹识别 004
  1.2.3 沙尘策源地及治理 007

2 我国沙尘天气概况

2.1 沙尘天气的定义与等级 010
2.2 沙尘天气的监测 011
  2.2.1 地面观测 011
  2.2.2 卫星遥感监测 011
  2.2.3 地基雷达监测 012
2.3 影响沙尘天气的主要天气系统 013
  2.3.1 冷锋 013
  2.3.2 蒙古气旋 014
  2.3.3 干飑线 014
2.4 沙尘天气的空间分布 015
2.5 沙尘天气的变化趋势 017

3 主要沙漠分布及其特征

3.1 塔克拉玛干沙漠 020

		3.1.1 地理位置	020
		3.1.2 自然条件	020
		3.1.3 沙物质来源	021
		3.1.4 风沙地貌特征	021
		3.1.5 沙漠环境演变	023
	3.2	库姆塔格沙漠	024
		3.2.1 地理位置	024
		3.2.2 自然条件	024
		3.2.3 沙物质来源	026
		3.2.4 风沙地貌特征	027
		3.2.5 沙漠环境演变	029
		3.2.6 地表沉积物特征	032
		3.2.7 库姆塔格沙漠风沙情况	033
	3.3	鄯善库木塔格沙漠	034
		3.3.1 地理位置	034
		3.3.2 自然条件	034
		3.3.3 沙物质来源	035
		3.3.4 风沙地貌特征	036
		3.3.5 沙漠环境演变	037
	3.4	柴达木盆地沙漠	037
		3.4.1 地理位置	037
		3.4.2 自然条件	038
		3.4.3 沙物质来源	039
		3.4.4 风沙地貌特征	040
		3.4.5 沙漠环境演变	041
	3.5	古尔班通古特沙漠	043
		3.5.1 地理位置	043
		3.5.2 自然条件	043
		3.5.3 沙物质来源	045
		3.5.4 风沙地貌特征	045
		3.5.5 沙漠环境演变	046
	3.6	巴丹吉林沙漠	047
		3.6.1 地理位置	047
		3.6.2 自然条件	048

|　目录　|

　　　3.6.3　沙物质来源 049
　　　3.6.4　风沙地貌特征 051
　　　3.6.5　沙漠环境演变 054
3.7　腾格里沙漠 056
　　　3.7.1　地理位置 056
　　　3.7.2　自然条件 056
　　　3.7.3　沙物质来源 057
　　　3.7.4　风沙地貌特征 057
　　　3.7.5　沙漠环境演变 059
3.8　乌兰布和沙漠 060
　　　3.8.1　地理位置 060
　　　3.8.2　自然条件 060
　　　3.8.3　沙物质来源 061
　　　3.8.4　风沙地貌特征 061
　　　3.8.5　沙漠环境演变 063
3.9　库布齐沙漠 064
　　　3.9.1　地理位置 064
　　　3.9.2　自然条件 064
　　　3.9.3　沙物质来源 065
　　　3.9.4　风沙地貌特征 066
　　　3.9.5　沙漠环境演变 067
　　　3.9.6　沙尘天气影响范围 068
3.10　狼山以西的沙漠 069
　　　3.10.1　地理位置 069
　　　3.10.2　自然条件 069
　　　3.10.3　沙物质来源 070
　　　3.10.4　风沙地貌特征 070
　　　3.10.5　沙漠环境演变 070

4　主要沙地分布及其特征

4.1　河西走廊沙地 072
　　　4.1.1　地理位置 072
　　　4.1.2　自然条件 072
　　　4.1.3　沙物质来源及特征 073

	4.1.4	风沙地貌特征	074
	4.1.5	沙地环境演变	074
4.2	共和盆地沙地		076
	4.2.1	地理位置	076
	4.2.2	自然条件	076
	4.2.3	地质构造与地貌	077
	4.2.4	沙物质来源及风沙地貌特征	077
	4.2.5	沙地环境演变	078
4.3	毛乌素沙地		078
	4.3.1	地理位置	078
	4.3.2	自然条件	079
	4.3.3	沙物质来源及特征	080
	4.3.4	风沙地貌特征	080
	4.3.5	沙地环境演变	082
4.4	河东沙地		087
	4.4.1	地理位置	087
	4.4.2	自然条件	087
	4.4.3	地质构造与地貌	088
	4.4.4	沙物质来源与风沙地貌特征	088
	4.4.5	沙地环境演变	088
4.5	浑善达克沙地		089
	4.5.1	地理位置	089
	4.5.2	自然条件	089
	4.5.3	沙物质来源及特征	090
	4.5.4	风沙地貌特征	091
	4.5.5	沙地环境演变	092
4.6	呼伦贝尔沙地		094
	4.6.1	地理位置	094
	4.6.2	自然条件	094
	4.6.3	沙物质来源及特征	095
	4.6.4	风沙地貌特征	096
	4.6.5	沙地环境演变	097
4.7	科尔沁沙地		099
	4.7.1	地理位置	099

4.7.2　自然条件 099
　　4.7.3　沙物质来源特征 100
　　4.7.4　风沙地貌特征 101
　　4.7.5　沙地环境演变 102

5　沙尘暴发展历史

5.1　中国北方历史时期的沙尘暴 106
　　5.1.1　秦汉时期 106
　　5.1.2　三国两晋南北朝时期 106
　　5.1.3　隋唐五代时期 106
　　5.1.4　辽宋夏金元时期 107
　　5.1.5　明清时期 107
　　5.1.6　民国时期 109
　　5.1.7　中华人民共和国成立后至 2000 年 109
　　5.1.8　2001 年至今 115

5.2　沙尘天气近年发生规律及其影响因素 120
　　5.2.1　沙尘天气统计特征 120
　　5.2.2　沙尘天气的时间变化特征 120
　　5.2.3　沙尘天气的强度变化特征 123
　　5.2.4　大气环流因子影响分析 125
　　5.2.5　植被因子影响分析 125

6　我国强风蚀区与沙尘天气传输特征

6.1　强风蚀区 128
　　6.1.1　强风蚀区空间分布格局 128
　　6.1.2　强风蚀区空间分布特征 130

6.2　沙尘路径区与强风蚀区关系 132

6.3　我国沙尘天气传输特征 133
　　6.3.1　沙尘传输路径的年际变化特征 133
　　6.3.2　不同时间尺度沙尘传输路径特征 136
　　6.3.3　不同强度沙尘天气过程的传输路径分布特征 138
　　6.3.4　不同传输路径沙尘气溶胶的空间特征差异 142

6.4　近年来华北地区沙尘天气传输特征分析 142

6.4.1 沙尘传输路径的年际变化特征 ... 142
6.4.2 不同强度沙尘天气过程的传输路径分布特征 ... 144
6.4.3 影响北京地区的沙尘天气过程的路径分布特征 ... 144

7 沙尘与颗粒物轨迹分析及潜在源区识别

7.1 沙尘暴轨迹分析及潜在源区识别 ... 148
   7.1.1 沙尘暴轨迹分析 ... 148
   7.1.2 2021年3月15日—16日沙尘天气影响范围 ... 150
   7.1.3 潜在沙尘暴源区识别 ... 162
7.2 典型城市大气颗粒物输送路径及潜在源区分析 ... 167
   7.2.1 北京市空气颗粒物概况 ... 167
   7.2.2 $PM_{2.5}$ 与 PM_{10} 的线性关系 ... 169
   7.2.3 后向轨迹分布特征 ... 169
   7.2.4 污染源区分析 ... 172

8 基于地面物质组成沙尘溯源分析

8.1 模型简介 ... 176
8.2 我国主要沙漠沙地化学组成及微量元素分布 ... 177
   8.2.1 主要物质基本特征 ... 179
   8.2.2 物质组成空间分布 ... 180
   8.2.3 物质组成相关性分析 ... 181
8.3 降尘国内来源识别 ... 182
   8.3.1 指纹因子的筛选 ... 183
   8.3.2 降尘来源贡献计算 ... 194
   8.3.3 降尘源地分析 ... 195
   8.3.4 降尘来源时间变化 ... 196

9 基于数值模式沙尘溯源分析

9.1 沙尘溯源模型与方法 ... 200
   9.1.1 沙尘溯源方法简介 ... 200
   9.1.2 基于数值模式沙尘溯源方法 ... 200
   9.1.3 沙尘溯源数值模型系统 ... 203

9.2 我国沙尘来源情况 204
9.2.1 典型年份沙尘天气过程和模拟效果 204
9.2.2 沙源地沙尘相互传输分析 205
9.2.3 对我国中东部传输的影响 207
9.2.4 主要沙源地对日本、韩国等地的传输 210

9.3 典型沙尘过程溯源分析 211
9.3.1 2021 年 3 月 15 日沙尘过程概述和模拟效果 211
9.3.2 2021 年 3 月 15 日沙尘过程溯源分析 213

10 沙尘策源地防治

10.1 沙化土地空间分布状况 216
10.1.1 自然概况 216
10.1.2 沙化土地现状 216
10.1.3 空间分布状况 216

10.2 建设取得的成就 217
10.2.1 沙化土地治理实现了全面逆转 217
10.2.2 沙区植被大幅增加，生态状况明显改善 217
10.2.3 防沙治沙重点工程建设取得重大进展 217
10.2.4 沙区产业发展明显加快，促进了民生改善 217
10.2.5 推动了生态文明建设 217
10.2.6 取得了良好的国际影响 218

10.3 存在问题 218
10.3.1 边治理边破坏的现象依然存在 218
10.3.2 国家资金投入不足，地方资金配套不到位 218
10.3.3 沙产业发展不平衡，巩固脱贫攻坚成果任务艰巨 218
10.3.4 治理成果巩固已逐步成为新的工作难点 218
10.3.5 沙区采矿业发展影响了植被建设 219

10.4 治理的制约因素 219
10.4.1 水资源分布不均，生态用水难以保证 219
10.4.2 可利用土地少，总体质量差 219
10.4.3 科技推广不到位，治沙技术含量低 219
10.4.4 区域经济发展不平衡，防沙治沙投入有限 219

10.5 治理思路及重点区域 219
10.5.1 治理思路 219

10.5.2 重点治理区域 221

10.6 治理对策 221

10.6.1 落实国土空间用途管控制度 221

10.6.2 落实封禁保护修复制度 221

10.6.3 加大沙化土地治理力度 221

10.6.4 加强沙区生态系统和植被保护 222

10.6.5 推动荒漠生态补偿制度 222

10.6.6 合理利用水资源 222

11 结论

参考文献

1 绪论

1.1 研究背景与目的

加强荒漠化综合防治、深入推进"三北"等重点生态工程建设，事关我国生态安全、强国建设和中华民族永续发展。当前，我国沙化土地面积大、分布广、程度重、治理难的基本面尚未根本改变，荒漠化防治和防沙治沙工作形势依然严峻。加强荒漠化综合防治和推进"三北"等重点生态工程建设，要坚持以习近平新时代中国特色社会主义思想特别是习近平生态文明思想为指导，深入贯彻落实党的二十大精神，完整、准确、全面贯彻新发展理念，坚持山水林田湖草沙一体化保护和系统治理，要以防沙治沙为主攻方向，以筑牢祖国北方生态安全屏障为根本目标，以黄河"几字弯"攻坚战、科尔沁和浑善达克两大沙地歼灭战、河西走廊—塔克拉玛干沙漠边缘阻击战三大标志性战役为重点，因地制宜、因害设防、分类施策，大力弘扬"三北精神"，勇担使命、不畏艰辛、久久为功，努力创造新时代中国防沙治沙新奇迹。到2030年，全国67%以上的可治理沙化土地得到治理，沙化土地面积和程度持续下降，主要沙源区和路径区起沙输沙状况得到有效控制，重点沙区生态状况明显改善。

沙尘暴是强风把地面大量沙尘卷扬起来，使空气变得相当混浊，能见度大为减小的一种灾害性天气现象。沙尘暴主要发生在干旱、半干旱沙化地区，其形成原因受到自然因素和人类活动的影响。沙尘暴发生时，强烈的上升气流把地面细颗粒物质卷扬到天空，空气中沙尘物质浓度相当大，并随着气流的水平运动向下风向移动，如果没有降水等其他天气过程，沙尘暴过境后，细小的尘土颗粒还会以浮尘的形式较长时间在空中停留。据电子雷达探空资料，沙尘暴的尘柱厚度可能达到2500m，甚至更高。

沙尘暴的形成一般需要3个必要条件：一是地面沙源（物质基础）；二是强风（动力条件）；三是不稳定的空气状态（热力条件）。充足的沙源是其产生的物质基础，沙源是由长期干旱少雨、地表植被被破坏、土地的沙漠化和盐碱化等众多原因所导致形成的；强风是由促使沙尘暴发生的动力条件，一方面当强风经过沙源区极易形成沙尘暴，另一方面强风也是沙尘暴能够长距离传送的动力保证；不稳定的空气状态会使得地表风速急剧上升，带动地表沙砾和尘埃颗粒，这是形成沙尘暴的有利条件。

沙尘来源约占全球陆地表面三分之一的干旱、半干旱区域。它们不仅是中国，也是世界主要的沙尘源区。直接影响我们的沙尘主要源自中国北方的干旱、半干旱地区，包括：新疆塔里木盆地边缘；甘肃河西走廊和内蒙古阿拉善地区；陕、蒙、晋、宁西北长城沿线的沙地、沙荒地旱作农业区；内蒙古中东部的沙地。这些地区由于深处内陆，远离海洋，气候干旱，草木贫瘠，多为沙漠、荒漠、戈壁覆盖，进一步使得该地抗风蚀能力降低。此外，由于冬春季，北方降水量普遍偏少，植被覆盖量也少，长期相对较低的相对湿度使得表层土壤疏松。

除了本地的变化，高空大气环流形势的变化也与沙尘天气的出现紧密相关。当沙尘天气出现时，对流层西风带形成的、位于亚洲东部沿海一带的深槽会在亚洲西部形成稳定的脊区。我国位于槽后西北气流控制区，东亚大槽不断向东推进，引领西伯利亚冷空气不断南下。冷空气的堆积引导蒙古气旋的发展，气旋向东部移动过程中带来阵阵狂风，加上近地层不稳定的大气形式不断输送的扬沙。控制该类天气的系统一般为大尺度天气系统，是叠加在平直西风带上的，范围大约在 1000~3000km。冷空气越强，形成的大风区越大，强度也越强。

沙尘源，强劲风力，再加上近地层不稳定的大气，每年冬春寒潮来袭的时候，北方便容易发生大规模的沙尘天气。另外，我国的西部地区恰好位于地形高处，总是位于冷空气下游风向的北方，因此是沙尘暴集发区。

近 40 年来的气象记录表明，中国北方春季大风日数的增减与沙尘暴日数的增减是一致的。而大风的增减往往反映的是气候周期性变化规律。所以大风日数异常增加，强度明显增强，与东亚冬季风的异常有关。研究已经发现，在厄尔尼诺年，冬春季大风天气较少；而在反厄尔尼诺年，大风天气出现频繁，为沙尘暴出现提供了动力条件。20 世纪 70 年代，由于反厄尔尼诺事件占优势，中国北方寒潮大风天气出现很频繁，而在 20 世纪 80~90 年代，厄尔尼诺事件占优势，寒潮大风天气出现相对较少。2000 年爆发了 20 世纪最强的一次厄尔尼诺事件，在当年及次年，也爆发了我国北方罕见的高频沙尘暴。

沙尘暴主要表现为地面沙砾和尘土被强风吹起，空气混浊能见度较低，它对当地的自然环境，以及人们的生命财产安全等方面都会造成严重危害。严重的沙尘暴所过之处，大木斯拔、沙石皆飞、沙埋农田、风蚀沙土、狂风侵袭；大片农田或遭风沙掩埋，或遭风蚀降低肥力，或受霜冻之害导致农作物大幅减产，甚至颗粒无收；当风力足够强劲时，沙尘暴还会将人或动物卷离地面，因此沙尘暴也会威胁到人类的生命安全；一般而言，沙尘物质一旦脱离大风的支持就会形成降尘，沙尘暴慢慢平息，即便如此，粒径在 70mm 以下的沙砾也会悬浮、飘移至数千千米甚至数万千米后才形成降尘，污染大气，破坏生态。沙尘暴除了对农业、工业、交通，以及人类生命财产的直接影响外，还存在诸多潜在的、后续的深层次影响。

本研究选择中国北方典型沙尘地区，探讨沙尘的时空变化规律并量化潜在沙尘源区对沙尘暴的贡献，识别沙尘的影响因素并建立沙尘等级的预测模型，提出沙尘暴策源地治理措施建议，以期为改善和治理当地的空气质量和生态环境提供科学支撑。

1.2 国内外研究进展综述

1.2.1 沙尘暴成因及其影响因素

沙尘暴天气形成的主要条件有 3 个方面：第一，地面干燥并且沙尘物质较大。大风刮过会将沙尘物质卷入空中，从而形成沙尘暴，这也是沙尘暴天气形成的物质基础。第二，大风天气。大风是沙尘暴天气形成的动力基础，风力、风速能够决定沙尘暴传输距离。第三，空气不稳定因素。这也是沙尘暴天气形成的热力条件，沙尘暴天气多发生在傍晚，这是因为低层空气温度高，不稳定，空气容易形成上升运动。

物质因素：地面干燥，沙尘物质较大（植物种类、植被盖度、植被高度、植被密度、生物量、表层土壤水分含量、地下水埋深、土壤解冻时间）。

动力因素：大风天气，风力、风速决定传输距离（大风日数、平均风速、最大风速、风向、高空环流形势）。

热力因素：空气不稳定因素，温差等（降雨量、蒸发量、平均气温、空气湿度）。

1.2.1.1　国内沙尘暴成因研究进展

对于沙尘暴成因的研究，我国在 20 世纪 70 年代就开始进行研究，主要偏重于沙尘暴典型个例和沙尘气溶胶等方面的研究，揭示了沙尘暴的大尺度成因，以及发生、输送、沉降和辐射效应等，90 年代后主要开展了中国历史时期沙尘暴记载的统计整理，沙尘暴的天气气候特征，发生源地、移动路径及沉降范围，沙尘气溶胶的物理和化学特性，沙尘暴的遥感监测与预报及其防治对策等方面的研究。在 20 世纪初，我国学者通过研究发现，我国沙尘天气表现出的新特征与气候变化、天气形势、土地状况以及人类活动等因素有密切关系；接着又有学者分析了沙尘暴中心站及邻近站灾害发生频率不同的原因，探讨了地形等相关因素与沙尘暴发生的关系；在后来，通过研究又发现沙尘暴灾害发生的频率与自然因素具有紧密联系，沙尘暴灾害的发生与年均降雨量呈负相关，与大风日数呈正相关，与年平均风速呈正相关，与地面物质可蚀性指标呈正相关，与潜在生物量呈负相关，揭示了我国沙尘暴发生的动力因素；而李玲萍等通过研究河西走廊东部沙尘暴的频次发现沙尘暴频次与年平均大风频次、年平均风速和冬季冻土呈显著的正相关，与年平均气温、地温呈显著的负相关，与年平均降水、冬季积雪深度、积雪日数呈较弱的负相关，反映了我国沙尘暴发生的热力因素；张虎等通过研究黑河流域中游荒漠区发现黑河流域中游沙尘暴、扬沙和浮尘频次月变化的主要影响要素是浅层土壤湿度、大气湿度和风速，揭示了我国沙尘暴发生的物质因素；对于现有的研究，使得我们对沙尘暴的成因有了初步的了解。

1.2.1.2　国外沙尘暴成因研究进展

国外从 1920 年就开始对沙尘暴进行简单的时空分布、成因与结构，以及监测与对策方面的研究；20 世纪 20 年代初 Hankin 对印度"Andhi"型沙尘暴的上升与下降气流进行研究，对沙尘暴的动力因素进行了初步分析；70 年代后，国际上对沙尘天气的辐射和热量收支的影响进行了分析，以揭示沙尘暴的热力因素；近些年来，国际上开始尝试利用风速、降水等气候因子建立综合气候影响指数模型，分析气候因素对沙尘暴发生频率格局的影响，如 Fryrear 等是最早定量考察气候因素对沙尘暴发生频率的影响作用，用模型对气象台以年为时间单位的资料进行研究，分析了气候因素对沙尘暴发生频率的影响；在后来又有学者尝试用风速、降雨等气象因素来建立综合的气象影响指数模型，分析了气象因素对沙尘暴频率的影响，取得了较大进展。

1.2.2　沙尘来源及轨迹识别

复合指纹识别法。复合指纹识别法是通过提取能鉴别不同潜在源区的指纹因子来进行源示踪的方法，将统计判别分析方法和多元混合模型结合在一起，实现了对流域内泥沙源区相对贡献率的定量分摊，也就是建立泥沙与源地的联系，然后定量的计算出源地对河道泥沙的贡献率。复合指纹识别法通常所用的示踪物有放射性核素、红外线光谱、矿物成分、磁性矿物组分、重金属、有机物、地球化学元素、大气沉降核素、人工示踪剂、稳定同位素、植物孢粉，以及颜色、粒径等物理性指标。

富集因子法。富集因子就是先求出沙尘暴降尘样品中元素 C 的相对丰度（C/C_0）$_{sample}$，再求出土壤背景值中相应元素的丰度（C/C_0）$_{background}$，然后求出样品元素丰度与背景值元素丰度的比值。在选择参比元素时，应选择受其他金属元素和人为源影响小、化学性质稳定者为佳，Al、Ti、Fe、Mn、Ca、Zr、Cr、Si 都曾被作为参比元素使用过。最终得到富集因子法污染等级和富集程度。

基于 HYSPLIT 模型的研究，经过数十年发展超过十种以上的轨迹模型，其中 HYSPLIT 模型应用最广泛。HYSPLIT 模型是通过气团或颗粒来进行简单轨迹模拟、复杂的分散体系计算和沉积模拟的模型体系，在 20 世纪 70 年代就有人将此模型应用到污染物来源示踪方面，之后的几十年里这种方法经历了几个阶段的发展和改进后在示踪沙尘和空气污染物来源的深入研究中得到了更加广泛地应用。模型使用地图投影系统预先网格化的气象要素、各种排放源功能来完成 50hPa 至地面气象场的系统物理过程。

遥感卫星影像法。沙尘暴形成时，上升空气将众多矿物粉尘粒子卷入到大气中，大量沙尘气溶胶聚集在一起形成大面积的沙尘羽状物，范围广泛，常常绵延数千里；另外沙尘暴天气更容易发生在戈壁、流动沙丘、沙漠、荒漠草原等人烟稀少的地方。基于以上两点，我们利用普通的地面观测方法无法实时、全方位监测到沙尘暴的产生、传输全过程，所以利用遥感卫星从地球上方对沙尘暴进行监测逐渐演变为一种可靠的手段。

1.2.2.1 国内沙尘暴来源研究进展

我国的沙尘暴研究起步于 20 世纪 60~70 年代。中国科学院大气物理所在 1965 年研制出了我国第一台气溶胶激光雷达系统。2004 年中国、日本、韩国三国联合发起并成立了亚洲沙尘暴联合监测网络，实现了对当地大气中沙尘浓度、能见度、强度及其三维结构等信息的探测。中国对沙尘暴遥感监测始于 20 世纪 80~90 年代，一开始大部分沙尘暴数据源自气象卫星，没有专门监测沙尘暴的遥感卫星，但之后经过广大学者的顽强拼搏，即使在条件艰苦的情况下，依然促使遥感监测沙尘暴的应用不断取得进步。例如，高庆先应用 GMS 卫星遥感资料，结合地面气象数据和沙尘暴小时模拟数值对 1998 年 4 月发生在我国的强沙尘暴天气变化过程进行了详细分析，逐步确定了蒙古高原及我国大沙漠边缘是我国沙尘暴的起始源地；2001 年范一大利用 NOAA/AVHRR 探测仪的监测数据来探讨沙尘暴强度的探测方法，他发现将近红外、可见光和远红外多光谱合成图像能增加沙尘暴的监测和信息提取的效果。新一代中分辨率成像光谱仪（MODIS）由于其时空分辨率与光谱分辨率高，以及多波段观测的优势而受到国内外学者的青睐，运用 MODIS 数据探讨沙尘灾害的参数提取法，能为沙尘监测、预报、防治提供理论支持和依据（熊利亚，2002）。在监测卫星逐渐增多的情况下，也有学者利用静止气象卫星、极轨气象卫星、MODIS 卫星影像等多种遥感监测手段结合沙尘暴地面观测结果进行对比分析，以此研究沙尘源地和扩散过程。

20世纪80年代以来，一些学者开始采用地面观测法、源－汇对比法和数值／模型模拟法研究沙尘气溶胶模式的长距离输送问题，并且取得了非常好的成果。重矿物组合法是源－汇对比法中最简单的一种，宋锦熙和陈国英利用重矿物组合法分别研究了北京扬沙的物质来源和兰州地区沙尘暴的来源，得出北京扬沙物质来源是就地起沙，而兰州尘暴物源区主要位于甘肃北山及其东临沙漠戈壁地带的重要结论。元素对比法和稀土元素法是用化学元素法示踪尘暴源区的方法，文启忠和Gallet使用稀土元素法分别寻找了与沙漠物质、洛川黄土相似REE配分模式的土壤，从而证明了黄土源于沙漠而200多万年来洛川黄土的源区和来源路径没有发生实质性的改变同位素法是源－汇对比法中精确度较高的方法，Sun利用Sr同位素鉴别黄土高原的源区是否是柴达木盆地、塔里木盆地和准噶尔盆地时发现，只有塔里木盆地土壤的Sr、B比值与黄土高原黄土的Sr、B比值相近。

近几年，研究者更倾向于将多种示踪方法结合在一起，使示踪效果达到最佳。王涛等综合重矿物、地球化学分析结果和典型沙尘发生过程中的气象云图，认为北京沙尘暴及浮尘的主要源区是上风向的内蒙古高原、阴山北坡及浑善达克沙地南缘的农牧交错带、退化草地和旱作耕地。Zhang、Liu和Yan都利用逆轨迹模型示踪法（Back trajectory）、化学分析法和MODIS卫星云图观测法相结合的方法分别对北京和西安的沙尘暴来源进行了分析，研究发现北京的沙尘暴多起源于内蒙古高原和张北高原，而西安2012年3—4月期间的沙尘暴来源于中国西北部的古尔班通古特沙漠、塔克拉玛干沙漠等中国北方戈壁沙漠地区。

1.2.2.2 国外沙尘暴来源研究进展

国外沙尘暴示踪研究始于20世纪20年代。Normand通过地面观测发现温度的不稳定垂直分布和较大的风速是沙尘暴的形成条件，并且总结出美国沙尘暴易发生在3月、4月、5月和9月的下午4点钟和午夜时分；在同一时期Suttonet分析研究了苏丹的沙尘暴天气特征与时空规律。20世纪60年代中期激光雷达问世后，该技术得到了飞速的发展，欧洲建立了分布在欧洲境内20多个激光雷达监测站组成的沙尘监测网络，该系统自2000年开始对非洲撒哈拉沙漠沙尘暴进行连续监测，建立了沙尘暴对欧洲影响的预测和预报系统。到80年代，国外以NOAA/AVHRR为开端的沙尘暴遥感监测取得了快速发展，如Wolfson利用1VIETEOSAT和NOAA-7卫星系列观测了阿拉伯半岛"phantom"类型沙尘暴的特征；Ekhtesasi通过MODIS卫星云图观测法来研究锡斯坦地区不同风速下沙尘暴的影响范围。源—汇对比法是应用时间较持久和广泛的示踪方法，Ehrenberg在1847年就已经通过对重矿物组合的研究，证明了欧洲大陆红色沙尘主要来自撒哈拉沙漠。到了20世纪80年代，源—汇对比法被广大学者深刻的认识和进一步发展并被广泛用来示踪沙尘暴来源。Gallet等利用Sr-Nd同位素组合对北欧、西欧、阿根廷和中国4个地区的黄土进行对比，发现4个地区Sr-Nd同位素各不相同的原因是源区物质的不同。在同一时期，计算机技术飞速发展，在此基础之上用数值／模型模拟沙尘暴源区的方法也取得了较好的进展。早在1994年，Tegen等人使用一个三维模型模拟了全球矿物沙尘的起源、运输和光学厚度，并成功描述了沙尘暴的季节变化和沉降率。除了三维模型，化学质量平衡接收模型自20世纪90年代后也得到了广泛应用，如Bozlaker通过CMB定量研究了2008年6月26—28日期间非洲西北部的尘暴源区对沙尘暴的贡献率。而近年来HYSPLIT模型成为研究沙尘暴较普遍的模型，它常常同卫星法、元素示踪综合起来示踪沙尘暴源区，如Cao使用HYSPLIT模型模拟法结合MODIS卫星影像观测对西亚地区的尘暴源区进行辨识并且通过聚类分析总结出6条沙尘暴的主要传播路径。

1.2.3 沙尘策源地及治理

1.2.3.1 沙尘暴主要策源地

研究表明，每年冬春影响我国的沙尘暴源区有境外源区和境内源区两大类。境外源区主要有蒙古国东南部戈壁荒漠区和哈萨克斯坦东部沙漠区。蒙古国和哈萨克斯坦荒漠的沙尘暴，最远的能经中国北部广大地区，并将大量沙尘通过在太平洋上空的大气环流一直传送到北美洲。我国境内源区主要有内蒙古东部的苏尼特盆地或浑善达克沙地中西部、阿拉善盟中蒙边境地区（巴丹吉林沙漠）、新疆南疆的塔克拉玛干沙漠和北疆的古尔班通古特沙漠。

1.2.3.2 沙尘路径区

王立彬等研究认为沙尘暴发生后，大致分三路向京津地区移动。北路：从二连浩特、浑善达克沙地西部、朱日和地区开始，经四子王旗、化德、张北、张家口、宣化等地到达京津。西北路：从内蒙古阿拉善的中蒙边境、乌特拉、河西走廊等地区开始，经贺兰山地区、毛乌素沙地或乌兰布和沙漠、呼和浩特、大同、张家口等地，到达京津。西路：从哈密或芒崖开始，经河西走廊、银川或西安、大同或太原等地，到达京津。据调查，来自这一路线的沙尘暴，可以抵达长江中下游地区。

邱新法、曾燕、缪启龙等研究认为我国沙尘暴存在两个路径。北路：泰米尔半岛—西伯利亚中、西部—蒙古地区—新疆东部及内蒙古地区—华北地区。西路：西北欧—西西伯利亚—新疆西部地区—河西走廊、柴达木盆地—河套地区、内蒙古东部。

国家林业和草原局与中国气象局会商研究认为我国沙尘天气路径分为偏北路径型、偏西路径型、西北路径型、南疆盆地型和局地型五类。

偏北路径型：沙尘天气起源于蒙古国或我国东北地区西部，受偏北气流引导沙尘主体自北向南移动，主要影响西北地区东部、华北大部和东北地区南部，有时还会影响到黄淮等地。

偏西路径型：沙尘天气起源于蒙古国、我国内蒙古西部或新疆南部，受偏西气流引导沙尘主体向偏东方向移动，主要影响我国西北、华北，有时还会影响到东北地区西部和南部。

西北路径型：沙尘天气一般起源于蒙古国或我国内蒙古西部，受西北气流引导沙尘主体自西北向东南方向移动，或先向东南方向移动，而后随气旋收缩北上转向东北方向移动，主要影响我国西北和华北，甚至还会影响到黄淮、江淮等地。

南疆盆地型：沙尘天气起源于新疆南部，并主要影响该地区。

局地型：局部地区有沙尘天气出现，但沙尘主体没有明显的移动。

1.2.3.3　覆盖范围

上述研究明确了影响我国的主要沙尘暴策源地（源区）、移动路径及沙尘经过的大致范围，但由于每次沙尘暴发生与发展均无固定的移动路线和影响范围，且沙尘加强区域受下垫面和天气状况影响较大，其覆盖范围没有一个固定的行政范围或地理界线，但单次沙尘天气影响过程是能够从地面监测和卫星云图上进行确定的。由于沙尘天气单次覆盖范围相对确定，每一次发生的沙尘天气覆盖范围差异较大，有研究者针对影响较大的沙尘暴天气所覆盖范围进行过研究。

1.2.3.4　治理措施

新中国成立以来，我国针对沙尘暴策源地（源区）和沙尘天气覆盖范围所涉及的区域，开展了多次大规模的国土绿化和生态保护行动，先后启动了"三北"防护林体系建设工程、京津风沙源治理工程、沙化土地封禁保护补助试点工作、国家沙漠公园建设、防沙治沙综合示范区和农业综合开发防沙治沙项目建设。这些建设项目对治理沙化土地，减少策源地（源区）就地起沙，减轻沙尘暴危害起到了积极作用。

沙尘暴常规治理包括：①施放添加物（如有机肥、软泥、重油等）改善土壤结构；②改变耕作方式，如免耕或带状耕种；③干旱地区确保合理的作物留茬，以增加地表糙度；④作物采取轮作或间作；⑤在地表出现风沙活动的地方，主要采取工程固沙，用高粱属植物或粟的秸秆作防风篱、防护网格，另外还有在雨季种草或在重点防护地区上风向营造防护林的生物固沙；⑥砾石压沙措施，在防沙材料比较缺乏的荒漠地区，通常将流沙表面全部用砾石覆盖。

1.2.3.5　存在的问题与展望

学者们通过不同的方法对沙尘暴源区、沙尘路径区、沙尘天气覆盖范围、沙化土地治理措施进行了深入研究。但上述研究多数是基于单一对象进行的，就目前的技术水平来说只能够大概确定沙尘暴策源地（源区）、范围和治理对策，不能满足现代社会高效、精确的需求。尤其是治理措施趋同性较强，在不同的气候条件、不同的经济条件、不同的生态用水保障条件下，没有真正做到分区施策，在一定程度上降低了治理效果。同时，综合各方面的报道和从相关研究成果分析，针对全国范围的沙尘暴策源地（源区）、沙尘暴路径区覆盖范围及治理措施的综合研究目前报道较少。

1.2.3.6　研究意义

沙尘暴源区、沙尘路径区、沙尘天气覆盖范围、沙化土地治理措施研究一直是沙尘暴应急研究的热点问题。2021年以来，我国北方多次发生沙尘天气，2022年12月到2023年5月也多次出现了沙尘天气，再一次为我们研究沙尘天气过程、覆盖范围及治理措施提供了机会。本研究拟就全国沙尘暴策源地（源区）沙化土地治理措施进行研究，以期为沙尘暴策源地（源区）保护和治理提供理论依据。

2 我国沙尘天气概况

2.1 沙尘天气的定义与等级

我国的天气预报和研究领域曾将浮尘、扬沙、沙尘暴、强沙尘暴和特强沙尘暴统称为沙尘暴天气（《沙尘暴天气监测规范》，GB/T 20479—2006），指在强风和沙源二者共同作用下形成的一种灾害性天气现象。不同学者在研究中曾参考能见度和风速等级，尝试划分不同沙尘暴等级。在多年的应用实践中，人们认识到沙尘天气不完全等同于沙尘暴。沙尘天气标准的不统一在一定程度上导致不同研究得出了相互矛盾的结论。为解决这一问题，2003 年，中国气象局开始实施新的沙尘暴标准，将沙尘天气划分为浮尘、扬沙、沙尘暴和强沙尘暴四类。后经几番修订，现行标准（截至 2022 年 7 月）是中国气象局牵头编制的中华人民共和国国家标准《沙尘天气等级》（GB/T 20480—2017）。按照该标准规定，沙尘天气是沙粒、尘土悬浮空中，使空气混浊、能见度降低的天气现象。沙尘天气的等级主要依据沙尘天气发生时的水平能见度，同时参考风力大小进行划分，依次分为浮尘、扬沙、沙尘暴、强沙尘暴和特强沙尘暴 5 个等级。

①浮尘：无风或风力 ≤ 3 级，沙粒和尘土飘浮在空中使空气变得混浊，水平能见度小于 10km。

②扬沙：风将地面沙粒和尘土吹起使空气相当混浊，水平能见度为 1~10km。

③沙尘暴：风将地面沙粒和尘土吹起使空气很混浊，水平能见度 <1km。

④强沙尘暴：风将地面沙粒和尘土吹起使空气非常混浊，水平能见度 <500m。

⑤特强沙尘暴：风将地面沙粒和尘土吹起使空气特别混浊，水平能见度 <50m。

此外，依据成片出现沙尘天气的国家基本气象站和国家基准气候站的数目和沙尘天气等级划分，可以确定区域性沙尘天气过程等级。与沙尘天气等级对应，区域性沙尘天气也可分为浮尘、扬沙、沙尘暴、强沙尘暴和特强沙尘暴 5 个等级。

①浮尘天气过程：在同一次天气过程中，相邻 5 个或 5 个以上国家基本（准）站在同一观测时次出现了浮尘的沙尘天气。

②扬沙天气过程：在同一次天气过程中，相邻 5 个或 5 个以上国家基本（准）站在同一观测时次出现了扬沙或更强的沙尘天气。

③沙尘暴天气过程：在同一次天气过程中，相邻 3 个或 3 个以上国家基本（准）站在同一观测时次出现了沙尘暴或更强的沙尘天气。

④强沙尘暴天气过程：在同一次天气过程中，相邻 3 个或 3 个以上国家基本（准）站在同一观测时次成片出现了强沙尘暴或特强沙尘暴天气。

⑤特强沙尘暴天气过程：在同一次天气过程中，相邻 3 个或 3 个以上国家基本（准）站在同一观测时次出现了特强沙尘暴的沙尘天气。

2.2 沙尘天气的监测

目前,沙尘天气的主要监测方式包括地面观测、卫星遥感监测和地基雷达监测3种。3种方式相互补充,构成了从地基到空基、从平面到立体的沙尘三维监测系统。

2.2.1 地面观测

在沙尘暴的各种科学研究计划和实时监测预警业务中,来自地面气象观测系统的沙尘暴常规观测资料始终是最主要的信息基础。地面观测依托地面气象观测台站,通过在每个观测站点布设仪器来测量相关参数。在我国,2013年以前能见度和天气现象的观测主要由台站观测员人工完成。人工观测沙尘的优点是可以对沙尘天气进行较为准确的判识,缺点是受到光线、天气、视力、主观经验等因素的影响,对于能见度的定量化观测存在一定误差,从而影响对沙尘强度的判断。从2013年年底起,地面气象站对于能见度的观测陆续由人工目测转为仪器自动观测,在此基础上结合其他气象要素诊断判识沙尘等视程障碍天气现象。自动观测的优点是能见度定量化水平明显提高,同一站点不同时间的观测结果不受观测员个人因素的影响,具有较好的一致性。缺点是对于沙尘、雾、霾等视程障碍现象存在误判和混淆,在一定程度上影响了业务和研究人员对于真实天气现象的掌握,对于沙尘天气分析造成了困扰。为解决此问题,相关单位将生态环境部大气成分观测数据引入诊断算法,有效改进了沙尘等天气现象的判识效果。整体而言,在国家气象部门业务运行的保障下地面观测资料稳定性较好、时间序列较长(20世纪50年代至今)、时间分辨率较高(逐1小时),在沙尘天气观测分析中具有不可替代的作用。然而,地面观测也存在较为明显的缺点。多年来,由于观测规范、统计规范的变革,不同地区、不同研究人员统计得出的沙尘天气特征存在不连续性。此外,沙尘天气主要起源于我国西北部荒漠地区,受物力、财力、人力的限制,上述地区难以布设高密度站点,对于沙尘天气发生、发展、传输情况的实时掌握,以及沙尘强度、影响范围评估形成限制。

2.2.2 卫星遥感监测

随着遥感技术与应用的发展,卫星遥感观测突破了传统地面监测资料的许多制约因素,在沙尘天气的监测预警,以及防灾、减灾工作中发挥了越来越重要的作用。沙尘粒子的辐射特性主要体现在沙尘粒子的粒径大小、形状、质地上,其中粒径大小是决定沙尘尺度参数和散射特性的重要因素。沙尘卫星遥感监测的原理是利用大气悬浮沙尘粒子的光谱辐射特性及其与云、裸地、植被和水体等光谱辐射特性的相对差异,实现对大气中沙尘信息的提取。卫星遥感监测产品直观、监测范围广、动态监测能力强、精度高和时效性强的优势为大范围系统性监测沙尘天气的发生、移动和沉降,以及定量遥感沙尘特性提供了超乎寻常的手段。

20世纪70年代起,国际上应用气象卫星遥感作为沙尘监测的研究日益增多。最初主要是利用单一通道实现沙尘监测，包括可见光、近红外和热红外方法。由于有时在同一通道上（可见光通道或热红外通道）沙尘粒子、地表和云的探测数值十分接近，故使用单一通道准确判识沙尘天气比较困难。随着技术发展，卫星探测器性能不断改进，光谱分辨率提高，通道数增加，使得图像处理和模式识别等理论和技术都有了较大突破。根据沙尘粒子在可见光、近红外、短波红外、中红外和热红外通道不同于云及地表等其他目标物的光谱特性，发展多通道遥感数据判识算法提取沙尘信息，对于沙尘天气的判识效果有了显著提高。

国内的沙尘卫星遥感监测应用研究从20世纪90年代开始，主要利用极轨气象卫星NOAA/AVHRR的多通道数据进行沙尘目标判识。此外，在实际业务应用中发展了多种沙尘监测指数，其中红外差值沙尘指数（Infrared Difference Dust Index，IDDI）应用较为广泛，其定义为卫星观测到实时目标亮温减去地表背景亮温，地表背景亮温就是同时刻晴空大气地表亮温。对静止卫星的IDDI与极轨卫星的沙尘强度指数（Dust Strength Index，DSI）进行融合处理，可以划分沙尘发生过程中的有沙尘暴发生区、无沙尘暴发生区及可能沙尘暴发生区，对于沙尘暴过程的监测、评估和分析有重要的参考价值和指导意义。

但是，当前的沙尘暴卫星遥感监测方法主要利用可见光和热红外光谱信息，辐射信号无法穿透云层，因而无法获取云区下的沙尘信息，对沙尘发生和影响区域的定量评估带来了很大的不确定性。通过将卫星监测与地面监测手段的综合应用，弥补卫星遥感监测云区之下的缺失信息，同时利用地面点观测改进卫星遥感的产品精度，构建星地一体化的沙尘综合监测，可以形成优势互补。近年来，随着计算机软硬件的飞速发展，机器学习在图像识别领域应用越来越广泛，人工神经网络（Artificial Neural Network，ANN）模型、决策树（Decision Tree，DT）、支持向量机（Support Vector Machine，SVM）等方法都被证明可以用于沙尘卫星遥感监测。有研究指出，应用随机森林（Random Forests，RF）和卷积神经网络（Convolutional Neural Networks，CNN）两种算法后，沙尘监测效果相比传统的沙尘指数NDDI显著提高。

2.2.3 地基雷达监测

雷达监测可以提供沙尘天气发生时的垂直结构及沙尘粒径等信息，可以对地面和卫星观测形成有效补充。在沙尘监测中能得到较广泛应用的主要为激光雷达和风廓线雷达。激光雷达作为一种主动遥感探测工具，被广泛应用于大气遥感、环境监测等领域。根据其运载平台的不同，主要分为星载和地基两种。星载激光雷达由于其较广的探测范围、较高的时空分辨率、可获得连续的廓线数据等优势，已经成为全球及区域气溶胶和云特性观测研究的强有力工具，在沙尘气溶胶的时空分布、远距离传输、分类识别、光学特性、沙尘释放、辐射与气候效应等方面均形成了大量研究成果。

基于星载激光雷达 CALIOP 的监测数据，可以准确刻画源区、传输区甚至全球沙尘气溶胶的三维时空分布特征，揭示东亚气溶胶的跨太平洋输送、向北极输送及向青藏高原输送的机理和路径，有助于深化和拓展沙尘气溶胶对陆地、大气、海洋的生物地球化学循环，以及碳循环的研究。与星载激光雷达相比，地基激光雷达的时间分辨率更高，结合地面气象站的观测，可以更细致地描绘起沙、发展及沉降过程。如通过对 2004 年春季激光雷达观测数据进行分析发现，在呼和浩特观测到的沙尘云块的高度一般为 1~2km，而在北京一般可达到 2~4km。有研究应用退偏比和消光系数等数据分析发现，2021 年 3 月 30—31 日的强沙尘过程中，高空输送至北京的沙尘以粗颗粒物为主，细粒子主要来源于本地及周边地区细粒子源。

已有研究将星载和地基激光雷达观测结果进行了对比分析，认为两种数据在特征层识别方面具有一致性。风廓线雷达主要利用大气湍流对电磁波的散射作用，通过接收返回信号的频移对大气风场、大气折射率结构常数等物理量进行探测，对大气三维风场具有较强的探测能力。风廓线雷达是进行沙尘探测和监测的一种有效的高空大气遥感系统，通过风廓线雷达提供的水平风场、信噪比（SNR）、垂直速度、大气温度等资料，可从多角度了解沙尘天气过程。它不仅可以捕捉到沙尘天气的开始和结束时间，而且能监测到沙尘在空中被输送的高度、厚度范围及沙尘运动的垂直强度特征。有研究指出，信噪比大值层所处高度可被认定为沙尘垂直输送的高度，信噪比大值出现和结束的时间对应着沙尘天气开始和结束的时间。基于风廓线雷达提供的风场资料，可以分析沙尘天气过程中急流核、通风量、垂直运动等信息，从上述指标出现到沙尘天气发生的时间提前量为 8~9 小时，对于沙尘天气的预报有一定参考价值。

2.3 影响沙尘天气的主要天气系统

2.3.1 冷锋

冷锋是我国北方春季出现较频繁的一种天气系统。冷锋过境时因锋前后的冷暖气团之间有较大的气压梯度，在锋后有大风产生。我国北方春季降水偏少，地表干燥，大风掠过沙地时，会导致沙尘暴的发生。地面高压的前缘都有一条强度较强的冷锋，冷锋随高度向冷空气一侧倾斜，在高空等压面图上对应有很强的锋区，锋区结构上宽下窄。冷锋的移动方向与地面高压的路径有密切关系，与锋前的气压系统和地形有关，与引导冷空气南下冷锋后垂直于锋的高空气流分量也有关。

强大的冷气团（冷高压）由西西伯利亚南下先经我国新疆北部，然后经河西走廊东移，或由西西伯利亚向东南方向移经蒙古西部，自西北方向袭击我国，锋后冷气团前部有强气压梯度。据统计，纯冷锋型冷锋后气压梯度可达到15~25hPa/500km，冷锋前后出现明显的3h负变压，两者之间变压差可达到6~12hPa。大气受强气压梯度力和变压梯度力共同作用形成强风，起沙成暴。部分情况下，冷锋尽管也伴有蒙古气旋活动，但气旋在整个过程中加深不明显。在冷锋型天气过程中，沙尘粒子在锋面强地面风速的作用下出现起沙，在锋面抬升的作用下扬升，随着天气系统的移动，在下游产生沙尘暴或扬沙天气。粒径较小的沙尘上扬后继续上扬，随高空风快速向下游输送，经过较远距离的输送后，在地面形成浮尘天气。

2.3.2　蒙古气旋

蒙古气旋一般是指生成于蒙古人民共和国的锋面气旋。它是影响我国西北、华北、东北、黄淮地区及渤海的重要天气系统之一。蒙古气旋一般生成于43°~50°N、90°~120°E范围内，生命史为24小时或以上，在天气图上的表现为可以分析出至少一条闭合等压线。在地面气旋加强发展时，地面风速增大，沙尘粒子得以启动，在气旋区螺旋上升气流的作用下，沙尘粒子涡旋式向上扬升，其中，粒径较大的沙尘随气旋及冷锋向前扩展，产生扬沙或沙尘暴，粒径较小的沙尘能够到达对流层中、高层并在高空风的作用下快速向下游传输，经过较远距离的输送后，在地面形成浮尘天气。

蒙古气旋沙尘暴过程的沙尘传输特点之一为：沙源区纬度越高（越偏北），沙尘向东传输越强，纬度越低，向南传输越强。其形成原因是萨彦岭山地背风坡效应、青藏高原东北侧地形强迫绕流等自然地理因素造成。蒙古气旋沙尘暴过程的另一传输特点为：沙源区高度越高，沙尘向东传输越强；高度越低，向南传输越强，且对流层低层的气旋冷锋锋区可以作为一个近似的分界面。其形成是由地形及蒙古气旋的动力、热力结构共同决定的。从蒙古气旋引发的沙尘强度来看，当气旋中心强度高于990hPa时，一般对应扬沙天气；当气旋中心气压下降至990hPa左右时，可能出现沙尘暴；当气旋中心气压低于990hPa时，可能出现强沙尘暴。引发强沙尘暴天气的蒙古气旋一般是比较深厚的系统，最大强度位于300~400hPa，气旋发展过程中温度平流作用显著，温度场与高度场的不同配置，决定了气旋的发展和移动方向。在2021年3月14—17日影响北方多地的沙尘天气过程中，蒙古气旋中心强度达到980hPa，其后部冷高压强度达1037hPa。强气压梯度使西北、华北、东北地区及内蒙古等地部分地区出现10~11级阵风，内蒙古中东部、新疆北部局地风力达12级，出现了近年来少见的强沙尘暴天气。

2.3.3　干飑线

飑线由一系列对流单体构成。飑线对流单体前方存在阵风锋面，阵风锋面之后有下沉冷气流，而其前方却有相对于阵风锋面较强的反向上升气流，并卷入云体。据观测，飑线的阵风锋面前反向上升气流速度范围为1~63m/s。当飑线过境时地面记录显示出气压急剧上升，气温下降，并伴随雷暴或强积云降水过程。有研究发现，2004—2008 年，河西走廊飑线活动造成的强沙尘暴出现在 4—6 月，其中 5 月居多，出现的 7 次强沙尘暴中有 4 次伴有飑线，说明冷锋在东移经河西走廊特殊峡管地形时易诱发飑线，飑线又会促使强沙尘暴的暴发。

经普查沙尘暴灾情，飑线活动造成的强沙尘暴由于暴发性强，往往造成严重灾情。"93·5·5"黑风暴就是由强冷锋前部的一次飑线活动直接造成的，造成甘肃省武威市 43 人死亡，直接经济损失 1.4 亿元。在此类次强对流型沙尘天气过程中，卫星云图和雷达回波上可以清楚看到飑线随时间的演变，飑线和高空动量下传是产生沙尘暴的动力因素，共同引起地面大风和较强的湍流运动，地面中尺度辐合线出现的时间、位置对飑线发生的时间、位置及走向起到决定性作用，在业务实践中，判断这种中尺度辐合线的位置和走向，对做好类似的强对流天气引发的沙尘天气预报是十分有益的。

2.4 沙尘天气的空间分布

中国的沙尘暴多发区属于中亚沙尘暴区域的一部分，主要位于 35°~49°N、74°~119°E 的广大北方地区，空间分布基本与中国北方沙漠及沙地分布相一致。总体而言，我国沙尘天气发生频率由西北向东南方向减少。2000 年以前，相关研究对象主要为能见度低于 1km 的沙尘暴及以上强度的沙尘天气。根据分析，沙尘暴主要分布于 100°E 以西和长江以北的大部分地区，沙尘暴主要分布区的范围与年平均降水量小于 600mm 的范围基本一致，区内的年平均风速一般都大于 2m/s。我国西北、华北大部、青藏高原和东北平原地区是沙尘暴的主要影响区，塔里木盆地及其周围地区、阿拉善高原和河西走廊东北部是沙尘暴的高频区，年均沙尘暴日数超过 30 天。我国主要有 3 个能见度不足 200m 强沙尘暴中心，包括以甘肃民勤为中心的河西走廊及内蒙古阿拉善高原区，以新疆和田为中心的南疆盆地南缘区，以内蒙古朱日和为中心的内蒙古中部区。沙尘暴的易发区大多属于中纬度干旱和半干旱地区，这些地区受荒漠化影响和危害比较严重，植被稀疏，在大风天气影响下易形成沙尘暴。

2000 年起，随着业务逐渐规范及相关标准的不断完善，中国气象局每年编制并发布《沙尘天气年鉴》，对浮尘及以上等级的沙尘天气分布进行分析。从 2000 年、2010 年、2020 年逐 10 年沙尘天气日数分布图（图 2-1）上可以看出，虽然不同年份沙尘天气分布情况略有差异，但整体而言，我国秦岭淮河以北和江淮的大部分地区，以及江南北部、四川盆地、西藏等地均受到沙尘天气影响。有两个日数超过 25 天的沙尘多发区，一个位于新疆东部及南疆盆地，其中南疆盆地部分站点沙尘天气日数超过 100 天；另一个多发区位于内蒙古西部巴丹吉林沙漠周边地区，沙尘天气日数一般不超过 50 天。

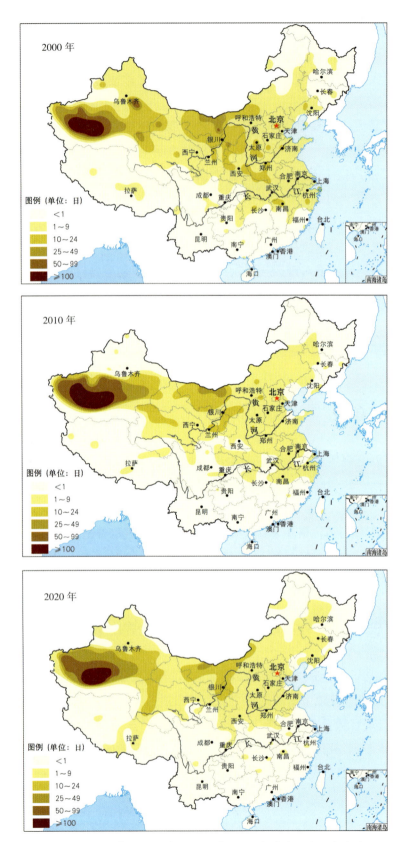

图 2-1 2000 年、2010 年、2020 年逐 10 年沙尘天气日数分布

2.5 沙尘天气的变化趋势

沙尘天气的发生频率、强弱与下垫面状况和气象条件均有密切关系。从年际变化来看，自公元前3世纪以来大致可分为3个阶段：公元前3世纪至12世纪，沙尘暴处于发生的低频阶段；13世纪开始，强沙尘暴发生的频率增高，进入沙尘暴发生的高频阶段；19世纪后为迅速增长的阶段。基于新中国成立后气象资料的分析结果显示，从20世纪50年代至2000年，我国北方沙尘天气总体呈下降趋势，但不同年代呈现出一定的波动。由于不同研究应用的数据资料和计算方法不同，针对年代波动的研究结果有所差异。有研究认为50年代呈增加趋势，60至70年代沙尘暴天气发生频繁，尤其是1966年沙尘暴发生频率达到峰值。80年代开始下降，90年代在减少中有回升趋势。也有研究认为，沙尘暴和扬沙年平均日数都是在50年代最高，60年代减少，之后70年代又有回升的趋势，到80年代又减少，90年代最少。并且沙尘暴日数的变化存在着6.7年的周期，以及2.59年和3.38年的周期。整体而言，50至70年代沙尘天气发生频繁，80至90年代整体减少，变化原因主要包括生态环境及气象条件两个方面。

21世纪初，我国北方沙尘天气进入新一轮活跃期。2000—2002年，受拉尼娜事件影响，我国北方冬春季大风天气频繁出现，叠加降水偏少、气温偏高等因素，导致沙尘暴天气呈现频次高、发生时间提前、持续时间长、强度大、影响范围广等新特征。根据中国气象局公布的情况（图2-2），2000—2021年，沙尘天气过程次数呈现先减少后增加的趋势。2000—2010年平均每年出现沙尘天气过程15.7次；2011—2014年，每年发生

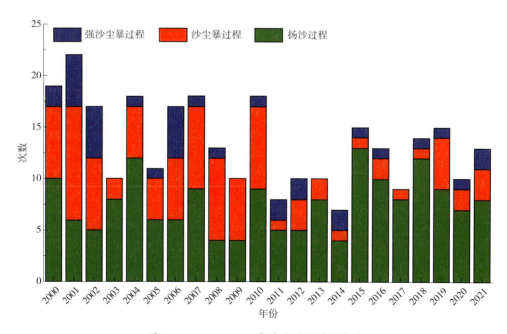

图 2-2　2000—2021年沙尘天气过程次数

7~10次沙尘天气过程，平均每年出现8.8次；2015—2021年，每年出现沙尘天气过程的次数增加至平均12.7次。2000—2020年，沙尘暴天气过程次数呈现显著减少的趋势。其中，2000—2010年平均每年出现沙尘暴天气过程6.5次，2011—2020年平均每年仅1.9次。但是，2021年出现3次沙尘暴天气过程，较近10年平均偏多。2000—2020年，每年出现1~2次强沙尘暴天气过程，仅2001年、2002年和2006年出现5次。2021年出现强沙尘暴天气过程2次，较2011—2020年平均（1.1次）偏多0.9次。整体而言，2010年以后，沙尘暴及以上强度的沙尘天气过程较前10年明显减少，沙尘天气强度呈现减弱的趋势。

位于我国北方沙源地附近沙尘天气高发的几个省（自治区）均利用较长时间序列的历史资料，针对本地区的沙尘天气演变特征进行了分析。在新疆，北疆地区沙尘暴的高发区在古尔班通古特沙漠，沙漠南缘、天山北麓发生的沙尘暴多于周边地区；南疆地区沙尘暴以塔里木盆地为中心，高发区在塔克拉玛干沙漠。沙尘暴出现较多的年代是20世纪60年代和70年代，90年代沙尘暴明显减少。但进入21世纪后，南疆盆地的沙尘天气有波动增加的趋势。针对甘肃省的研究发现，甘肃省沙尘暴天气集中在河西地区，年平均沙尘暴日数一般为2~26天，中部偏北地区和龙洞北部也较多。20世纪50年代是沙尘暴的频发期，70年代也较多，60年代和80年代较少，90年代最少。内蒙古中西部是我国沙尘暴的主要源地之一。据分析，20世纪60~90年代，内蒙古沙尘暴的发生频率总体呈下降趋势，但从1998年起又有上升的趋势。2000年以后的数据分析表明，2001年沙尘暴次数达到最高值，随后呈波动下降趋势，特别是2008年以后呈现明显下降趋势。在宁夏，沙尘暴天气在中北部地区发生概率较大，主要发生在20世纪60~80年代中期，1984年之后处于少发期。在青海省，沙尘暴天气有两个高值区，即以刚察县为中心的环青海湖地区和青海南部高原的五道梁及沱沱河地区，20世纪60年代至2017年，沙尘天气整体呈减少趋势，强度也呈减弱趋势。从以上分析可以看出，沙源地附近各省（自治区）沙尘天气的变化趋势基本是一致的。在沙尘传输作用下，位于沙源地下游甚至远离沙源地的地区也会受到沙尘天气的影响，其沙尘天气变化趋势也是与沙源地省（自治区）是一致的。

3 主要沙漠分布及其特征

3.1 塔克拉玛干沙漠

3.1.1 地理位置

塔里木盆地是我国最大的内陆盆地，盆地除东面罗布泊为风口外，其余三面均为海拔 4000m 以上的高山环绕，南为青藏高原，西南为帕米尔高原，北与西北为天山。盆地由西南向东北倾斜，南和西南缘海拔 1400~1500m，西北和东北为 1000~1200m，最低处的罗布泊为 780m。整个盆地为不规则的菱形。盆地东西长 1425km，南北宽 810km，面积达 52.44 万 km^2。位于盆地中心的塔克拉玛干沙漠系世界著名沙漠之一，占中国沙漠总面积的一半以上。塔克拉玛干沙漠地处 77°~90°E、37°~41°N，东西长约 1070km，南北宽 410km，面积 346904.97km^2，其中流动沙丘面积占 82.2%。塔克拉玛干沙漠是我国最大的沙漠，也是世界上面积第二大的流动沙漠。

3.1.2 自然条件

3.1.2.1 气候与水文

塔克拉玛干沙漠系暖温带干旱沙漠，酷暑最高温度达 67.2℃，昼夜温差达 40℃以上。平均年降水量不超过 100mm，最低只有 4~5mm，平均蒸发量高达 2500~3400mm。全年有三分之一是风沙日，大风风速每秒达 300m。塔克拉玛干沙漠的热量资源较为丰富，在全国各沙漠中占第一位，无霜期较长，一般为 180~240 天，大于 10℃的积温一般在 4000~5000℃，日照时数全年可达 3000~3500 小时，是我国沙漠中唯一属于暖温带的沙漠，具有开发利用的潜力。

盆地汇集了天山南坡和昆仑山—喀喇昆仑山北坡所有水系，总径流量 392.69 亿 m^3。塔克拉玛干沙漠北部水系，包括喀什噶尔河、阿克苏河、渭干河、迪那河、开都河及塔里木河等径流量为 222.79 亿 m^3。盆地南部水系，以田和河、克里雅河、车尔臣河为骨干，加上皮山河、策勒河、尼雅河等，总径流量为 87 亿 m^3。

3.1.2.2 土壤与植被

塔里木盆地的地带性土壤为棕漠土，非地带性土壤主要是风沙土、盐土、绿洲白土和吐加依土等。

沙漠地区有高等植物 22 科 57 属 80 种。植被总的特点是：种类贫乏、群落结构简单、覆盖度极低，大部分地区为光裸的不毛之地。适应极端干旱的气候条件，自然植被多具耐干旱、耐盐碱、耐贫瘠、耐风沙的特性。河岸林和草甸主要有胡杨、灰杨、榆树、红柳、梭梭等；灌丛群系为地带性灌木荒漠植被，主要有膜果麻黄、泡果白刺、大叶白麻、沙棘、梭梭和霸王；荒漠群系的植物有沙生柽柳、泡泡刺、沙蒿群系、盐穗木群系、盐节木群系、骆驼刺、花花柴、拂子茅、叉枝鸦葱、甘草等，此外还有蓝藻类等低等植物。塔克拉玛干沙漠的极端环境，是某些耐受这种环境的动物的重要栖息地和庇护所。沙漠及周边动物有 277 种，其中兽类 34 种、鸟类 189 种、爬行类 13 种、两栖类 3 种、鱼类 38 种。

3.1.3 沙物质来源

气候干燥是沙漠形成的必要条件，而丰富的沙源是沙漠形成的物质基础。朱震达等认为塔克拉玛干沙漠沙的主要来源是，在干燥的气候条件下，受风力吹扬的塔里木盆地第四纪巨厚疏松的冲积沙层（沙漠东部为河湖相沉积）。早在第三纪，塔里木盆地地势起伏比较和缓，盆地中央是微隆起的剥蚀丘陵，只有在盆地西部的山前凹陷带地势较低，承接了以细土颗粒为主的堆积。新构造运动造成了塔里木盆地的地势向北东倾斜，从而影响了盆地内水系的分布和沉积性质。第四纪初，全球气候发生变化，冰期来临，盆地四周山体的隆升高度尚不足以阻挡水汽的进入，山地降水降雪多，发育了大规模的冰川，间冰期大量的冰雪融水汇集成水量丰富的众多河流，将周围山地的风化物搬运至盆地中堆积，形成广大的三角洲和冲积平原。可以推断，塔克拉玛干沙漠的沙并非同源，而是由各个沙源区的下伏沉积沙层就地起沙，经风力吹扬和堆积而形成的，这从各地沙丘沙与下伏沉积机械组成和物质成分的相似性，以及各地沙丘的差异性得到解释。塔克拉玛干沙漠边缘沙物质来源以"就地起沙"为主，腹地则接受了异地产物并"均一化"。沙丘沙与河流沙的某些相似性反映了二者间的亲缘关系，沙漠经历了基岩碎屑—古河沙流—沙丘沙的演化过程。穆桂金等通过对塔克拉玛干沙漠第四纪沉积物的粒度分析，认为风成沙的物质来源与周围各大水系密切相关，风成沙是以细沙为主，是各种结构特征都较稳定的沉积物。陈渭南通过对沿 84°E 附近横穿塔克拉玛干沙漠的沙样粒进行分析，结果表明沙丘沙以极细沙为主，0.1~0.05mm 含量占 60%~80%。沿线沙丘沙的分选程度略差，一方面与下伏沙物质的分选程度相关，另一方面也与风沙活动频繁和不断加入的新组分有关。沙漠中部沙丘有较高的成熟度，而边缘地带较差，反映了沙漠中部向外围扩展的信息。

塔克拉玛干沙漠大体上分南、北两大沉积区，北面是塔里木河古老的和近现代冲积泛滥平原；南面是昆仑山北麓古老的和近现代洪积-冲积干三角洲平原。塔克拉玛干沙漠的沙粒以细沙和极细沙为主，这是因为该沙漠的沙物质主要来源于古代河流的三角洲、冲积平原和湖河相平原巨厚松疏的沉积沙层，沙源物质较细。重矿物成分在沙漠的南北部地区有一定差异，南部沙源来自昆仑山和阿尔金山的河流沉积物，其重矿物组成都是角闪石占优势，其次是云母、绿帘石和金属矿物，发育在这些沉积物上的沙丘沙、重矿物成分也大致相似。沙漠北部地区，以塔里木河附近的河流冲积沙和沙丘沙来说，角闪石含量减少了，云母为主要成分。

3.1.4 风沙地貌特征

从地质构造来看，塔里木盆地是一个古老的地块，它的周围为一系列晚期隆起的地槽型褶皱山系所环绕。盆地南面为昆仑褶皱带，北面为天山褶皱山系。盆地的地貌景观分布呈现显著的有规则的环状特征：盆地外围接近山麓的是一个宽广的洪积扇和冲积-洪积扇所组成的山前倾斜平原。

塔里木盆地内部为一广大的古冲积平原。这一平原由两部分组成，大致以40°N为界，南部为昆仑山北麓诸河的古代干三角洲，北部则为塔里木河冲积平原。古冲积平原大部分已被沙漠所覆盖。塔里木盆地东部，即塔里木河和孔雀河下游的罗布泊地区，是整个盆地的集水中心，是一个巨大的古代湖盆。古代湖盆面积曾达2万km^2，近代湖泊面积也曾达到3006km^2。在20世纪50年代末60年代初，罗布泊和其西南的台特玛湖相继干涸。罗布泊以东主要分布着雅丹地貌和盐土平原，沙漠只分布在罗布泊与塔里木河下游河段之间。

塔克拉玛干大沙漠主要是新月形沙丘链和巨大沙垄组成的流动沙漠，少量固定、半固定的灌丛沙丘分布在沙漠边缘。以克里雅河为界，东部为东北—西南走向的高大复合型沙垄，西部为新月形沙丘，沙丘链及复合型沙丘链；麻扎塔格以北，沙丘类型由北向南为：沙垄—新月形沙丘与沙丘链—鱼鳞状沙丘—复合新月形沙丘链；塔里木河下游、克里雅河下游及老塔里木河一带，分布有穹状沙丘、复合新月形沙丘；且末至于田一线分布有金字塔形沙丘。塔克拉玛干沙漠边缘沙丘高度一般在25m以下；内部一般在50~80m，最高达200~300m。塔里木盆地的主风向，在克里雅河以东为东北风，以西为西北风，沙漠腹地沙丘总体上是沿东北—西南向移动，沙漠南缘的和田绿洲，沙丘向南偏东移动。

在塔克拉玛干沙漠，除了西部的麻扎塔格、罗斯塔格等山，中南部的北民丰隆起高地和深入沙漠内部的一些河流沿岸尚未为沙丘所覆盖外，全为沙丘分布。其风沙地貌特征主要有以下几点：

（1）流动沙丘占绝对优势。在塔克拉玛干沙漠中，除了西部的麻扎塔格等山，中南部的北民丰隆起高地和深入到沙漠内部的一些河流沿岸尚未为沙丘所覆盖外，全为沙丘所分布。其中流动沙丘面积占85%，只有在沙漠边缘、山前平原的前缘和深入到沙漠中的河流两岸分布有以柽柳为主的固定、半固定灌丛沙丘（堆），仅占沙漠面积的15%。风蚀地貌主要分布在沙漠东部的库鲁克库姆边缘，在沙漠西部的麻扎塔格一带也有分布。

（2）沙丘高大，形态复杂。沙漠内部主要为裸露的巨大沙丘所分布，一般高度为100~150m，也有200~300m的，其中高度在50m以上的沙丘占沙漠面积的80%。形态也极为复杂，不仅具有我国其他沙漠所有的各种形态的沙丘，而且还有其他沙漠没有的各种特殊形态的沙丘。如沙漠东半部，主要为延伸很长的巨大复合型沙丘链，一般长5~15km，最长可达30km，宽度一般在1~2m，落沙坡高大陡峭，迎风坡上覆盖有次一级的沙丘链，丘间地也很开旷，宽度在1~3km，延伸很长，但为一些与之相垂直的低矮沙丘所分割，形成一个个长条形的封闭洼地，潜水位高，有沮洳地和湖泊等分布。特别是在沙漠东北部靠近塔里木河下游一带，湖泊分布较多，多为淡水，往沙漠中心逐渐减少，且多已干涸。在沙漠西部的麻扎塔格、罗斯塔格山的南北地带也分布有这种巨大复合型沙丘链，唯与前者有所不同，即沙丘密集无开旷的丘间地，也无湖泊，沙丘的横向延伸也较短。沙漠中心82°~85°E和沙漠西南部，主要分布有复合型纵向沙垄，延伸也很长，一般在10~20km，最长可达45km，沙垄与主风方向大致平行，但覆盖其上的次一级沙丘却与主风方向垂直。在沙漠南部于田和民丰之间，分布着单个的金字塔沙丘，在民丰和且末之间，金字塔沙丘一个接一个组成一狭长且不规则的垄岗。此外，在沙漠北部塔里木河老河岸以南还可见有高大的穹状沙丘；西部和西北部可见有鱼鳞状沙丘群。

（3）风沙地貌主要分布在沙漠东部库鲁克库姆沙漠边缘的罗布泊洼地西部和北部，以雅丹地貌著称，面积3000多 km^2；在沙漠西部的麻扎塔格一带也有分布。周兴佳（1995）通过多次深入沙漠腹地探险、考察发现，在塔克拉玛干沙漠中心，到处有风蚀地貌分布，特别是老河道湖盆洼地分布区，风蚀地貌相当发育。风蚀地貌的主要形态有各种各样的残丘、土墩及风蚀洼地等。风蚀地貌的垂直尺度从数十厘米至数米，水平尺度从数米至数百米，甚至数千米。目前，风蚀地貌多为流沙所掩埋。许多高大沙丘就是由风蚀地貌为底座发展起来的。

（4）塔克拉玛干沙漠虽以流动沙丘为主，但在沙漠内部的河流沿岸、沙漠边缘的河流两岸及洪积冲积扇前缘还分布着可供开垦的荒地及植物资源（以荒漠河岸林——胡杨林、灰杨林及柽柳灌丛为主），如沙漠边缘的塔里木河中下游、叶尔羌河下游、车尔臣河下游和已深入沙漠内部的和田河、克里雅河、尼雅河、安的尔河和牙通古斯河等。这些河流有的穿越沙漠，如和田河，有得深入到沙漠内部三分之二或仅深入沙漠中100~200km左右便以干三角洲扇状水系的形式逐渐消失。在这些河流沿岸的平原上，由于间歇性洪水的补给，冲积层中有着丰富的淡潜水，这些淡潜水是良好的水源（李兴宝等，1964），一般埋深于3~4m，以泉水方式出现，有的地区溢出地表，在丘间凹地或干河床中潴水成为小湖，如克里雅河下游拉依当附近的一些小湖。正是具有这种条件，所以地表分布有密集的天然胡杨林、灰杨林、柽柳灌丛及芦苇草甸，以克里雅河下游大河沿一带为例，面积可达30余万亩[①]，呈现出"天然绿洲"的特色。沙丘仅分布于在其周围或孤立的分布于其中，并有固定居民点的存在，如克里雅河下游的唐古兹巴斯特，民丰安的尔河下游的安的尔，牙通古斯河下游的牙通古斯等。至于间歇性流水不能到达的河流最下游，仅有稀疏的胡杨和柽柳呈断续带状沿着干河床蜿蜒曲折点缀在沙漠之中。

3.1.5　沙漠环境演变

塔克拉玛干沙漠处于内陆盆地，在极端干旱多风的气候条件下，丰富的冲积、冲积—湖积沙物质在风力作用下形成面积大、形态复杂的流动沙丘，是在中更新世至全新世时期逐渐形成的。第三纪末第四纪初，受喜马拉雅运动影响，青藏高原及盆地周边山地强烈隆升、盆地接受周边山地的砾石沉积。中更新世、周边山地继续隆升，普遍发育冰川，河流将巨量的碎石岩屑搬运到盆地，不仅在山麓形成了巨厚的砾石堆积，盆地腹地也沉积了深厚的细碎疏松物。后随盆地干旱荒漠气候进一步加剧，在风力作用下，塔克拉玛干沙漠逐渐形成。晚更新世以来，周边山地持续上升、湿润气流更难进入盆地，气候愈加干旱，昆仑山北坡低山丘陵出现的大范围黄土沉积表明沙漠过程正在加剧。到末次冰期，沙漠几乎扩展到整个盆地，形成了现代沙漠地貌的基本轮廓。

[①] 1亩 =1/15公顷。以下同。

全新世，在气候转暖、转湿的大背景下，西部内陆气候也较前湿润温和，沙漠腹地形成的灰白色黏土及亚黏土层，表明沙漠此时曾有过数次河流泛滥阶段，昆仑山北麓黄土剖面中发育的生草层，也表明此时盆地气候干旱程度有所缓解。大约距今7000—5000年的全新世中期，沙漠气候变得相对湿润，在深入沙漠腹地的河流沿岸、湖滨地带、沙漠边缘等局部区域曾出现植被扩大、沙丘固定、绿洲扩张的情况。但沙漠整体仍处于以流动沙丘占绝对优势的极旱荒漠景观。

自沙漠形成以来，由于塔里木盆地极端干旱的气候特性及其封闭的地理环境，尽管西北内陆曾发生过若干次干湿交替的气候变化，沙漠的极端干旱环境都未发生根本变化。无论是晚更新世晚期的西部地区高湖面期，还是全新世大暖期，除了局部区域出现沼泽、绿洲扩大及河流沿岸植被扩展导致小范围沙丘出现半固定、固定外，沙漠总体上始终处于干旱荒漠或极旱荒漠环境之中，始终保持了以流动沙丘占绝对优势的"直线式发展"过程。

沙漠环境的演变包括自然和人为两个方面的原因。人类历史的早期，塔里木盆地整体环境的演变自然因素起主导作用，盆地中水系网的瓦解和沙漠扩大是晚更新世以来环境向干旱方向发展的结果。2000多年前开始，人类经济活动、战乱等因素越来越影响沙漠绿洲的环境。

3.2 库姆塔格沙漠

3.2.1 地理位置

库姆塔格（维吾尔语意为沙山）沙漠位于塔里木盆地东部罗布泊洼地南缘，阿尔金山北麓，沙漠西起新疆维吾尔自治区若羌县的红柳沟，东至甘肃省的敦煌鸣沙山，北临阿奇克—疏勒河谷地，南依阿尔金山，南北最宽处达120km，东西最长为350km，大体介于39°00′~40°47′N和90°27′~94°52′E，面积约为24243km^2（包括库姆塔格沙漠主体22785km^2、党河以东的鸣沙山地区633km^2、阿奇克谷地的零星片状平沙地和沙丘地475km^2，以及库姆塔格沙漠内部戈壁350km^2），为我国第四大流动沙漠。在行政区划上，库姆塔格沙漠的主体部分位于新疆维吾尔自治区若羌县的东部，在甘肃省主要分布于敦煌市、阿克塞哈萨克族自治县及肃北蒙古族自治县境内。整个沙漠主体覆盖在阿尔金山北麓的冲洪积倾斜平原和河湖相平原上，沙丘分布从海拔2000m的山麓地带逐渐降到海拔800m左右的平原（或谷地），呈现出南高北低的地势。库姆塔格沙漠沙丘形态分布呈扫帚状，并以我国独有的羽毛状沙丘而著称。

3.2.2 自然条件

3.2.2.1 气候条件

库姆塔格沙漠分布在我国极端干旱区，塔里木盆地周围隆起的祁连山、天山、昆仑山是造成该区域干旱气候的主要原因。这些高大山体的隆起，严重破坏了北半球的大气环流和水热均衡条件，影响最大的是南缘的青藏高原。平均海拔在4500m以上，构成地球上地势最高的"世界屋脊"，阻挡了西南季风向北流动，使其成为干旱气候。由于西南季风进入新疆之路，在第四纪初期被阻挡，所以干旱气候应从第四纪初期开始，一直延续至今。在整个第四纪时期，盆地及周围山地气候虽有波动，但干旱气候特征并没有改变。从罗布泊地区广泛出露的第四纪沉积物中夹有大量的石膏层和盐壳得到证明，这种沉淀物是在极端干旱的气候条件下形成的，或者说当它形成以后曾经处于极干旱气候条件下。该区域的长期干旱气候是沙漠形成的必要条件。

库姆塔格沙漠多年平均气温为10℃左右，1月平均气温-8℃左右，7月平均气温为28℃左右。主风为强劲的东北风，其次是西北风，吐鲁番盆地位于西北大风口附近，可出现40~50m/s的大风，多沙暴和浮尘天气。8级以上大风天数在100天以上，沙丘运动为慢速移动沙山(沙丘)类型。

3.2.2.2　水文条件

由于深居内陆、远离海洋及周边山脉的屏障作用，区域降水极为稀少，加上青藏高原面气流下沉盆地时产生的焚风效应，使这里成为中亚大陆最为干旱的区域。据1979—1981年记录，本地区年降雨量为20mm左右，沙漠区仅10mm左右，年蒸发量为2800~3000mm。库姆塔格沙漠大降水主要集中在夏季，夏季大降水量占年总大降水量的比例约为80%。库姆塔格沙漠及周边地区平均月降水量和大降水量的空间分布相一致，且一年中平均月降水量和大降水量最大值均出现在6月。春季、秋季和冬季，库姆塔格沙漠南缘阿尔金山存在一条呈东西向分布的降水量大值带；夏季，沙漠南缘阿尔金山降水量大值带基本消失。

库姆塔格沙漠水资源极为贫乏，沙漠主体分布区无河流发育，中西部的十多条干沟也仅在暴雨时有短暂洪流，沙漠东部低山丘陵地带有小河发育，但多流程短促、流量不大，且进入下方山前戈壁后迅速消失。党河为沙漠唯一较大河流，年径流量2.98亿m³，因有源区冰川补给，流量较为稳定，孕育了敦煌绿洲。冲洪积扇前沿有泉水出露，但流量普遍很小，水质总体上属于微咸水或咸水。由于阿尔金山上冰川面积较小，冰雪融量少，所以，地表径流形成带的高程在2500m以上，而在2500~2300m地段，地表水已转入地下，因此除沙漠东部的南北向沟谷源头有泉水出露外，整个沙漠主体没有地表径流。沙漠南缘近山带有变质岩裂隙潜水，为重碳酸—氯化物—钠水，矿化度1g/L。其余地区分布有沙丘潜水，推测在丘间地埋深30m左右，为氧化物—硫酸—钠水，矿化度3~10g/L。根据地质构造，沙漠可能有深层承压水，水层较厚。

3.2.2.3　植被条件

库姆塔格沙漠区域植被受周围环境条件的影响，天然植被类型及分布极不均匀。沙漠腹地植被分布极为稀少，天然植被主要分布在沙漠边缘地带。沙漠北部边缘及阿奇克谷地主要以盐化草甸类植物分布为主，沙漠东部分布有大面积的湿地植物，沙漠南部山前洪积扇分布有砾质荒漠草地，而南部高大沙山上为典型沙漠植物等；区域植被以温带荒漠灌木和半灌木为主，植物稀少，植物群落单调。西部与罗布泊接壤，土壤荒漠化较为严重，土壤含沙量大，对植被生长影响较大。在沙漠腹地流沙段，形成沙生灌丛植物群落，群落多样性更低，优势度较为明显。92°E线上梭梭沟为季节性洪水冲刷而成，两岸高大沙山上季节性洪水很难到达，分布的刺沙蓬群落。物种组成稀少，群落多样性水平较低，群落优势明显；沟道尾闾段及沟道岸边水分条件较好，多形成短穗柽柳灌丛群落，群落多样性水平较高。两条沟道南缘均为戈壁荒漠植物群落，水分条件好，群落多样性水平最高，优势度不明显。

3.2.2.4 土壤条件

库姆塔格沙漠东部分布有疏勒河盆地石膏棕漠土和绿洲土，北部分布有来源于罗布泊及疏勒河下游的含盐的盐碱土。沙漠地区分布有风成沙、亚沙土和极干旱沙质新成土。依据中国土壤发生分类系统，库姆塔格沙漠地区土壤类型可分为17个土类、34个亚类，分别归属9个土纲和14个亚纲，地带性土壤为棕漠土，主要分布在北山、阿尔金山山前洪积平原上、成土母质为沙砾质的洪积、坡积粗骨性物质；同时受地质、地貌、水文、人为活动等条件影响，形成各类非地带性土壤，如风沙土、草甸土、盐土、灌耕土等类型，其中风沙土广泛分布在沙漠腹地，由风积的砂性母质发育而成，成土作用微弱、无完整的剖面形态、有机质积累少、土壤基质粗、颗粒直径较大、沙粒含量比例大，以流动性风沙土分布为主，固定性风沙土极少；草甸土主要分布于疏勒河古河道、南湖和西湖湿地，以及阿奇克谷地，土壤有机质含量高、腐殖质层较厚、土壤团粒结构较好、水分较充分，以山麓洪积扇、冲积平原下部低洼地、河流沿岸河漫滩、河床低阶地及泉水溢出带分布；盐土及盐壳主要分布在干涸了的湖盆及部分冲、洪积扇扇缘；另外，在部分河流古道的河洼地及一些干涸湖泊分布有沼泽土及残余沼泽土，在沙漠边缘的荒漠区乔灌木林下分布有灰棕荒漠土。土壤形成发育和演变过程由水文过程主导，土壤风蚀、沙化严重，土壤盐分表层聚集明显，区域土壤肥力普遍低下。

3.2.3 沙物质来源

从沙漠沙物质组成的特征可以得知，沙漠沙大部分来自附近下伏沉积堆积，属"就地起沙"形成的。由于下伏沉积物有较大的差异性，因此沙物质的来源受下伏沉积物的影响，来源多种多样。概括起来可分为以下几种成因类型。

3.2.3.1 古代湖相沉积

罗布泊地区是塔里木盆地最低洼的部分，是整个盆地集水中心，形成了广大的湖河相沉积平原。库姆塔格沙漠北缘大范围分布的雅丹地貌，大部分出露的第四纪的湖相沉积物，主要是由细沙和黏土互层组成。强劲的东北风，年复一年地吹蚀这些湖相沉积物，像巨大锐利的铁梳子掠过地面、切割地面，并且吹蚀地层中疏松的沙层，留下不易风蚀的黏土骨架，组成雅丹地貌。而被刷刮掉的疏松沙层，随着东北风的搬运，堆积在阿尔金山北麓，组成库木塔格沙漠。

3.2.3.2 河流的冲积物

库姆塔格沙漠主体覆盖在阿尔金山北麓广泛发育的巨厚冲、洪积扇平原和河湖相地层上，而发源于阿尔金山的现代季节性径流形成的多条河谷及古水系痕迹分布可向北到达沙漠北缘和罗布泊地区。将阿尔金山的大量剥蚀产物搬运至沙漠腹地，表明库姆塔格沙漠地表物质来源可能与阿尔金山密切相关。

在库姆塔格沙漠东部，过去疏勒河曾经流经这里，沉积了河流相沉积物。这些河流相沉积物主要由细沙、粉沙和黏土互层组成。经东北风的吹蚀作用，疏松的沙层成为库姆塔格沙漠东部的沙物质主要来源。

3.2.3.3 洪积物

在克孜勒塔格山南麓及三垄沙以北一带，有大面积洪积物分布区。洪积物主要是由砾石夹粗细沙组成，表面都为砾石，其中细沙在东北风吹刮下，成为库姆塔格沙漠沙源之一。特别是在沙漠东北部，通过三垄沙一带时提供了不少沙源。以洪积物为主的沙源地区，颗粒相对较粗。

3.2.3.4 基岩风化的残积、坡积物

库姆塔格沙漠腹地地表强烈风化、极其破碎，丰富的下伏河湖相沉积物可"就地起沙"，经风力吹扬、沉积即可形成沙漠地貌。沙漠北部的疏勒河下游及罗布泊洼地西北部地区分布着大面积的风蚀雅丹地貌区，强烈的东北风可将阿奇克谷地和疏勒河下游的河湖相沉积物侵蚀再搬运至沙漠腹地，从而影响沙漠北区的物质组成，是库姆塔格沙漠另一个重要的沙物质来源。

在阿奇克谷地两侧，分布有第三纪及前第三纪岩系组成的低山丘陵，这些低山丘陵主要由泥岩及砂岩组成。由于受机械风化作用，剥蚀成大小不等的碎片，其中细粒部分也成为库姆塔格沙漠的沙源之一。

3.2.4 风沙地貌特征

库姆塔格沙漠虽然在我国流动沙漠中属面积较小者，但影响风沙地貌形成与演变的因素比较复杂，时空变化明显，从而形成了复杂多样的风沙地貌。与中国其他沙漠相比，库姆塔格沙漠的风沙地貌类型比较齐全，既有各种风蚀地貌，也有各种风积地貌。东北部以风蚀雅丹地貌为主，风蚀梁与风蚀洼地相间分布，风蚀梁高 10~15m，风蚀洼地为砾石戈壁，中间过渡区为风蚀残丘和纵向沙垄，再向西南过渡为风积地貌区。库姆塔格沙漠有复合型纵向沙垄、新月形沙丘，以及沙丘链、金字塔沙丘、格状沙丘、线形沙丘、星状沙丘、反向沙丘、爬山沙丘、高大沙山及羽毛状沙丘等。其中，沙漠西北部为世界上独有的羽毛状沙丘（垄）分布区，面积约为 4000km^2，构成了库姆塔格沙漠的独特景观；沙漠腹地以新月形沙丘、复合型新月形沙丘和沙丘链占优势，而平沙地、线状沙丘、鱼鳞状沙丘等则相互交替分布；沙漠北部和西部边缘靠近西湖湿地保护区和罗布泊洼地，分布有少量的 1×2m 的灌丛沙堆；沙漠南部发育的多条南北走向冲沟两岸集中分布于 18~178m 高的复合型沙垄，沙垄走向与冲沟走向基本一致；沙漠南部卡拉塔格、崔木土山、

小红山等山前分布有高大沙山、复合型沙丘及爬坡沙丘；沙漠东部为高大沙丘及复合型沙丘；敦煌鸣沙山属典型金字塔沙丘分布区；在冲积沟两侧和南部剥蚀残丘山地则零星分布有格状沙丘。

3.2.4.1　由东北向西南沙漠地貌分异明显

沙漠地貌分布的基本特征，主要表现在风蚀形态和风积形态的地区性变化，风蚀作用与风积作用的地区性差别上。本区风沙地貌的分布东北至西南规律性明显。东北部土梁道一带以风蚀形态分布为主，多以雅尔丹地貌为主，面积 330km^2。地面崎岖不平，支离破碎，乃差异性风蚀所致。风蚀梁与风蚀洼地相间分布，长梁一般高 20~30m，有的高达 50~80m，排列方向东北 20°~30°，与该地的主导风向一致。风蚀梁与风蚀梁之间的低地走廊，形成了天然风道。再向西南过渡为风积沙丘区，沙丘区的沙丘形态差异较大，由北向南沙丘高度逐渐增加。

3.2.4.2　沙漠西南高而东北低

沙漠南缘受东北—西南向构造控制，南部沙物质覆盖在基岩山地上。由北向南阶梯状分布，北低南高。由于阶梯面受构造运动的影响，台阶又呈西南高（高程 2500m）而东北低（高程 835m）。沙漠之北缘，直而陡的台阶朝向阿奇克堑谷。堑谷具标准的地堑特征，发育着近代未被风蚀的沉积物，地堑东端高程 827m，地堑与罗布泊接近处高程 803m。生长芦苇、红柳、罗布麻等耐盐植被。地面由沙物质组成。堑谷内自东向西分布着代表罗布泊湖水退缩的 10 条湖堤，并零星分布风蚀残丘。堑谷之南与库姆塔格沙漠接壤处为东北—西南向的断层线，此断层切穿中更新世地层，形成笔直的陡岸，前缘高 20m 左右，现已被风蚀；陡坎之上为西南—东北向倾斜的阶地面，阶地面大体上可分为三级：一级高程为 840~900m；二级高程为 925~1100m；三级高程为 1150~1500m。一、二、三级台地上分别分布着羽毛状沙丘、宽阔平坦的平沙地、沙垄和蜂窝状沙丘、金字塔沙丘及沙山。三级台地与干燥剥蚀基岩山地相连，山地的迎风侧通常发育金字塔沙丘，山地背风侧以沙垄形式出现。在山间谷地形成片状的新月形沙丘链，沙丘链高一般 5~6m，由北北东向南南西移动。

3.2.4.3　沙丘类型复杂，形态独特

库姆塔格沙漠似一把羽毛扇 盖在了阿尔金山前的倾斜平原上。沙丘类型复杂，主要有羽毛状沙丘、沙山、金字塔沙丘、蜂窝状沙丘等。其次有新月形沙垄、新月形沙丘，具体分布及特征如下所述。

（1）羽毛状沙垄

主要为羽毛状沙垄分布地区，面积约 4000km^2；占整个沙漠面积的五分之一。羽毛状沙垄是在东北风的影响下，作东北西南方向顺山坡向上延伸，沙垄之间为一些低矮的沙埂分布，沙垄与沙埂交角近直角，沙垄好像羽毛的管子，沙埂好似管子两侧的羽毛，从而形成独特的羽毛状沙垄。沙垄高度一般为 10~20m，两侧斜坡均较平缓，坡度在 15°~20°，垄体宽 50~100m、垄间宽 500~1000m、长 12km 至数十千米。

（2）金字塔沙丘

本区这种沙丘形态因与埃及的金字塔相似，所以称金字塔沙丘，主要分布在库姆塔格沙漠南部、阿尔金山北麓、山前丘陵和台地上。沙丘除受东北风作用外，还受阿尔金山局部气流的影响，是多方向风作用下的产物。沙丘呈锥体状，具有三角形的斜面、锐角的顶和狭窄的棱脊线，一般有3~4个棱面，其棱面往往代表一个风向。丘体都很高大，一般高50~80m，也有超过100~200m的。有时作单个的零星分布，有时也聚集成金字塔沙丘群。

（3）半固定灌丛沙丘

在阿奇克谷地，由于地下水位较高，生长有红柳、沙拐枣、白刺等植物，这些植物拦截了沙流中的沙子，形成半固定灌丛沙丘。随着植物的生长，灌丛沙丘体积也不断扩大。这类沙丘在平面图上呈圆形或椭圆形，沙丘高度受植物的影响，一般高为1~5m，也有高达10m左右的。这类沙丘仅分布在库姆塔格沙漠北缘及东部个别有泉水出露的地区，面积不大。分布在库姆塔格沙漠北缘及东部。

（4）新月形沙丘链

在库姆塔格沙漠北缘和三垄沙一线，分布有新月形沙丘链。新月形沙丘链是在沙子供应比较丰富的情况下，由单个的新月形沙丘相互连接而成。一般由3~4个，最多由十数个连成，沙丘高3~5m，也有高达十数米者。其形态随着各地风信情况的不同而有所差异，在东北风作用下，沙丘链在形态上仍然保留原来新月形沙丘弯曲的弧形体痕迹，两翼也较明显，有一定的弯曲，平面形态依然反映新月形的特征。这类沙丘移动速度较快，在三垄沙一线，沙丘由东北向西南移动，年前移量为5~10m。

（5）复合型纵向沙垄

主要分布在库姆塔格沙漠南部，排列方向与主风向平行或作30°左右的交角，是由数道沙垄叠罩而成，面积约16000km^2，组成库姆塔格沙漠的主体。复合型沙垄延伸很长，一般在10~20km，也有的达40~50km。垄高50~80m、垄体宽500~1000m、垄间宽400~600m，其间分布有低矮的沙垄或新月形沙丘链。复合型纵向沙垄受下伏沟谷切割的山坡地形的影响，经常为南北方向的沟谷所切割，分布在梁状山坡上。

3.2.5 沙漠环境演变

3.2.5.1 沙漠环境的演变

库姆塔格沙漠大约形成于中更新世。进入第四纪后，阿尔金山隆升加快，盆—山高差不断加大，剥蚀堆积物在山脉北麓形成了一个南北宽近100km、东西长近400km的山前冲洪积倾斜平原，山下阿奇克谷地及疏勒河谷地也沉积了厚达三四百米的第四纪河湖相沉积物。中更新世，阿尔金山再次发生强烈构造活动，随之抬升的谷地沉积层遭受侵蚀，盆地干旱气候加剧，盛行东北风卷起山前洪积扇及堑谷中的沙粒，沿着冲洪积平原上的一道道沟谷吹向山坡，库姆塔格沙漠逐渐形成，并由南向北发展。末次冰期，蒙古高压空前强盛，强劲的东北风使谷地遭受到极为强烈的风力侵蚀，阿奇克谷地东端形成大片的雅丹地貌，沙漠范围得到扩展，沙漠过程进一步强化。距今4000~5000年前的全新世中期，区域气候曾较现今湿润，但因沙漠位于我国极端干旱区的中心区域，即使少许湿润的气候，也难改变沙漠区域的总体干旱环境。因此，库姆塔格沙漠自其形成以来应从未脱离干旱荒漠环境，始终保持着以流动沙丘占绝对优势的干旱荒漠或极旱荒漠景观。

库姆塔格沙漠的发育模式与形成演化过程在空间上存在差异性，南部边缘山麓地带风成砂主要是覆盖在洪积砾石或冲洪积砂之上，中南部为主体的沙漠主要发育在冲洪积沉积物之上，以风成砂与冲洪积砂、粉砂互层叠覆为特征；北部羽毛状沙丘分布区沙漠发育在河湖相沉积物之上。可认为库姆塔格沙漠的形成发育始于西南部，之后不断发展扩大。上新世以来的区域构造控制了库姆塔格沙漠地区第四纪地理环境和沉积环境的演化，特别是新构造运动使阿尔金山大幅隆升在北麓山前的拗陷区，与隆起的北山断块山形成构造盆地，并不断向封闭干旱的盆地环境发展，为库姆塔格沙漠的形成发育奠定了地貌与环境条件。

库姆塔格沙漠的形成演变及地貌的发育与其古地理环境有密切关系，是新构造运动的结果。自晚第三纪中新世特别是中新世晚期，断块升降运动进一步加强，天山、昆仑山及阿尔金山剧烈抬升为高山，山前地带褶皱断裂发育，由于构造差异升降运动及其构造变动强度的地区差异性，塔里木盆地罗布泊以东地区发生褶皱和断裂，山前强烈拗陷，形成了许多的阶梯式地垒断块，出现了构造分异，罗布泊断阶、哈拉诺尔台拗、北山断块及阿奇克谷地断陷等次一级构造单元开始被肢解开来。库姆塔格沙漠就是发育在高大的阿尔金山北麓山前的拗陷区，与隆起的北山断块山形成构造盆地地貌，为沙漠的形成奠定了应有的地貌基础。由于构造的分异及洪积扇阻挡，形成了3个汇水中心，分别位于罗布泊北部的龙城—白龙堆、阿奇克谷地八一泉南和敦煌市北部。大量的碎屑物质堆积到这里沉积了一套厚的砂砾岩，为后期库姆塔格沙漠的形成提供了丰富的物源。

3.2.5.2 沙漠地质演变

地质构造上库姆塔格沙漠属于阿尔金山构造带与塔里木盆地东缘罗布泊洼地的接合部，这里原为古特提斯海的一部分，塔里木盆地与柴达木盆地连在一起，形成统一的塔—柴联合体，受印支运动影响，塔—柴联合体在侏罗纪开始裂陷，形成一些断陷湖盆，接受了厚达数千米的疏松沉积物。随着青藏高原的隆起，阿尔金山缓慢上升，塔—柴联合盆地从白垩纪末开始解体。进入第三纪之后，受印度板块与欧亚板块碰撞影响，柴达木壳体向阿尔金造山带之下俯冲，阿尔金山在古新世晚期至中新世以后出现快速隆升，盆地快速下沉，接受了厚达上千米的陆相碎屑岩和磨拉石堆积。第四纪早期阿尔金山的再次快速隆升，使其与北侧塔里木盆地的高差达到3000m以上，导致大量风化剥蚀物在阿尔金山北麓堆积，形成巨厚的第四系洪积扇地层。中更新世，阿尔金山及北山山前阶段强烈抬升，中更新世晚期沿罗布泊—阿奇克谷地一线构造沉降加快，阿奇克谷地接受了大量的河湖相沉积，谷地中部的八一泉附近第四系厚度最大达450m，党河谷地上游的敦煌北侧第四系地层也有320m。北麓山前洪积扇广泛发育，形成东西长达近400km、以砾质戈壁为特征的山前倾斜平原。在冲积斜坡上，分布着一系列呈东北西南走向、平行规律排列的断层山梁和切沟，在新构造运动和北半球地转偏向力等因素共同作用下，沟谷先是从山坡上（南）部向下（北），然后呈半弧形转向东北向下延伸，这些下伏切割地貌及上覆的流动沙丘，从海拔约 800m 的斜坡底部一直展布到海拔 2500m 的斜坡中上部。

库姆塔格沙漠所在的罗布泊洼地以东地区的基底属于塔里木地台的东延部分，介于北山构造带（天山山脉东延部分）和北阿尔金山构造隆起带之间，处在天山和昆仑两大褶皱系最为狭窄的地段，并与祁连山构造和中朝准地台在此交汇，是新构造运动活动强烈的地区（图 3-1）。库姆塔格沙漠位于塔里木盆地板块东部，包括罗布泊断阶、哈拉诺尔台拗和北山断块 3 个二级构造单元，大地构造板块由南天山构造带、北阿尔金构造带和北山构造带组成，并处于北山构造带和北阿尔金构造带之间的断陷盆地部位，同时是近代强烈活动的构造带，由于新构造运动，造就了区域地形整体呈南高北低的盆山格局。库姆塔格沙漠下伏地貌微向西倾斜，且多为残丘起伏的极干燥剥蚀高地，基岩为元古界变质岩系，前寒武至奥陶系为硅质灰岩，侏罗系为含煤岩系，第三系为红色深厚河湖相堆积。库姆塔格沙漠西北缘整齐为阿奇克堑谷，是发育在哈拉诺尔台拗西北部的一个低次序构造谷，呈东北至西南向，西至罗布泊洼地东缘，高程 800m，北部以北山为界，高程为 850m。南部沙漠覆盖在基岩山地上，高程至 2000m 左右。受下伏地貌影响，整个沙漠南高北低，呈阶梯状分布（图 3-1）。依据高程变化可划分为三级阶地：一级高程 840~900m，二级高程 925~1100m，三级高程 1150~1500m。

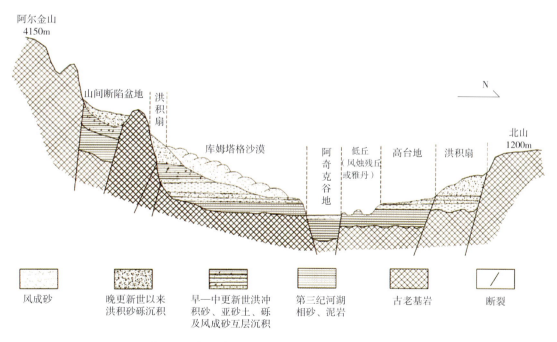

图 3-1　库姆塔格沙漠及临近地区地质剖面示意图

3.2.5.3　沙漠形成年代

关于库姆塔格沙漠形成的年代，因目前缺乏绝对年龄测定资料，尚难准确断定，现只能根据沙下伏沉积物、第四纪古地理环境、沙丘沙形态和 ^{14}C 测定等方面的资料，对库姆塔格沙漠形成相对时代，作一个大致的推断。

(1) 沙漠下伏沉积物

库姆塔格沙漠北部，有些下伏沉积物出露地表。这些沉积物为砾石夹浅红色、浅灰色泥砂岩互层。一般未胶结，比较疏松，对比罗布泊地区第四纪地层，应划为中更新世。库姆塔格沙漠大部分覆盖在中更新世上，说明该沙漠的形成是在中更新世。

(2) 第四纪古地理环境

早更新世以后，随着青藏高原及其边缘山地进一步隆起，终于成了季风深入大陆的巨大障碍，形成了塔里木盆地干旱气候。其干旱气候的特点是：降水量稀少，冷热变化剧烈，风沙活动频繁。这为沙漠的形成创造了条件。因此，库姆塔格沙漠应在塔里木盆地干旱气候形成一段时间以后形成。

(3) 沙丘形态

在一个范围不大的区域内，一般沙丘形成年龄越老越高大，形态也越复杂。库姆塔格沙漠一般南部高、北部低，南部沙丘高可达 70~80m，而北部一般沙丘高在 10m 左右，具有从南向北阶梯状降低的特点，反映了沙漠发展过程是由南向北不断发展扩大的。

(4) ^{14}C 年代的测定

在库姆塔格沙漠北部，羽毛状沙垄分布地区，有埋压在沙丘中的古代枯死的柽柳、沙拐枣群丛，经 ^{14}C 测定，绝对年龄为（4600±100）年，说明在 4600 年以前，这里还能生长植物，而沙丘是在 4600 年以后有了较大的扩大。

综上所述，库姆塔格沙漠的形成年代，应当是在中更新世以后开始出现，而在晚更新世以后才进一步发展扩大，形成今日这样规模的沙漠。最初在南部，然后在北部，由南向北逐渐向阿奇克谷地扩展。

3.2.6　地表沉积物特征

库姆塔格沙漠地表矿物组成类型较多，约 30 余种，矿物组合上与塔克拉玛干沙漠有很大的共同性，有较高的绿帘石类和角闪石等矿物含量。地表沉积物化学组成以 Si 和 Al 为主，SiO_2 含量除东部外呈不同程度的富集特征；CaO 仅在东南和南部区域上有一定程度富集，其他主量元素 Al、Fe、Mg、K、Na 均呈亏损特征；主量元素含量在空间分布上有差异，Si 和 K 与纬度呈显著正相关关系，Fe、Ca、Mg 则与纬度呈显著负相关关系，其空间上的差异性是物源沉积环境不同所致。微量元素中 W、Sn、U、Bi、Br、Th、Co、As、Pb、Ni、Ga、Cu、Y、Sr、Hf、Rb、Zr 呈富集特征，其中 W、Sn、U、Bi、Br 和 Th 富集程度较高；经 SiO_2/Al_2O_3 特征值分析，地表沉积物的成熟度由南到北增高。库姆塔格沙漠主体覆盖在阿尔金山北麓广泛发育的巨厚冲-洪积扇和河湖相地层上，地表沙物质组成与阿尔金山北麓出露的岩石和冲、洪积扇物质组成基本一致，反映了库姆塔格沙漠沙物质主要来源于阿尔金山。沙漠北区强烈的东北风将阿奇克谷地和疏勒河下游的河湖相沉积物搬运至沙漠腹地，构成库姆塔格沙漠另一个重要的沙物质来源。

沙漠不同部位地表沉积物的粒度组分有一定差异。沙漠东南部、南部、中部和西南部不同部位地表沉积物的粒度组成基本一致，均以细砂为主，其次为中砂和极细砂，再次为粗砂、极粗砂和粉砂。但沙漠北部地表沉积物粒度组分则以中砂和细砂为主，平均含量分别为41.72%和40.06%，其次为粗砂和细砂，二者含量为16.87%，极粗砂和粉砂的含量极低，为1.33%，黏土含量仅为0.02%。

3.2.7 库姆塔格沙漠风沙情况

环流在沙丘形态演化及沙漠形成方面具有重大意义。在近地层，气团运动的方向决定着沙丘和沙漠移动的总体方向，受沙漠地表摩擦力、黏滞力、阻力等的影响，环流在近地层表现出减弱或加强，从而导致局地风积或风蚀，形成形态各异的沙波纹和沙丘等风沙地貌。全球行星尺度的环流系统和地形等因素影响形成的区域性环流是影响库姆塔格沙漠环流和天气系统形成的主要因素。库姆塔格沙漠位于中纬度环流高压控制区域，下沉气旋是主要的气流特征，但其形成并不受副热带高压的直接控制，产生这种情况的原因主要是由于副热带高压都在15°~30° N内，而库姆塔格沙漠主体位于39°~40°30′ N。受南部的阿尔金山（青藏高原北缘）和北部的天山、克孜勒达克和库山鲁达克等地形作用形成的区域性环流对库姆塔格沙漠及沙丘形态的形成起了重要作用。

库姆塔格沙漠处在罗布泊的东部，常年盛行的东北风将地面沙尘扬起，并向西南搬运，形成了高大的、形态多样的沙丘，库姆塔格沙漠及周边地区年沙尘暴日数在6天以上。沙漠为沙尘暴的发生提供了重要的物质来源，所以沙漠周边地区受沙尘暴的危害最为严重。春季气温回升，冻结的土壤开始解冻变得疏松，加上强的风速，从客观上导致了沙尘暴的多发。根据董治宝等的观察，整个库姆塔格沙漠的风向比较复杂，可以粗略地划分为两组风向的区域和三组风向的区域，沙漠西北和北面为两组风向，而东南和南边为三组风向。在沙漠西北面，年风向为东北和东南风；北面为东北和西南风；东南面为东北、西北和南风风；南面为东北、西北和西南风。由沙漠北部向南部，风沙活动强度逐渐减弱。沙漠北部的羽毛状沙丘区域属于中风能环境，风沙活动最强烈，其余地区都属于低风能环境，风沙活动强度降低。合成输沙势方向是指区域的风沙运动方向，在沙漠的羽毛状沙丘区域，年合成方向为35°~45°，这与区域的沙丘走向基本吻合；而在小泉沟、多坝沟和沙漠南边，受阿尔金山的影响，年合成输沙方向已发生改变。小泉沟地区，年合成输沙势方向为40°左右、多坝沟地区为203°左右、南边为295°左右。风向变率在0.3~0.8，属于中比率，风况特征属于钝双峰风况或锐双峰风况。年输沙量在0.53~1.14 t/m²。

敦煌绿洲位于库姆塔格沙漠东缘，库姆塔格沙漠是其沙物质的主要来源，对敦煌1950—2008年的沙尘天气进行统计分析结果表明，近50年来，敦煌地区年沙尘暴发生天数处于逐渐降低的趋势。20世纪50年代是沙尘暴的高发年代，年沙尘暴发生天数为24.2天。在60年代和70年代，年沙尘暴日数逐渐降低，分别为16.2天和15.6天。80年代敦煌地区年沙尘暴发生日数平均为10.8天。在90年代，年沙尘暴日数有所增加，为12.7天。21世纪以来，沙尘暴日数明显降低，2001—2008年年沙尘暴天数仅为4.4天。沙尘暴天气的发生表现出明显的季节性，其中沙尘暴发生在春季的频率最高，占全年的50.42%，其次为夏季和冬季，分别占全年的26.7%和15.26%，秋季发生沙尘暴天气频率最低，仅为7.63%。

敦煌地区扬沙天气年发生日数的年际变化趋势与沙尘暴发生趋势相同，即自1950年以来，扬沙天气发生日数呈现一直减少的趋势。20世纪50年代的年平均发生扬沙天气日数为57.7天，到20世纪60年代下降到53.4天，20世纪70年代年平均扬沙天气日数为52天，20世纪80年代年平均扬沙天数下降幅度较大，年发生扬沙天气日数降到42.3天，20世纪90年代和2001—2008年的年平均扬沙天气日数分别为36.4天和31天。扬沙天气发生也具有明显的季节变化规律，其中春季扬沙天气发生频率最高，为39.15%；夏季扬沙天气发生频率仅次于春季，其发生频率为28.74%；冬季和秋季扬沙天气发生频率相对较低，分别为18.59%和13.53%。

敦煌地区年浮尘发生日数较沙尘暴发生日数和扬沙天气发生日数多，自20世纪50年代以来，年浮尘发生日数变化趋势与沙尘暴日数变化趋势基本相同。20世纪50年代年浮尘发生日数最多，为72.7天。在20世纪60年代和70年代年浮尘发生日数降低，在54天左右。20世纪80年代，年浮尘发生日数又有所增加，平均为59.7天。20世纪90年代以后，年浮尘发生日数呈现一直下降的趋势，在2001—2008年，年平均浮尘发生日数仅为28.6天。春季最容易发生浮尘天气，春季浮尘天气发生日数占全年的46.12%，其次为冬季和夏季，平均浮尘发生日数分别占全年的21.78%和20.22%，秋季浮尘发生日数最少，仅为全年的11.89%。

3.3 鄯善库木塔格沙漠

3.3.1 地理位置

库木塔格在维吾尔语中就是"沙山"之意。鄯善库木塔格沙漠位于新疆东部、鄯善县南部，西通柏油路，东部和南部则没有道路贯通。距乌鲁木齐280km，距新疆著名旅游城市吐鲁番仅90km。它属于塔克拉玛干沙漠的一部分，是世界上仅有的一个与城市毗邻的沙漠，号称"城中沙漠"，是新疆境内一个独具特色的国家重点风景名胜区，它诠释了楼兰古国消失的最后一片圣地，更是世界治沙史上"绿不退，沙不进"奇观的缩影，并且浓缩了世界上各大沙漠的典型景观。

鄯善库木塔格沙漠位于天山南麓的吐鲁番—哈密盆地（以下称吐哈盆地）中部，北邻鄯善县城，是一个几乎由流动沙丘构成的沙漠，也是我国海拔最低、离城市最近的沙漠。沙漠东西长约65km，南北宽约45km，外部轮廓酷似心形，沙漠分布区地理位置大约在89°35′02″~90°45′13″E，42°26′10″~42°52′23″N，处于中纬度地带，沙漠面积2145.1km^2，沙漠全域分布在新疆维吾尔自治区鄯善县区境内，涉及6个乡镇。

3.3.2 自然条件

3.3.2.1 气候与水文

鄯善库木塔格沙漠属温带大陆性气候，夏季炎热，冬季寒冷，昼夜温差大，日照充足，年均温度14.4℃，呈现典型的极旱荒漠生物气候特征，盛夏时节表层沙温有70℃，最高达82.3℃。鄯善库木塔格沙漠虽属西风带控制区，但由于天山阻隔及西伯利亚高压的强烈影响，年均降水量仅17.6 mm，年均蒸发量却高达3217mm。由于远离海洋，群山环绕，地貌复杂，形成了独特的气候。夏热（7月平均气温29.2~33℃，曾出现过48℃高温），冬冷（1月平均气温-10℃~11℃，最低气温出现过-29.7~-28.7℃），热量丰富（≥10℃积温为4522.6~5548.9℃），日照充足（日照时数2900~3100小时），昼夜温差大（平均日较差14.3~15.9℃，最大可达17~26.6℃），无霜期长（192~224天）。鄯善库木塔格沙漠内有丰富的泉眼，水质纯净、甘甜，含有丰富的矿物质和维生素。

盆地西北方的达坂城和东北方的七角井为天山的两大山口，从两个山口越过天山山脉的超强气流分别从西北及东北两个方向影响沙漠。其中以春季及初夏多发的西北风向最为活跃，风势最强劲，对沙漠形成及发展影响最大；冷空气越过七角井山口后沿狭长盆地向西扩散所形成的偏东风强度相对较弱，与西北风在沙漠形成辐合，从而导致鄯善库木塔格沙漠面积虽小，但沙丘高大的特征。沙漠年均大于等于8级以上大风24天，达坂城和七角井风口年均大风日数更分别达150天和90天，年均风速分别为6.1m/s和5.4m/s，最大瞬时风速曾达60m/s。沙漠中无地表径流，周边地带的地表径流主要依靠天山山地降水与冰雪融水补给，流量比较稳定，但多在出山后不久便潜入地下，以坎儿井方式引入冲积平原上的鄯善绿洲。

3.3.2.2 土壤与植被

沙漠分布区地带性土壤以棕漠土和风沙土为主，主要分布在沙漠周边的冲、洪积平原，砾石层下有石膏结晶聚集，风沙土广布沙漠全域。因极度干燥，沙漠中除极零星的骆驼刺、沙竹等外，几乎无其他植被分布。沙漠外围戈壁有稀疏的超旱生、旱生荒漠灌丛分布，种类以霸王、合头草等为多；绿洲边缘受水分侧渗影响地段，有以柽柳、白刺为主的斑点状半固定沙丘分布。

3.3.3 沙物质来源

鄯善库木塔格沙漠物源主要来自以下几个方面：吐哈盆地特别是西部的吐鲁番盆地长期处于负向运动状态，陆相沉积厚度达数千米，其中第四纪以来的沉积厚度也近900m，盆地东部的哈密盆地为我国海拔次低的干燥湖盆，盆地中的深厚疏松沉积物成为沙漠形成及发展的主要物源；盆地周边、特别是盆地北侧沿天山北麓绵延数百千米的山前冲积扇及冲洪积平原，堆积并产生了大量的疏松物质，这些疏松物既是盆地湖相沉积物的物源，又在风力作用下直接成为沙漠的重要物源。

高耸的天山像一面墙壁，既挡住了南下的冷气流，使南疆比北疆更温暖，也阻挡了西风环流挟带的水汽，使盆地极为干旱。同时，天山的巨大缺口，特别是盆地西北部的达坂城风口及天山东部色皮风口等垭口导致在盆地东部形成了以七角井等为代表的百里风区，成为西伯利亚高压向南侵袭的通道，通过山口时得到加速的强劲气流，出山后分别从槽型盆地两端向中部扩散，并将从盆地刮起的沙粒沉降到中部高地，形成了鄯善库木塔格沙漠。相对而行的气流、盆地中西部隆起地形及其影响下形成的特殊风场环境，共同造就了面积不大但沙丘高大的鄯善库木塔格沙漠。

3.3.4 风沙地貌特征

3.3.4.1 地质构造与地貌

鄯善库木塔格沙漠所处的吐哈盆地位于天山北支博格达山、巴里坤山及哈尔里克山与中天山的觉罗塔格山之间，吐哈盆地由吐鲁番盆地及哈密盆地两个凹陷构造相连而成，盆地东西长约600km，南北宽60~130km，为一不规则的狭长盆地。

在地质构造上吐哈盆地是从准噶尔地块分离出来的一个微型地块，属哈萨克斯坦板块的组成部分。吐哈盆地形成于二叠纪，后在多次构造运动中不断发展和演化，并一直处于沉积过程，至白垩纪末，盆地的沉积层厚度已达数千米。喜马拉雅运动期，博格达山快速隆升，盆地发生大范围沉降，沉积加快，仅上新世时期盆地的沉积厚度就已达700~900m。

第三纪至第四纪初，天山山体的强烈抬升使山地的风化剥蚀作用进一步加强，加上第四纪冰川对山体的刨蚀作用，盆地北部和中央区域在第四纪早更新世沉积了约800m的砾岩碎屑。早更新世末、中更新世初的新构造运动中，西起吐鲁番、东至十三间房南侧，海拔为250~500m、东西延伸约200km左右的中央构造带隆起出露地表，呈弧形横亘于盆地中央，火焰山即在此时形成。到晚更新世，盆地及周边地貌格局基本奠定。

北东—南西向的了墩隆起将狭长的吐哈盆地分割为吐鲁番和哈密两个凹陷盆地。海拔 –154.3m 的艾丁湖及海拔53m的沙尔湖分别为吐哈盆地东、西部的汇水中心。盆地北面是北天山东段海拔3500~4000m的博格达山、巴里坤山和哈尔里克山，南侧是海拔600~1500m的觉罗塔格山，中部的干燥剥蚀高地海拔500余米。盆地外周为宽约数千米至数十千米的山前冲洪积砾质平原。

3.3.4.2 风沙地貌

鄯善库木塔格沙漠覆盖在吐鲁番盆地东缘与了墩隆起之间的干燥剥蚀高地之上，平均海拔为380~650m。

鄯善库木塔格沙漠由于所处的特殊地理位置，受周围地形和局部气流的影响，形成了类型丰富的风沙地貌景观。鄯善库木塔格沙漠的下伏地形为干燥冲洪积平原、剥蚀高地和残丘，其中上覆沙漠的中央构造隆起在沙漠北部出露，形成一个向偏北倾斜的凹槽。该沙漠受东北、西北两种风向交汇影响，风力搬运附近洪积、湖积平原中细沙物质和风化残积物，堆积于尤拉克塔克山体，形成高大密集的沙丘，除沙漠中心尤拉克塔克基岩残丘尚未被流沙覆盖外，高地全被沙丘掩埋，是一个几近由各种流动沙丘组成的沙漠。其中以复合型纵向沙垄及新月形沙垄分布最广、面积最大。复合型纵向沙垄主要分布在新月形沙垄的东侧，两者并行排列，构成形态结构更为复杂的沙丘形态复合体，广泛分布在沙漠东部到中西部的广大区域，沙垄呈西北—东南向排列，垄间距1~2.5km，垄高10~30m，局部可达30~50m。受主、次盛行风向相互作用及地形对气流的影响，在沙漠东北部、西南部及西部有大面积金字塔形沙丘分布，一般丘高 30~50m，局部可达 80~150m。横向复合型沙垄主要分布在沙漠西北部，垄高 10~30m，其东北—西南向的排列走向与盛行风向大体垂直。新月形沙丘及沙丘链在沙漠东南部有较多分布，呈东北—西南向排列，与盛行风向接近垂直，沙丘高度一般为 5~10m。

3.3.5 沙漠环境演变

鄯善库木塔格沙漠，是我国唯一与城市紧密相连的沙漠，同时这片沙漠由于地处中国的最低盆地——吐鲁番盆地，也是世界最低的沙漠。鄯善库木塔格沙漠的形成主要原因有两个，一是大风频繁的严重风蚀，二是人类活动带来的植被生态破坏。沙物质与外营力风的组合，形成了这片小小的沙漠，面积虽小，危害却极大。它居于 3 个农业乡之间，对农业生产和人民生活造成了巨大伤害。

鄯善库木塔格沙漠是覆盖在残丘起伏的干燥剥蚀高地上的沙漠，来自天山七角井风口的西南风和达坂城风口的东南风，沿途经过长风程，挟带着大量沙子，最终在库木塔格地区相遇碰撞并沉积起来。南面的觉罗塔格山也促成两种方向风力的减弱和风沙的沉积，形成"有沙山的沙漠"这一独特景观。沙漠位于东北风、西北风两大风向的交汇处，两种都是向南的主风向，交汇点始终在鄯善老城南端，沙漠从未向北移动，使得鄯善城并没有被淹埋而是得以保存，对当地农业生产和人民生活均不构成威胁。鄯善库木塔格沙漠位于鄯善县城南缘，规模极大、最易到达，因此成为集科研、考察、探险、沙地运动、沙疗保健、大漠观光于一体的风景区。是一座气势恢宏的沙漠公园，浓缩了世界各大沙漠典型景观，是国家重点风景名胜区，吸引了来自国内外的大量游客，旅游资源给鄯善县创造了丰厚的财富。

早更新世，天山山脉快速抬升，不断增强的山地屏蔽作用导致吐哈盆地气候逐渐旱化，经过早更新世末、中更新世初的新褶皱构造变动之后，盆地及周边的地形地貌总体轮廓基本形成，特别是中更新世后青藏高原隆起超过 3000m 之后，西北内陆气候更趋向于干旱，湖盆逐渐萎缩，湖底沉积物出露地表，遭受侵蚀。根据南疆盆地区域宏观环境形成及其演化过程的研究，鄯善库木塔格沙漠可能在中更新世就已形成。

中更新世以来南疆盆地在多次气候干湿变化中也曾出现过些许的湿润气候环境，但总体上并没有跳出干旱荒漠—极旱荒漠的范畴。据此推测，鄯善库木塔格沙漠自形成后至今，始终维持着以流动沙丘为主的沙漠环境，呈现出直线式发展的演化历程。

3.4 柴达木盆地沙漠

3.4.1 地理位置

柴达木盆地沙漠是我国第五大沙漠，沙漠以带状、片状散落在盆地的东南部、南部和西南部的边缘地区，沙漠面积 13499.58km²，最低处察尔汗盐池为 2670m，边缘平均海拔3350 m，周围有祁连山、阿尔金山、昆仑山等山脉环绕。地理坐标为35°50′26″~38°52′33″N，90°10′35″~98°34′25″E。行政区划涉及青海、甘肃、新疆三省（自治区）的3个市州、8个市县的22个乡镇，其中青海省分布面积占91.22%，甘肃省占8.13%，新疆仅占0.65%。

柴达木盆地的沙漠分散、分布为三大区片：乌图美仁、冷湖沙区、铁奎沙区。乌图美仁区片的沙漠位于柴达木的中部及西南，西起尕斯库勒湖，东至格尔木市大格勒，北邻东台吉乃尔河，西南连那陵格勒河，东南连郭勒木德乡的西干渠。行政区划上属于格尔木市。

冷湖区片位于柴达木西北部，西起省道215线，东与野牛脊山接壤，北邻阿尔金山、党河南山，南与土尔根达坂山为邻，主要分布在土尔根达坂山以北的区域，行政上包括冷湖、芒崖、大柴旦行委；铁奎沙区位于柴达木东南部，西至乌兰县的赛什克乡，西北至德令哈市的尕海镇附近，东到夏日哈，北起德令哈的黑石山，南到都兰县的香日德和巴隆地区。是柴达木气候、水文条件最好的地区，行政上包括都兰县、乌兰县和德令哈市。

3.4.2　自然条件

3.4.2.1　气候特点

柴达木盆地位于青藏高原东北部，属高原大陆性气候，因受翻越阿尔金山的蒙古—西伯利亚高压控制，使其具有西北内陆极端干旱气候的鲜明特征。年降水量多在200mm以下，下半年绕流祁连山东缘的北支西风急流可从盆地东南方深入盆地，并与越过青藏高原的孟加拉湾暖湿气流相遇，给盆地东南部带来年均180mm左右的降水量，但降水量向西北迅速递减，到盆地中部的格尔木年均仅45mm，再到盆地西北端时已不足20mm。而年均蒸发量则从东南端的2089mm递增到西北部的3297mm，反映了盆地西北部极端干旱、东南部相对湿润的气候环境。蒸发量是降水量的100多倍。干燥度在9.0~20.0。气温变化大，风蚀强烈。盆地年平均气温1~5℃，1月均温-15~-8℃，7月均温15~18℃，年均日照时数3000~3500小时。盆地盛行西北风，年均风速4m/s，风力从西北向东南递减。春、夏季大风日数分别占全年的44%、28%，其中盆地西北部茫崖的年均大风日数高达122天，最大风速达20m/s。

柴达木盆地设有9个地面气象站，分别为大柴旦、德令哈、都兰、格尔木、冷湖、茫崖、诺木洪、乌兰、灶火。

3.4.2.2　水文

柴达木盆地的河流均为内陆河流，那陵格勒河与格尔木河分别为盆地第一、第二大河流，年均径流分别为10.30亿m³、7.98亿m³，占盆地地表水总量（44亿m³）的23.41%、17.93%，河水依靠周边山地的大气降水和冰雪融水补给，但多为流程短、流量较小的季节性河流。

发育自盆地南侧和东部山地的河流较多，是盆地水资源的主要来源。河流从盆地外缘经山前冲洪积倾斜平原流入盆地中部湖积平原，在低洼处从东到西形成串珠状分布的湖泊带；盆地内有大小湖泊49个，总面积约2000km²，除少数湖泊之外，多数为咸水湖和盐湖。盆地中部的察尔汗盐湖，面积达5800km²，为我国最大的盐湖。因上游有冰川分布，流量比较稳定。地下水埋深从洪积平原的20m左右逐渐上升至湖积平原的接近地表，但矿化度由盆地外缘向盆地中心不断增高，最高可达750g/L。

3.4.2.3 土壤与植被

受气候与地形的共同影响，柴达木盆地自然环境差异很大，盆地东南为荒漠草原，中东部为干旱荒漠，大体从格尔木以西为极旱荒漠。盆地的地带性土壤，东南部为棕钙土，中西部主要为灰棕漠土。非地带性土壤主要有风沙土、草甸土、沼泽土和盐土等。盆地东南部的地带性植被为昆仑蒿和木本猪毛菜等为代表的荒漠草原，中部、西部地带性植被主要是沙拐枣、梭梭、驼绒藜等为代表的灌木、半灌木荒漠，西北部的地带性植被主要为极为稀疏的红砂、麻黄等小灌木、半灌木为主的极旱荒漠。流动沙丘的植物主要有沙米、籽蒿等，固定、半固定沙丘主要为白刺和柽柳沙堆。植物种类总体自东向西逐渐减少，东部约有植物33科119属169种，而西部只有12科36属45种。在湖沼边缘和河流沿岸分布有芦苇、眼子菜、柽柳等生长。盆地植物具有围绕盆地的环带状分布特征自外而内依次为旱生—超旱生—喜湿或耐盐植物。

3.4.3 沙物质来源

柴达木盆地在早期发育中接受了巨厚的湖相沉积物，第三纪末盆地抬升时湖相沉积物出露地表，为风沙地貌的发育提供了物质基础；盆地在第四纪初的沉降中又接受了来自周边山地的大量风化剥蚀物，中更新世特别是晚更新世，随着盆地的缓慢抬升，湖泊逐渐退缩，湖底出露，厚度达数百米的湖相沉积层成为沙漠形成与发展的主要物源；此外，盆地外缘以砾质戈壁为主的冲、洪积平原，也为盆地沙漠的形成和发展提供了重要的物质来源。

鲍锋等通过对不同地貌地表沉积物样品中的矿物成分进行分析，认为柴达木盆地沙漠中沙物质的来源途径为：河流冲、洪积作用将高山剥蚀产物带入盆地腹地，后经风力吹蚀、分选形成；察尔汗盐湖退化后的湖相沉积物提供了丰富的沙源，在西北风的强烈作用下就地起沙沉积形成沙漠。

柴达木盆地沙漠是以流动沙丘为主的沙漠，流动沙丘占沙丘总面积的53.71%，半固定、固定沙丘分别占31.41%和14.88%。流动沙丘主要分布在盆地中西部，其中盆地西北—西南缘山前冲洪积平原的流动沙丘分布最为集中。此外，盆地东部都兰、东北部苏干湖盆地东南缘也有比较集中的流动沙丘分布。流动沙丘以新月形沙丘及沙丘链、复合型链状沙丘及格状沙丘为主，其中新月形沙丘及沙丘链分布广泛，但较零散，高度为10~30m，部分小于10m；复合型链状沙丘或沙山集中分布在祁漫塔格山前冲洪积平原下部，沙丘高度可达50~100m；格状沙丘的分布以盆地东南端及西南部为主，高度一般为10~30m，部分小于10m；在苏干湖盆地花海子东南有小片沙垄分布。固定、半固定沙丘主要分布在盆地东南部流沙带或戈壁带下方，且以白刺堆和柽柳构成的灌丛沙堆为主。

盆地中各种碎屑沉积物，是沙漠形成必不可少的物质基础，而且，随着地表物质的不同，所形成的沙漠类型和地表形态也不一样。据板块构造理论，柴达木盆地是在印度洋板块和欧亚板块相碰撞，青藏高原高度隆起的同时形成的。燕山运动基本奠定了盆地的轮廓，又经受了新构造运动的强烈影响，山区不断上升，盆地继续下降。因此，沉积了厚达 7000 余米的中、新生界陆相碎屑物质，其中第四系松散沉积物厚达 1000m 左右，而且分布非常广泛，为沙漠的形成提供了极其丰富的物质基础。

对其地表沉积物矿物质进行分析，轻矿物质的平均质量百分含量为 89.45%，以石英和长石为主。不同地貌表层沉积物的情况物质组成存在较大差异，新月形沙丘沉积物中石英的质量百分含量最高为 54%，其次为线形沙丘。据钻孔资料，察尔汗盐湖第四纪厚达 1500m 以上。据杜乃秋等（1983）的研究，该地湖积物厚度就可达 100m。河流冲积物主要为古代河流的干三角洲和冲积平原柴达木盆地东部夏日哈—铁奎间的柴达木河中游的沙漠。

Sun 通过地形和元素分析，并从季风和风化两个方面，认为柴达木盆地的沉积物与塔克拉玛干沙漠的地表沉积物有相似性；杜宏印通过稳定同位素和常量元素两种方法，采用同位素质谱分析仪 18O 和 30Si 的稳定同位素 σ 值，根据相邻的沙漠呈现 σ 值相似的趋势，表明柴达木沙漠和塔克拉玛干沙漠差异较小。

3.4.4　风沙地貌特征

柴达木盆地是中生代形成的一个大型坳陷盆地，盆地呈狭箕形，四周高山环绕，从边缘到中心，依次为高山、荒漠戈壁、风蚀丘陵、平原草滩，平原最低部分因流水积潴，形成许多盐湖和沼泽，"柴达木"为蒙古语，被译为"盐泽"或"辽阔"之意。整个盆地自西北向东南微缓倾斜。海拔 2700~3000m，海拔 2670m 的察尔汗盐池为盆地最低点。盆地受断裂构造控制，整个断陷盆地又被局部隆起的低山丘陵分割成很多小盆地，如乌图美仁—察汗乌苏盆地、阿拉尔盆地、德令哈盆地、柴旦盆地、马海—冷湖盆地和花海子盆地等。沙漠沙丘集中分布面积 152.39 万 hm^2，其中：流动沙丘占 53.2%，半固定沙丘占 42.6%，固定沙丘占 4.2%。

柴达木盆地中地貌呈现出风蚀地、沙丘、戈壁、盐湖和盐土平原相互交错分布的景观。其风沙地貌的主要特征是：

（1）沙丘分布较为零散

其中比较集中的是在盆地西南部的祁曼塔格山、沙松乌拉山北等地，大致成西北—东南走向的一条断续分布的沙带。北部花海子洪积平原及东部铁圭沙漠北部等地也有小面积的分布。沙丘多系流动沙丘，占盆地内沙丘总面积的 70%，以新月形沙丘、沙垄和沙丘链为主，一般高 5~10m，高大的（20~50m）复合型沙丘链也有分布，但面积较小。固定、半固定沙丘主要分布在昆仑山北范山前平原前缘潜水位较高的地带，特别是在盆地东部夏日哈—铁圭一带分布尤为集中，在该地流沙仅小面积地分布在沙漠中央。沙丘以灌丛沙堆为主，一般高 3~5m，也有在 5~10m，常见植物为怪柳、梭梭等。

（2）风地广泛发育

主要分布在盆地西北部，东起马海、南八仙一带，西达茫崖地区，北至冷湖、俄博梁。区内由第三纪岩层（泥岩、粉砂岩、砂岩）所构成的西北—东南走向的短轴背斜构造非常发育，岩层疏松，软硬互层，且多断崖与节理，在风向与构造方向相似的情况下，强烈的风蚀作用和机械风化作用形成了与构造方向一致，与风向大致平行的岗状风蚀丘和风蚀劣地，在一些褶曲隆起的穹形丘陵上也广泛分布有这种风蚀地貌。它们排列的方向受主风向的影响，由风蚀区的西北部往东南部，逐渐由北北西—南南东方向转变为西北—东南和北西西—南东东方向。高度在 10~15m 不等，也有达 40~50m，长度在 10~200m 不等，也有长达数千米者。在风蚀低地和风蚀丘的迎风面上，常有流沙堆积，形成沙垄或新月形沙丘，但其分布面积极小，仅占风蚀地区总面积的 5%。

（3）风蚀地貌景观显著

盆地的西北部在长期燥多风的条件下，逐渐被改造为风蚀地貌沙漠景观，其面积为 2.4 万 km^2，成为世界沙漠中最壮观的风蚀地貌之一。风蚀地貌景观主要类型有风蚀柱、风蚀岛丘、风蚀蘑菇、风蚀雅丹、风蚀楔形丘、风蚀长丘和风蚀洼地、风蚀平原等。

盆地边缘山前燥堆积平原（戈壁）这就是柴达木盆地的砾质沙漠，也叫戈壁，其面积为 3.7 万 km^2。在整个盆地的沙漠中，砾漠面积比例最大，约占盆地沙漠总面积的 52%，这与盆地四周均为高大的山脉分不开。据初步统计，这些山脉共有 70 多条河流注入盆地中，给盆地带来了丰富的冲洪积物质，这是形成砾漠的基础。风蚀泥漠，居第二位，约占盆地沙漠总面积的 33%。

3.4.5 沙漠环境演变

曾永年等对各地形面上古风成砂剖面进行了分析研究，认为柴达木盆地沙漠大规模形成的时代为晚更新世晚期，即末次冰盛期。将柴达木盆地沙漠形成与演化分为 3 个阶段：末次盛冰期—沙漠大规模扩展阶段，晚冰期—沙漠活化扩展与固定缩小交替阶段，全新世—沙漠固定缩小与再次扩张阶段。王涛对柴达木盆地沙漠的发展演变分为以下几个时期。

3.4.5.1 老第三纪时

盆地周围山地海拔不高，一般不超过 1000m，盆地的气候比较湿热，湖盆水量很大，山上植被主要是亚热带针叶林，到新第三纪的早期，盆地仍然是湿热多雨的气候，因为在中新世的地层中未发现有盐类沉积。新第三纪晚期，盆地的气候逐渐变得干燥，湖盆开始有盐类沉积，周围山地的植被从针叶林演替为荒漠草原，盆地沙漠可能从这个时候开始出现，并且主要集中在盆地的西北部。沙漠风蚀地表形态就是从这个时候开始形成的。此时，风成沙丘也应开始发育，但因我们野外考察的面有限，至今还未发现这个时期的古沙丘。

3.4.5.2 早更新世时期

盆地的中部和东部，气候又变湿暖，湖面辽阔，水网众多，据盆地沉降中心钻孔资料，早更新世地层未发现有盐类沉积。温暖多雨气候的出现，可能与青藏高原隆起的初期，旧行星风系消失，而建立起新的季风环流有关系，因此，沙漠发育过程中止。但盆地的西部出现过干燥沙漠时期，因为在区内的早更新世沉积物中发现有盐岩和石膏。

3.4.5.3 中更新世时期

此时期发生了我国最大一次冰期，气候极其干冷，尤其是冰川盛行期气候更加干旱。所以，湖盆逐渐缩小，湖相沉积物出露地面，在干气候条件下，沙漠发展过程开始，风蚀地表形态和沙丘景观在盆地的西部和东部出现。但到中更新世的晚期，气候又变得湿暖，沙漠发展过程又中止或发育缓慢。

3.4.5.4 晚更新世

其前期气候与中更新世的晚期差不多，流水侵蚀强烈，冲积–洪积层深厚，在冲、湖积层中没有盐类沉积，说明当时气候较温湿。其末期发生了我国最后一次冰期，气候非常干燥，湖盆缩小，并受新构造运动的影响。因此，盆地西北部进一步抬升，湖相沉积物大面积出露，沙漠风蚀作用盛行，风蚀丘和风蚀洼地景观广泛发育。在细沙物质丰富的盆地西南边缘和盆地东部冲积三角洲上，形成了大面积的沙漠沙丘景观。全新世以来，大部分时间气候较湿暖，特别是距今 7000~3000 年前这段时间。因此，除了西部盆地的沙漠有所扩大之外，盆地东部的都兰—铁圭沙漠，逐渐为植被、粉沙和黏土固定或半固定。盆地南部边缘的红柳沙堆，因水分条件格外好，红柳蔓延很快，红柳沙堆得到了前所未有的发展，红柳沙堆带比现在宽，据初步观测，有些地方宽三分之一左右。

堆积作用是在晚更新世末期所形成的沙丘的基础上发育起来的，而且，现在还在继续扩大。盆地西北部的沙丘，大部分集中在花海子盆地的东南部，有一部分零星分布在风蚀丘陵之中。主要沙丘类型有新月形沙丘、新月形沙丘链、线状沙垄和梁窝状沙丘等。沙丘高度不大，大多在 5m 以下，并且主要是流动沙丘，沙丘移动的主导方向为东南。盆地西南部的沙丘，成一条宽窄不一致的沙带，坐落在山前干燥堆积平原上，由新月形沙丘、新月形沙丘链、线状沙垄、梁窝状沙丘和星状沙丘等构成，沙丘比较高大，一般的沙丘高度为 10~30m，最高可达 100m 以上，盆地内最高大的沙丘就在这里，几乎全是流动沙丘，并向东南方向扩张。

盆地东部的沙丘，呈块状分布在盆地边缘，其中最大的沙漠是都兰-铁圭沙漠。该沙漠的西半部大部为流动性，东半部为固定或半固定性。沙丘主要向东南东方向移动。沙丘类型比较单一，绝大部分是格状沙丘链、新月形沙丘链和线状沙垄。沙漠四周边缘的沙丘较矮小；沙漠中部的沙丘高度较大，一般为 2040m，少数达 60 多米，我国沙漠中最高大的格状沙丘链就坐落在这里。

3.4.5.5 最近时期

盆地正处在干燥与湿之间偏相对湿的气候环境，尤其是盆地东部，这里的沙漠形成时是流沙，后来为植被所固定，现在仍然是半固定状态，这是环境偏湿的证据，但盆地的西部一直都比较干燥。今后一定时期内，还将保持这种气候条件。

最近几十年来，人类不合理的经济活动，使一些原来固定或半固定的沙丘（如盆地南缘盐漠与砾漠交界处的红柳沙堆带）屡遭破坏，沙堆不断减少，导致流沙与日俱增。

3.5 古尔班通古特沙漠

3.5.1 地理位置

"古尔班通古特"系蒙古语，即"野猪出没的地方"。还有人认为"古尔班"系蒙古语"三个"的意思，而"通古特"是元代蒙古人对西夏人或党项部族的称谓，故"古尔班通古特"系指"原来那里居住着三户西夏人或三个党项族部落"。

古尔班通古特沙漠位于我国北方沙漠及沙漠化地带最西北部的准噶尔盆地中南部（44°11′~46°20′N，84°31′~90°00′E），行政区划属新疆维吾尔自治区昌吉回族自治州、塔城地区、博尔塔拉蒙古自治州和阿尔泰地区等。沙漠面积 49883.74km^2，约占全国沙漠总面积的 6.3%，从面积上来说，古尔班通古特沙漠是我国第二个大沙漠，也是我国最大的固定、半固定沙漠。古尔班通古特沙漠因其深处内陆，距离海洋均在 3000km 以上，而成为世界上离海洋最远的大型内陆沙漠。

古尔班通古特沙漠四面环山，西部少数缺口与外界相接，沙漠分布在盆地内。该沙漠由四片沙漠组成：西部为索布古尔布格莱沙漠，位于玛纳斯河的两岸；中部为德佐索腾艾里松沙漠，分布在三个泉子甘谷以南；东部为霍景涅里辛沙漠，分布在天山和东准噶尔高原间的走廊里；在三个泉子甘谷以北，称为阔布北—阿克库姆沙漠。此外，在奎屯河和艾比湖之间有乌苏沙漠，布尔津—哈巴河—吉木乃的额尔齐斯河两岸也有阿克库姆、库姆塔格等多片小沙漠分布。古尔班通古特沙漠深居中亚腹地，属干旱荒漠生物气候带，但又是中国境内受西风环流影响最为明显的地区之一，是我国西北干旱荒漠地带中唯一以固定、半固定沙丘占绝对优势的沙漠。植被盖度较大受益于较多的冬季降雪，沙漠中有较大的人工绿洲和天然梭梭林资源，也是传统的、辽阔的牧场。

3.5.2 自然条件

3.5.2.1 气候与水文

古尔班通古特沙漠深居欧亚大陆腹地，远离海洋，故具有大陆性干旱气候特征。然而，准噶尔盆地西部和西北部山地的豁口和谷地，为西来湿润气流提供了通道，在盆地和沙漠中形成一定降水。所以，该沙漠又是我国唯一受盛行西风带强烈影响的沙漠。沙漠年平均气温 4~9℃，冬季 1 月平均气温在 -20~-15℃，夏季 7 月平均气温 24~27℃，绝对最高、最低气温均在 ±40℃以上；气温年较差平均在 30~40℃，日照时数 2700~3100h，无霜期 135~150 天，大于等于 10℃年积温 3000~3500℃。年降水量在沙漠边缘为 100~200mm，沙漠腹地仅有 70~100mm；降水季节分配以春夏季略高于秋冬季，其中 4—7 月的降水量占全年的 47.6%。此外，冬春上有较丰富的降雪和积雪，降雪日 30 天以上，积雪时间可达 4 个月。年蒸发量 1400~2000mm，干燥度 5~10。控制本区的风系主要是西风环流和蒙古高压形成的西北和东北风系，起沙风集中于4—9月，以4—7月最盛。

准噶尔盆地是一个三面环山的半封闭性荒漠盆地，降水少，加之地面物质松散，产流条件不良，源于周边山地的河流除个别汇入外流水系，大部分出山口后消失于山前洪积扇或短距离流至沙漠边缘而湮灭。所以，古尔班通古特沙漠基本上是一个缺乏地表径流，水系网不发育和缺少地表水体的内陆干旱沙漠。除北部额尔齐斯河水量较丰，流向北冰洋为外流水系外，其余均为内陆河，较大的河流有玛纳斯河、奎屯河、昌吉河、精河、呼图壁河、乌鲁木齐河、巴音沟河、四棵树河等。其中只有玛纳斯河和奎屯河穿过沙漠，分别汇入玛纳斯湖和艾比湖；其余多在流出山口后立即消失于山前洪积扇，或短距离流至沙漠边缘而消失。各河流河水的矿化度为 0.1~0.4g/L，为较好的饮用和灌溉用水。盆地内较大的湖泊有艾比湖、玛纳斯湖、乌伦古湖、艾里克湖。后两者为淡水湖。

由于地表径流缺乏，沙漠中地下水位埋藏较深。根据某些农场的钻井资料，在沙漠边缘地下水深大于 5m；而广大的沙漠内部则深于 16m。很明显，那里生长的植物就不可能直接从地下水取得所需的水分。沙丘水分主要来源于大气降水和消融雪水，凝结水也有一定作用。每年的3月末至4月初，沙漠中的积雪大量融化，融雪水和其后的雨水由沙丘表面向下渗透，形成较稳定的悬湿沙层。根据野外多次系统监测资料，沙漠风沙土 1m 深度内土壤含水量一般在 1%~4%（不包括地表 0~10cm 的干沙层）。在融雪后的4月和较强降雨后，风沙土含水率可达 4%~8%。沙土层中保持的一定含水量，使得草本和木本植物能够吸收所需水分而萌芽生长，特别是为短命和类短命植物生长提供了生存条件和增强了沙土抗风蚀性能。

3.5.2.2　土壤与植被

古尔班通古特沙漠中分布的主要土壤为灰棕漠土和风沙土。灰棕漠土属地带性土壤，由于植被稀疏、水分缺乏以及沙子的移动性等，致使土壤的发育程度很差，处于较原始的状况而近似于母质。此外，在沙漠边缘，特别是沙漠西部，丘间平坦的低地上发育着简化灰棕漠土。风沙土属非地带性土壤，主要土壤类别为固定风沙土和半固定风沙土。前者主要分布于丘间及沙丘的中下部，剖面出现微弱分异，地表有机质有微弱积累；后者主要分布于沙丘的中上部和顶部，剖面分异极不明显，有机质含量低，理化性质也出现一定的差异。

古尔班通古特沙漠植物区系和植被性质表现出蒙古戈壁荒漠与中亚西部（哈萨克斯坦）荒漠之间的过渡特征，具有世界温带沙漠中最为丰富的植物物种与基因资源。该沙漠植被在地质历史的长期自然选择和适应过程中，演化形成了许多适应干旱生态环境（耐旱、耐高温、耐强辐射、耐盐碱、高光合效率）的物种和基因型。

古尔班通古特沙漠共有高等植物 208 种，分属于 30 科 123 属。沙漠中部树枝状与梁窝垄间交接处有白梭梭、沙拐枣、三芒草出现；在沙垄西北、西南迎风坡上遍布白梭梭、沙拐枣、沙蒿和苦艾蒿；背风陡坡有东方虫实、黑色地衣等。沙漠北缘垄间距渐宽，白梭梭渐被沙拐枣取代，丘间出现糙针茅、沙葱等，属蒙古荒漠草原群系；沙漠南缘丘间地遍布琵琶柴、红柳、梭梭、白沙蒿、白刺等，局部有胡杨、驼绒藜、苦艾蒿等。沙漠中较大的人工绿洲和天然梭梭林资源，也是传统的、辽阔的牧场。

3.5.3 沙物质来源

3.5.3.1 地质构造与地貌

古尔班通古特沙漠所处的准噶尔盆地是一个三面被海西、加里东褶皱山系所围绕的巨大山间盆地，东北为阿尔泰褶皱带，西北为准噶尔界山褶皱带，南为天山褶皱带。海西运动以后，天山、阿尔泰山地槽体系几乎全部褶皱隆起成山，变为陆地，准噶尔盆地的轮廓则相对形成，并成为一单独的构造单元。喜马拉雅运动，特别是晚第三纪末的垂直上升运动，使盆地周围的天山、阿尔泰山再度上升，从而阻隔了印度洋与北冰洋的水汽来源，这就使准噶尔盆地成为一个荒漠性的内陆盆地。新构造运动继承了地质历史发展的特点，使周围山系继续隆升，而在依傍山地的盆地边缘形成了巨大的凹陷，尤其是南部、西部和西北部形成了一系列凹陷地带，堆积了巨厚的第四季沉淀物，形成广阔的冲积平原与湖积平原；盆地的北半部和东部下降较浅，甚至因阿尔泰山间隙性抬升的影响，发生轻微的断裂上升，而使地面处于剥蚀作用的情况下，形成剥蚀平原特征，缺少深厚的第四季地层的覆盖。

3.5.3.2 沙物质来源

由于地质构造运动的性质，使盆地的整个地势向西、西北倾斜，如扇形铺展。东部最高海拔在1000m左右（老奇台附近），西部最低仅189m（艾比湖面），西北部亦多在250~300m。这种受地质构造制约所造成的地势特征，影响了整个盆地水系的分布和沉淀的性质。盆地外围接近山麓的地带为一宽广的山前洪积倾斜平原，其内侧逐渐为一巨大冲积平原所代替，而在盆地的西部和西北部最低洼的地域则分布着湖积平原。

古尔班通古特沙漠自形成以来总体处于持续沉积过程，来自周边山地的风化剥蚀物在盆地形成了巨厚的河湖相沉积层，仅晚第三系、第四系的堆积厚度就达数千米，这些河、湖相沉积物成为盆地沙漠形成的主要物源，其中三个泉子干谷以南及盆地东半部沙漠的物源主要为河相冲积物，古玛纳斯湖盆及艾比湖等西部湖盆洼地的沙源多为湖湘沉积物；斜贯盆地的陆梁隆起等剥蚀高地的基岩风化剥蚀物也成为沙漠的重要物源；沙漠周边的山前戈壁和冲–洪积平原的堆积物亦为沙漠提供丰富的物源；额尔齐斯河冲积平原沙丘的物源主要是河相冲积物及来自河流上游山地的风化剥蚀物。另外，根据古冰川痕迹的研究，阿尔泰山和天山均有冰川分布，正是由于这许多在第四纪时的湿润时期有大量冰水补给的有足够水量的古河流，以其巨大搬运能力把山地风化破坏的产物带到下游堆积在巨大盆地里，才形成目前广大的三角洲和冲积平原。而这一巨大的古冲积平原的沙层就成为古尔班通古特沙漠沙的主要来源。

3.5.4 风沙地貌特征

古尔班通古特沙漠以固定、半固定沙丘占绝对优势，其面积占整个沙漠面积的90%

以上，是我国面积最大的固定、半固定沙漠。这是因为所处的准噶尔盆地周围山地的封闭不很严密，特别是西部和西北部各山口可使湿润的西风气流长驱直入，给沙漠带来较多的降水，冬季并有降雪，到春季积雪融化后可形成50~100cm的湿沙层。为植物的生长发育提供了良好的气候条件。沙漠内部植被覆盖度20%~30%，北部边缘更高达40%~50%。另外，沙丘表面有土壤微弱发育和生物结皮生成，也进一步加强了沙丘的固定。因而，尽管远离海洋，深居内陆，属内陆干旱荒漠生物气候带，但沙漠仍以固定、半固定沙丘为主。

沙垄是古尔班通古特沙漠最主要的沙丘形态，占固定、半固定沙丘总面积的80%。沙垄的垄体较平直，作线状延伸，有的常分叉和连接，平面形态作树枝状；沙垄高度10~50m，长度从数百米至10余千米不等。一般由北部往沙漠，沙垄高度增加，密度也加大。沙漠北部沙垄高度一般小于10m，垄间距可达1~2km，植物生长良好，呈固定状态；而在沙漠中部沙垄高度一般为10~20m，高者可达50m，垄间距一般为300~500m，甚至不足150m，植物主要生长在沙垄两坡中下部和垄间低地，顶部普遍存在10~40m宽度不等的流沙带，呈半固定状态。沙垄的走向受风向的影响，在沙漠的北部和中部近于南北方向（偏西），而在东北部由北偏东走向，到沙漠西部和南部则呈西北西—东南东走向，甚至近乎东西向排列。因而就整个沙漠的沙垄排列而言，具有由北部至东南部发生巨大的弧形转折现象。

除沙垄外，在沙漠的西南部莫索湾地区和玛纳斯河流域，还分布有梁窝状沙丘，沙丘高度10~30m；沙漠的中南部则发育有较高大的半固定沙垄—梁窝状沙丘和蜂窝状沙丘，以及特殊类型的复合型沙垄。复合型沙垄的形态特征是：在高大的近于南北走向的、由蜂窝状沙丘组成的沙垄两侧分布着一系列与主沙垄几乎垂直的次一级的低矮沙垄。沙丘高度30~50m，甚至高达70m。

古尔班通古特沙漠的流动沙丘，主要分布在沙漠东北部滴水泉以西的阿克库姆和东南部奇台以东的霍景涅里辛沙漠，以及布尔津以下的额尔齐斯河两岸。沙丘形态主要为新月形沙丘链和格状沙丘，也有少量复合型沙丘链。新月形沙丘链和格状沙丘高度一般为20~30m；复合型沙丘链30~50m，长度可达1~2km以上。此外，在沙漠北缘三个泉子干谷以南的哈诺尔高地北坡，分布有一条与干谷平行的宽约5km的高达20m的新月形沙丘带；在带内还见有巨大的金字塔沙丘，高度达70~90m。

3.5.5 沙漠环境演变

据第四纪古气候、古环境研究，古尔班通古特沙漠最迟在0.8Ma前已经存在。0.8Ma以来沙漠发育经历了基本稳定期（0.4~0.8Ma）、强烈波动扩展期（0.13~0.4Ma）和收缩稳定期（0~0.13Ma）3个阶段。受东亚大气环流形势的改变，使我国西北地区降雨减少，气候变干及冬春季大风加强，盆地中小河干涸、湖泊萎缩消失、大片河湖冲积松散物为沙漠形成提供了充足的条件，沙漠开始广泛发育形成。受全球及东亚季风和我国东部季风的气候变化的影响，自全新世以来该沙区气候历经多次干湿和冷暖的交替变化，沙漠也相应地历经多次扩展和收缩，随着气候的波动和影响，植被生存条件发生变化，植被覆盖度也随之变化，形成沙丘活化与固定的变迁过程。

根据中国科学院治沙队 1959 年对古尔班通古特沙漠的考察，该沙漠的固定、半固定沙丘约占沙漠面积的 97%；而到 20 世纪 80 年代初，流沙面积增加到 15%，即由 1500km^2 增加到 7500km^2，增加了 4 倍。据 1990 年、2000 年和 2006 年景观类型特征指数统计结果显示，固定、半固定沙地面积由 1990 年的 20170.89km^2 变为 2000 年的 23066.31km^2，增加 14.35%。2006 年变为 24610.52km^2，与 2000 年相比增加了 6.69%。流动沙地在 1990 年面积达到最大，占研究区面积的 12.13%，2000 年减少为总面积的 12.048%，2006 年骤然减少，仅为总面积的 4.43%。

古尔班通古特沙漠流沙面积的变化，说明人类不合理的经济活动影响是不可忽视的。由于自 20 世纪 60 年代以后人口的不断增加和农垦土地的盲目扩大，使沙漠化面积急剧扩大，在沙漠南缘几乎全部不同程度地形成了流沙带，从卫片可明显看出，流沙带边缘比较齐整。如作为沙漠南缘主要农垦区的玛纳斯河下游，其沙漠面积从 1958 年的 1600km^2 增加到 1990 年的 2400km^2。1990—2000 年，这段时期人为活动更为频繁，石油勘探开发和沙漠公路建设使一部分固定沙地变为人工景观。另外，工程的建设和运营对沙地植被破坏严重，使得部分固定沙地退化为半固定沙地和流动沙地。与建设工程同时开展的生态保护和恢复在此时期正处于起步阶段，尚未见明显成效。2000—2006 年，人为活动对固定沙地的影响在加强。生态保护和恢复在该时期初见成效，引水工程和沙漠公路建设工程都设有生态保护和恢复设施，在工程运营期对环境的影响减弱。

3.6　巴丹吉林沙漠

3.6.1　地理位置

巴丹吉林沙漠位于中国西北部阿拉善高原中心地区，是阿拉善沙漠中最大的一个沙漠，以其独特的高大沙山及湖泊景观著称，引起了国内外学者的广泛关注和研究兴趣，也是目前争议较大的沙漠之一。

"巴丹吉林"系蒙古语的音译，"巴丹"是由"巴岱"演变而来，原意究竟是人名还是地名已无从考察。"吉林"的意义有两种解释，一说是由藏语"哲让"演变而来，意为"地狱"；另一说为数词"六十"，指这片沙漠中湖泊众多。

根据《中国沙漠图集》及朱金峰等基于遥感的巴丹吉林沙漠范围与面积分析，巴丹吉林沙漠北起东居延海（苏泊淖尔）湖盆南缘，南抵合黎山及北大山与雅布赖山接合部，西邻弱水东岸至古日乃湖、正义峡一线，东至宗乃山，东南至雅布赖山，以雅布赖山为界，与腾格里沙漠相分隔。巴丹吉林沙漠横跨 5 个经度，东西长约 442km，纵贯 3 个纬度；南北宽约 354km。地理坐标范围为 39°20′02″~42°15′09″N，99°23′29″~104°27′25″E，为我国第二大流动沙漠。在行政区域上，巴丹吉林沙漠范围涉及内蒙古自治区、甘肃省 2 个省级行政区，包括阿拉善盟、酒泉市、张掖市 3 个市级行政区，阿拉善右旗、额济纳旗、金塔县、高台县4个县级行政区，14个苏木（乡镇），面积为49083.76km²，其中内蒙古自治区境内分布面积为47435.95km²，占沙漠面积的96.64%，甘肃境内仅占3.36%。

3.6.2 自然条件

3.6.2.1 土壤

沙漠的地带性土壤为灰棕漠土、棕漠土，境内以非地带性风沙土为主，在湖盆周围主要为盐土及碱化和盐化土壤，多呈规律性同心圆分布。灰棕漠土主要分布在沙漠外围的砾质戈壁地带，土体干燥。风沙土广泛分布在沙漠各处。

3.6.2.2 植被

巴丹吉林沙漠植物物种包含26科73属109种，从植被类型上来说，巴丹吉林沙漠主要分布的植被亚型为沙蒿+沙拐枣荒漠、沙蒿+膜果麻黄荒漠，另有部分油蒿荒漠，还有少量红砂荒漠、胡杨林荒漠。沙漠植物群落由灌木物种和一年生草本组成，以白刺群落为主，也见油蒿群落，梭梭也作为建群种出现。常见灌木还有霸王（Zygophyllum xanthoxylon）、红砂（Reaumuria soongorica）、沙拐枣（Calligonum mongolicum）、柠条锦鸡儿（Caragana korshinskii）、花棒，另有白沙蒿、骆驼蓬、沙鞭（Psammochloa villosa）、沙米（Agriophyllum squarrosum）、碟果虫实（Corispermum patelliforme）、灰绿藜（Chenopodium glaucum）、戈壁针茅（Stipa gobica）、蒺藜（Tribulus terrestris）、画眉草（Eragrosti spilosa）、雾冰藜（Bassia dasyphylla）、芦苇（Phragmites australis）、白茎盐生草等植物种。沙漠以白刺群落为主，白刺生长环境较为严酷，群落结构较单一，物种较少，盖度较低，种内及种间的相互作用较小。白刺空间分布格局的形成多依赖物种的生态适应性和繁殖对策及其与小生境斑块的耦合性，在生境没有很大的扰动的前提下，具有暂时的稳定性，多形成固定和半固定的白刺灌丛沙包。巴丹吉林沙漠植被种类较少，植被覆盖率大多低于5%，主要生长在低洼地区和湖泊周围区域，植被群落以能够在该地区恶劣多变的环境条件下生存的旱生植物和盐生植物为主，东南部植被种类多于西北部。

巴丹吉林沙漠内部，沙山存在带状的植被分布模式，植被带主要分布在大沙丘的背风坡上，一般宽度2~6m，长度10~100m。植被带通常由草本植被以及少量的灌木组成。而分布于沙山间的湖泊，其湖盆周围的植被分布也具有不同的分布特征，植被主要沿湖岸呈现带状分布特征，最外围主要是由白刺形成的高1~3m的灌丛沙堆，再向内为盐生草甸；湖滨地带则为沼泽化盐生草甸。

3.6.2.3 气候和水文

巴丹吉林沙漠是典型的极端干旱沙漠，总体上位于东亚夏季风的边缘地区，处于西风环流控制区内，属典型的大陆性气候。东亚夏季风也常常会深入沙漠带来降水，区域年均降水量在50~100mm，年蒸发量2400~4000mm，呈东南向西北递减趋势。沙漠北缘拐子湖气象站记录的年平均降水量约为35mm，而沙漠南缘阿拉善右旗的年平均降水量则远高于北部地区，为115mm，沙漠腹地的年平均降水量约为100mm。沙漠东南部由于受亚洲季风的影响，降水集中于夏季（即6—8月）。而年平均水面蒸发量超过1000mm。高蒸发和低降水导致在该地区无法观察到地表径流，年平均相对湿度南缘高于北缘。沙漠北缘年平均气温约为8.8℃，南缘年平均气温约为9℃，年均气温8~9℃。气温季节变化显著，最冷月与最热月的温差可达31℃。沙漠全年盛行西风和西北风，年平均风速在2.8~4.6m/s，年大风日数40~60天，一般在4月和5月达到高峰，风速从北到南逐渐减小，年平均风速南缘高于北缘，4—5月风力最强，特别是沙漠北部的槽状地形，使风力产生加速效应，导致拐子湖一带成为我国西北内陆沙尘暴的重要源地。位于巴丹吉林沙漠东南缘的雅布赖山，呈东北、西南走向，是巴丹吉林沙漠东南的屏障。在春季和冬季沙漠东南缘的风速均小于沙漠腹地，雅布赖山东南侧的风速小于西北侧的风速，说明在冬春季节，东北、西南走向的雅布赖山体对西北风起到了阻挡削弱的作用，使得部分沙尘在沙漠东南部沉降，有助于形成与维持沙漠东南部的高大沙山。

巴丹吉林沙漠地表水系不发育，地表径流匮乏，发源于祁连山的弱水是唯一的内陆河流，流经巴丹吉林沙漠西北缘最终入索果卓尔和嘎顺诺尔湖，仅遭暴雨时，沙漠外围山前出现山地洪流。巴丹吉林沙漠常年积水的湖泊百余个，但湖泊面积都不大，湖水多为盐水，湖泊总面积约32km^2，尤以沙漠东南部分布最为集中。大多为卤水湖、盐水湖和咸水湖，最高总溶解固体（TDS）可到0.3g/L。湖泊周围长期分布有浅层地下水和泉水，水质都较好，TDS均低于1g/L。绝大多数湖泊面积小于1km^2。经考察发现，沙漠北部有许多干湖盆，证明沙漠曾经分布着比现在更为广泛的湖泊。湖泊受降水补给，凝结水及深部承压水形成的泉水亦为湖泊的重要补给来源。沙漠现有湖泊群在近40年也曾有过萎缩的过程，总体上湖泊年际变化有着明显的规律，即湖泊面积和数量在春季4月均达到最大值，在夏季、秋季逐渐减小，到冬季和春季又会迅速升高。

3.6.3 沙物质来源

Mischke（2005）认为，戈壁及阿尔泰山脉的白垩纪砂岩、砾岩可能是巴丹吉林沙漠沙丘的沙源。Hu and Yang（2016）进一步提供了简介证据，证明来自祁连山和青藏高原东北部的沉积物，以及来自西北部阿尔泰山脉和蒙古戈壁的沉积物，是巴丹吉林沙漠的主要沉积物来源。巴丹吉林沙漠各区域间沉积物的化学特征由源区物质特征所决定。沙漠北部边缘地区的风积沙主要依赖当地的基岩物质以及周围的河湖相沉积物，而中部和南部边缘地区的风成砂可能含有更多来自阿尔泰山脉和蒙古戈壁的外来成分。另外，南部边缘地区的风积砂也受到原地基岩物质的影响。Hu and Yang（2016）通过元素地球化学手段证实，巴丹吉林沙漠的风成沉积物来自祁连山的疏松沉积物及戈壁的物质。在某些沙漠中，风积砂的化学蚀变指数（CIA）值在空间上具有均质性特征。但巴丹吉林沙漠边缘和中心地带的风成沉积沙CIA值存在显著差异，这与巴丹吉林沙漠的降水空间格局不一致，巴丹吉林沙漠的降水呈现明显的从北向南递增的趋势，因此，巴丹吉林沙漠风成沉积物CIA的空间变化可能受物源的控制，而不是化学风化。

丰富的沙物质是高大沙山发育的基础。从河湖相空间分布可以看出，末次间冰期以前，弱水冲洪积扇前缘向东可达古日乃湖以东、拐子湖以南，流动沙丘10~15km，反映出当时古日乃湖、拐子湖以及古居延泽均为巴丹吉林同一古湖的组成部分，证明早中更新世乃至中第三纪期间存在横贯阿拉善高原自西北而东南流动串联的水系。据古居延泽古湖岸线以及湖提淡水螺壳 ^{14}C 测年，约在3000aBP，古居延泽水域面积达800km^2。以河流为主干连接湖泊的古水系的存在反映巴丹吉林地区一度出现河湖景观，也说明当时西风环流给本区提供了较为丰沛的降水，造成弱水冲洪积扇及扇缘湖泊均很发育，也是沙丘中碳酸钙强烈淋溶。古日乃、拐子湖等地河湖相与沙丘相交替现象也表明，弱水冲洪积扇缘古日乃、拐子湖等古湖泊水位曾发生过多次升降，并侵入沙丘地的现象。湖水退缩后，湖滩地暴露不断遭受风蚀。当弱水处于低水期时，也是冬季风频繁活动的时期。巴丹吉林古湖的解体、萎缩和消亡，一方面与青藏高原隆升，特别是昆仑—黄河运动及其共和运动诱发阿拉善高原的掀斜抬升形成南高北低的高原地市有关，另一方面可能与青藏高原隆升后阻挡西风环流携带的水汽有关。

沙丘发育的动力主要源于西风环流和季风环流。末次冰期以前巴丹吉林地区主要受中纬度上空西风环流影响，因而地表盛行西风，其次为西北风；由于西风环流带来了相对丰沛的降水，使沙丘中碳酸钙大量淋溶。根据沙漠东南部高大沙山古沙丘高度推测，末次间冰期时，大多数沙山已达到60~150m的高度。末次冰期以来，青藏高原的隆升对西风环流阻挡作用的加强，使西风环流遭遇青藏高原的阻挡被迫分为南北两支，北支因天山和阿尔泰山的堵截转向东北，然后进入中蒙边境东经97°附近南下，复遇西昆仑山、祁连山等高山的阻挡被迫分为两股，一股形成东北风进入塔里木；而另一股则形成强劲的西北风，进入阿拉善高原成为巴丹吉林等诸沙漠发育的主要动力。该区深居内陆远离海洋，东亚夏季风很少光顾这里，除8月为东北风外，区内全年盛行西北风，其次为西风。区域上，顺西北风向（冬季风方向），风积床面形态依次为简单新月形、新月形沙丘链、复合新月形和复合沙丘链、高大沙山、金字塔形沙丘。将上述沙丘空间发育序列转换到时间坐标后，不难发现，随着沙源的充分和沙区发育时代的增长，风积床面形态经历了简单新月形、新月形沙丘链、复合新月形、复合沙丘链到适应当前风况的高大沙山。目前在高大沙山顶除反映风向所造成的脊线变化外，主风向所塑造的基本形态轮廓和坡麓很稳定。

巴丹吉林沙漠高大沙山与起伏底基地形也有一定的关系，特别是在沙山发育的初期，地形的起伏往往造成近地表气流抬升，在其迎风侧沙流遇阻而大量堆积。一般沙丘背风坡最大角度不超过34°，但巴丹吉林沙漠的高大沙山落沙坡坡度多数超过休止角，个别达45°，这种异常现象也与落沙坡上灌木和草本植被发育有关。

总体分析，巴丹吉林沙漠的物质来源主要有以下几个方面：发源于青藏高原东北缘的弱水，将祁连山的巨量风化岩屑源源不断地搬运到银－额盆地，特别是第四纪以来形成的深厚湖相沉积层，在气候干旱、湖底出露时，成为沙漠形成的主要物源；环绕沙漠西侧和北侧的古代湖盆、河道等水文网残迹，堆积有大量的河湖相沉积，亦为沙漠的重要物源；盆地周边及盆地中的山地、干燥剥蚀高地的风化碎屑直接为沙漠提供了大量的沙物质。此外，在沙漠以西的弱水至马鬃山之间分布着辽阔的砾质戈壁，地形开阔平坦，西北向冬季风极为强劲，戈壁中的细小沙粒被强风吹扬东移，在雅布赖山前受阻，沙粒沉降，是巴丹吉林沙漠形成与发展中极为重要的物源。

3.6.4 风沙地貌特征

3.6.4.1 地质构造与地貌

地质构造方面，巴丹吉林沙漠属于阿拉善古陆台的银—额济纳凹陷盆地，主要形成于晚侏罗世和早白垩世。银—额盆地是一个中新生代沉积盆地，盆地在晚侏罗世—早白垩世全盛发展期沉积了深厚的河湖相沉积物，第四纪以来继续接受沉积，后因构造运动的差异性升降，盆地中形成了一系列隆起与凹陷。燕山运动使得海西运动期间产生的断裂重新活动，同时导致外围山脉隆升，盆地沉降，从而沉积了侏罗纪和白垩纪的地层。由于喜马拉雅运动，凹陷的扩张一直持续到新生代，并在此期间导致了第三纪红层的沉积。第四纪期间的新构造运动导致了巴丹吉林沙漠的一系列断层阶地的产生以及陆源碎屑沉积物的沉积。侏罗纪、白垩纪和第三纪的岩石在盆地边缘露头，而盆地中心则被第四纪沉积物所占据。这些沉积物按地层顺序可分为以下几部分：下更新世沉积物（依次覆盖上新世）由山麓半固结砾岩和砂砾岩组成，并逐渐向细粒及分层良好的河流和湖泊相过度。中、上更新世沉积物主要为湖泊和河流成因的细粒或黏质沉积物。全新世主要为风成砂，其不整合地沉积在老沉积物上，形成了巴丹吉林沙漠的主要沙漠景观和主要潜水含水层。

盆地西面及北面为辽阔的中央戈壁，弱水经盆地西缘向北注入居延海凹陷的沉积中心——居延海。盆地的西南面是海拔 1800~2600m、呈西北—东南走向的合黎山及北大山，海拔 1600~2200m、呈西南—东北向的雅布赖山横亘于盆地的东南侧。盆地北面、西北面为开阔的戈壁地带。从盆地的西北到东南有多条西南—东北向的坳陷和隆起呈带状相间平行分布，其中相对高度 100~200m 的宗乃山—沙拉扎山地势较高，其余均较低矮平缓。

沙漠地势东高西低、南高北低，总体从东南向西北倾斜，平均海拔 900~1600m。主要地貌类型为流动性沙丘，约占整个沙漠面积的 83%，沙丘系统主要有简单新月形沙丘、新月形沙丘链、金字塔形沙丘和高大沙山 4 类沙丘。由于盛行风向的作用，沙丘的排列方向多为北东—南西。在沙漠内部，沙山、湖泊盆地、风蚀洼地及剥蚀丘交错分布。在沙漠的东南部分布着许多高大沙山，广布着复合、复杂新月形沙垄，尤其沙漠东南部，高大沙山可达 200~300m，甚至可达 500m，湖泊（干湖盆）与高大沙山相间，并且大多数湖泊或干湖盆分布于高大沙山落沙坡的底部，这样的地貌景观在世界范围也很罕见。

发源于祁连山脉的弱水在沙漠西侧形成开阔的冲积平原，古日乃湖和拐子湖分别位于沙漠西缘和北缘，两湖之外为辽阔的堆积戈壁和剥蚀戈壁。沙漠地处蒙古—西伯利亚高压东进的要冲，风力极为强劲，北部拐子湖一带为我国沙尘暴的主要源区。沙漠东南缘的雅布赖山犹如一道堤坝，阻挡着沙漠的南徙，但因其相对高度多不超过100m，且北坡比较平缓，并有多个低矮的山口，在强劲冬季风的作用下，成为流沙溢出南侵的通道。沙漠东部为低山丘陵、剥蚀台地或堆积戈壁。

3.6.4.2 沙丘类型及分布特征

巴丹吉林沙漠沙丘主要有简单新月形沙丘、新月形沙丘链、金字塔形沙丘和高大沙山4种类型。

（1）简单新月形沙丘系统

主要分布于沙漠边缘地区，以沙漠西南缘鼎新、东缘树贵、东南缘雅布赖山等分布集中连片，其余较为零星。新月形沙丘高2~3m，迎风坡上凸平缓，坡度5°~20°；背风坡凹而陡，坡度25°~34°。新月形沙丘发育在山前冲洪积、干河床等地貌单元之上。据对鼎新东、树贵、雅布赖山等地沙丘背风坡倾向统计，鼎新东沙丘背风坡倾向90°~110°；树贵沙丘背风坡倾向120°~150°；雅布赖山前沙丘背风坡倾向100°~160°。可见沙漠西南缘主导风向为西风，次为西北风；沙漠东和东南缘主导风向为西北风。

（2）新月形沙丘链系统

主要分布在沙漠北部拐子湖以西、沙漠西缘古日乃以北地区。新月形沙丘链一般较平直，曲弧体不很明显。沙丘高5~20m，宽50~300m，一般延伸1~3km，最长延伸达5km以上。新月形沙丘链迎风坡凸出而平缓，坡度5°~20°；背风坡凹而陡，坡度25°~34°。沙丘链在形态上保留原新月形沙丘弯曲弧形体痕迹，沙丘覆盖于河湖相沉积层之上。据对古日乃、拐子湖等地沙丘链背风坡倾向统计，古日乃沙丘链背风坡倾向90°~120°；拐子湖以西地区沙丘链背风坡倾向110°~160°。可见，古日乃主导风向为北西西风和西风，拐子湖以西地区主导风向为西北风。

（3）金字塔沙丘系统

主要分布于沙漠东南缘雅布赖山前、沙漠东缘树贵等地区。金字塔沙丘多孤立分布，沙丘一般高50~80m，个别高达100m以上。沙丘具有三角形斜面尖锐的顶和狭窄的棱脊线，沙丘发育于冲洪积扇之上。金字塔形沙丘四周多发育一些矮小的新月形沙丘和沙丘链。据对金字塔沙丘3个坡面倾向统计，主要有东南、东和西南向，表明主要受西北风、西风和东北风的作用。

（4）高大沙山系统

主要分布于沙漠中部和东南部，面积占沙漠面积的1/2以上。沙山一般延伸5~10km，宽1~3km，最高点在沙山中央脊线，脊线向两侧逐渐降低。沙山迎风坡和缓，斜坡长1~3km。迎风坡上约2/3处有一波折，下部坡度10°~15°，上部坡度24°~27°；落沙坡较陡，坡度一般为28°~35°，个别达45°左右。迎风坡上叠置有新月形沙丘、沙丘链、横向沙丘等次级沙丘。据地形图并结合航卫片测量，高大沙山总体走向为30°~40°NE，落沙坡倾向为120°~150°，表明主导风向为西北风。按照沙山地层是否发育钙结层，可将沙山划分为古沙丘和新沙丘两部分。古沙丘位于沙山下部，高度约占沙山的2/3，沙山中钙结层较发育。钙结层一般厚0.2~1cm，主要沿交错层理发育，因而使古沙丘交错层非常清晰。新沙丘位于沙丘上部，高度约占沙山的1/3。新沙丘中钙结层不发育，但钙质根管发育。在广阔沙丘地，古沙丘与新沙丘之间明显存在一个连续、起伏和缓、含较多暗色矿物的粗沙标志层。该粗沙标志层主要由1~2mm的粗沙组成，个别颗粒达砾石级，沙砾表面经长期暴露于大气环境表面，附着一层荒漠漆皮。据对沙漠东南缘高达180m的伊克敖包沙山古沙丘与新沙丘界面之上10m处新沙丘进行TL测年，其结果为（68±10）kaBP，其上以10m间距对新沙丘进行TL测年，其年代分别有（30±6）kaBP、（29±6）kaBP、（27±6）kaBP和（8±2）kaBP，最后一个年代样品采自沙山顶部现代流沙底。沙山的起始年代从沙山基底最新地层为上新世红层推测，古沙山大致形成于末次间冰期以前的早中更新世，而新沙山大致形成于末次冰期。

巴丹吉林沙漠高大沙山与基底起伏地形也有一定的关系，特别是在沙山发育的初期，地形的起伏往往造成近地表气流抬升，在其迎风侧沙流遇阻而大量堆积。一般沙丘背风坡最大角度不超过34°，但巴丹吉林沙漠的高大沙山落沙坡坡度多数超过休止角，个别达45°，这种异常现象也与落沙坡上灌木和草本植被发育有关。高大沙山是巴丹吉林沙漠较为典型的地貌单元，主要分布在沙漠东南部，一般高150~350m，部分达到400m以上，野外实测得到的高大沙山最大相对高差为430m，因此巴丹吉林沙漠被誉为世界上规模宏大的沙山地貌。

3.6.4.3 风沙地貌特征

巴丹吉林沙漠是以流动沙丘占绝对优势的沙漠，流动沙丘约占75.25%，固定、半固定沙丘分别仅占7.55%、17.20%。固定、半固定沙丘主要分布在古日乃湖和拐子湖盆及弱水下游三角洲一带，在沙漠东部山前倾斜平原地带也有分布。固定沙丘多为灌丛沙堆，半固定沙丘则多为梁窝状沙丘和灌丛沙堆，高度小于5m。流动沙地广布于沙漠各处，沙丘形态主要为新月形沙丘和沙丘链、格状沙丘、金字塔沙丘及沙山、复合型沙丘链及沙山等。沙丘高大、沙山广布是巴丹吉林沙漠的独有特征，其面积约占沙漠总面积的55.3%。高大沙山主要为复合型链状沙丘（山）及金字塔型沙丘（山）。复合型链状沙丘及沙山主要分布在沙漠中南部及中部，其迎风坡多有叠置沙丘，一般链长10~15km，宽1~3km，高度随地形及风况变化有所差异，沙漠中部高度一般为100~200m，西南部为200~300m，东南部可达300~400m。在高大沙山之间的低洼地，多有湖泊分布，尤以沙漠东南部的巴丹吉林庙周边及其西北区域分布最为密集。金字塔型沙山多以孤立状分布在沙漠南部及东部山前地带，高度一般为100m；新月形沙丘及沙丘链主要分布在沙漠东部、西南部及沙漠周缘地带，新月形沙丘高度一般为5~10m，沙丘链高度一般为10~30m，部分区域达30~50m。沙漠西北部有格状沙丘分布，古日乃湖东南缘有梁窝状沙丘分布。沙漠东部及古日乃湖盆有大片风蚀雅丹地貌，多呈残丘及垄岗状。除少数区域因地形影响外，整个沙漠的沙丘及沙丘链的排列主要受盛行西北风控制，排列方向大体与盛行风向垂直，从西北向东南移动。

3.6.5 沙漠环境演变

3.6.5.1 沙漠环境的演变

巴丹吉林沙漠约形成于中更新世，形成之后经历了多次正逆发展过程。地层剖面研究揭示，在冬、夏季风交替演变影响下，仅距今 15 万年以来，沙漠就经历了 20 余个强度不同的正逆交替变化过程。晚更新世的末次冰期，极其强劲的蒙古高压使阿拉善高原的风沙活动空前活跃、流沙扩展，沙漠范围显著扩大。其中，末次冰盛期，流沙可能扩展到雅布赖山北麓及整个额济纳盆地。

末次冰期后，随着东亚季风的增强，沙漠气温及降水均有所增加。全新世中期，蒙古高压空前减退，东亚季风大幅向西推进，区域降水量明显增加，植被得到恢复，沙漠边缘地带流沙固定，沙漠面积有所缩小，局部区域出现明显土壤化现象。近 2000 年来，区域气候虽有多次干湿波动变化，但其波动强度相对较小，尚不足以改变流动沙丘占绝对优势的总体格局，沙漠环境总体处于相对稳定的状态。

3.6.5.2 沙漠发育过程

对巴丹吉林沙漠形成的时代，研究者们有不同的看法。一些学者认为巴丹吉林沙漠的堆积应自晚更新世末期至全新世初期开始，盛行期是在全新世中期至近代；另一些学者认为沙漠开始形成于早更新世晚期；更有人认为，沙漠最早形成于上新世到更新世初期。由此可见，对巴丹吉林沙漠形成时代的认识在时间尺度上差距是很大的。

巴丹吉林沙漠从构造来说属于阿拉善台块中的凹陷盆地，以宗乃山西侧断裂与阿拉善隆起相分离，从分布的地层和构造来分析，古生代本区可能与阿拉善隆起为一体，海西运动发生褶皱隆起，同时也在阿拉善隆起间产生了断裂。燕山运动期间由于周围断裂再度复活，四周山区上升，盆地凹陷，从而沉积了侏罗纪和白垩纪地层。在第三纪期间，本区普遍沉积了第三纪陆相红色湖盆沉积，当时气候是比较温暖湿润的，第三纪大部分时期至少以草原景观占优势。晚第三纪时，青藏高原大面积抬升，使本区大陆性气候加强。

第四纪时期我国大陆冰川广泛发育及其产生的影响，构成了这一时期的重要特点。巴丹吉林沙漠所处的阿拉善高原还没有确认有第四纪古冰川存在，但是其邻近较高山地，如祁连山、蒙古阿尔泰—戈壁阿尔泰等山地都确认有 2~3 次冰期。冰期气候与邻区山地冰川的消长势必对本区域环境变化产生影响。区内山间盆地或平原，如拐子湖西部普遍有 2~3 级台面或台阶（由第三系和第四系组成）的存在，说明了第四纪气候波动（冰期与间冰期）的影响。

许多研究结果表明，低温干旱与暖湿多雨交替是第四纪气候变化的一般规律。这是由于全球气温降低，海洋蒸发水以固态形式大量聚集于极地，高纬度地区和部分中低纬度山地高原区域冰川、积雪和多年冻土面积扩展，海面下降、海岸线后退，大陆度增大；间冰期出现相反的情景。我国位于东亚季风地区，由冰期和间冰期引起的干冷和湿热交替的气候变化更为明显。世界范围内的干旱沙漠区，气候的干旱期（或间雨期、间洪积期、间湖期）一般出现在全球性的冰期，而湿润期（或雨期、洪积期、湖期）多数出现在间冰期。中国学者在研究东部沙区和西部沙区古气候后认为：冰期时，干旱沙漠地区处于干旱期，是沙漠发生和发展时期；间冰期时，干旱沙漠地区处于湿润期，为沙漠缩小、固定时期。

一般认为，祁连山区第四纪至少有 3 次冰期，以祁连山冷龙岭各次冰期为代表，即有中更新世（Q_2）的斜河冰期，晚更新世（Q_3）早期的东沟冰期和晚期的三岔口冰期，3 次冰期之间有 2 次间冰期。上述冰期、间冰期与我国东、西部地区各期发生时代是可以对比的。冰期、间冰期气候变化与祁连山等邻区山地冰川的消长，对巴丹吉林沙漠所处的阿拉善高原之自然环境变化会产生重大影响，同样，对巴丹吉林沙漠的形成、演变具有重要意义。

在新构造运动的作用下，阿拉善台块开始整体上升，并在盆地内产生断裂，构成断裂阶地，在阶地内侧沉积了下更新统冲积–湖积层，中下更新世只在周围沉积了厚度不大的冲积—洪积层。在巴丹吉林沙漠腹部的昂次克、巴丹吉林庙、巴音诺尔、恩格日乌苏等地有下更新统—湖积层出露，其下部为青灰色、橙黄色、黄绿色中细粉沙或半胶结砂岩，层次稳定，岩相变化小；其上部为青灰色、灰白色、黄褐色的厚层状中、细砂岩和泥灰岩（含芦苇茎，并有同心圆或葡萄状次生结核）。在古鲁乃湖西北、额济纳河东部及其流域西部，也主要为下更新统冲积—湖积层出露区；中更新统湖积层主要分布于巴丹吉林沙漠西缘，常组成高 5~20m 的台状或丘状地形，由灰白色、棕黄色、红褐色及黄绿色黏土、亚黏土、亚沙土、沙质黏土及沙层组成，边缘薄而粗，含有砾石，中心区含沙少，厚度增大，总厚 20~100m；上更新统至全新统冲积层分布于额济纳河流域冲积平原，上部以灰色、灰白色、黄褐色、灰黄色亚沙土、亚黏土与细沙互层，在 0~5m 各层厚度不稳定，下部为沙砾石、中细沙与亚黏土、黏土互层。上述各期沉积物即成为巴丹吉林沙漠的主要沙源。

由上述可见，下更新统冲积–湖积层占据了巴丹吉林沙漠下覆的大部地区，而中、上更新统的河湖相沉积仅分布于巴丹吉林沙漠西部及其以西的地区。

野外调查证明，在巴丹吉林沙漠与高大沙山相间的湖盆（海子）低地，一般都有疏松的较细的砂岩出露，如宝日陶勒盖、巴丹吉林庙及其北面的巴嘎吉林、音德尔图、库和吉林都发现了在海子边出露的砂岩，有的仅为半胶结状态。在巴丹吉林庙南海子南边的水平状，离湖面 10~15m，其上即为沙山沉积沙所覆盖；在库和吉林的海子东部之砂岩高出湖面近 20m，倾角为 24°，上覆以沙山。另外，在沙漠腹部的巴音诺尔、昂次克、恩格日乌苏等地也都有这种地层出露，其由下更新统的冲积–湖积层形成。倘若地层时代的研究正确的话，则覆盖其上的高大沙山下部的形成时代应在中更新世（王涛，1990），在此期间全球曾有过一次冰期，在祁连山称为斜河冰期，按照前述的冰期与沙漠形成发育的关系，斜河冰期正是巴丹吉林沙漠大规模发生、发展的时期。故认为，巴丹吉林沙漠形成始于中更新世，随后逐步发展至今。

3.7 腾格里沙漠

3.7.1 地理位置

腾格里沙漠为中国第四大沙漠，位于内蒙古自治区阿拉善左旗西南部和甘肃省中部边境，行政区划主要属阿拉善左旗，西部和东南边缘分别属于甘肃民勤县、武威市和宁夏中卫市。沙漠包括北部的南吉岭和南部的腾格里两部分，习惯统称为腾格里沙漠。介于 37°30′~40°N，102°20′~106°E。南北长 240km，东西宽 160km，总面积约 39071.07km²，为中国第四大沙漠。

3.7.2 自然条件

3.7.2.1 气候特点

腾格里沙漠地处中国内陆，属于西北干旱区、中温带、阿拉善与河西走廊荒漠区，为温带强大陆性、弱季风性气候，气温变化快，年降雨分布不均，主要集中在 7—10 月。腾格里沙漠年降水量 100~200mm，大部分区域的湿润度（K）为 0.1~0.2，西北部区域的湿润度小于 0.1。光能资源丰富，太阳总辐射量为 2717~2926kJ/a·cm²，在全国仅次于青藏高原，年日照时间 2600~3400 小时，光能利用的潜力很大；无霜期的分布与热量状况类似，为 140~150 天。地表年均温 9.3~10.7℃，1 月最低温 −10.8~−8.7℃，7 月最高温 26.8~27.2℃。大于 10℃积温 3000~3400℃。高原上地形开阔平坦，风力大。

3.7.2.2 水文

腾格里沙漠地表径流贫乏，除了沙漠东南部黄河沿岸局部区域外，沙漠全域均为内流区。沙漠西部的石羊河为沙漠最大河流，河水主要依赖祁连山区降水和冰川融水补给，年均径流量 15.6 亿 m³；黄河从沙漠东南缘流过，但因河床下切太深，无助益于沙漠水文环境。沙漠中有大小湖盆数百个，总面积约 5000km²，但多为无积水的碱、草湖，有水湖面积仅约 237 km²，且多为咸水或卤水，湖水较浅，对自然降水波动极为敏感。除西北部石羊河下游外，沙漠地下水资源总体比较贫乏。

3.7.2.3 土壤类型

腾格里沙漠地带性土壤为灰漠土和棕钙土。砂砾质和沙壤质土层中，常有大量石膏聚集；在湖盆中发育着大片盐碱土，其中以草甸盐土分布最广，生长着大量盐生植物。风沙土是境内面积最大的土壤类型，从湖盆边缘到山前平原均有分布，是绿洲植物赖以依托的基础。

从土壤类型来说，腾格里沙漠土壤分类系统共有 13 个土类，30 个亚类，分别归属于 7 个土纲和 10 个亚纲。在土壤分布特征方面，腾格里沙漠以非地带性风沙土为主，约占腾格里沙漠面积的83.65%。地带性土壤类型有棕钙土、灰钙土、灰漠土和灰棕漠土，总面积为4803.20 km^2，占腾格里沙漠面积的9.42%。其他非地带性土壤有草甸土、沼泽土、盐土、漠境盐土、灌淤土、灌漠土、潮土和石质土，总面积为3534.83 km^2，占腾格里沙漠面积的6.93%。土壤分布由地带性和非地带性土壤共同形成多个土壤中微域组合分布特征。

3.7.2.4　植被种类和分布

沙漠西南部大部有植被覆盖，主要为麻黄和油蒿；沙漠中部、南部和北部洼地里，植物生长较好，主要为蒿属。

固定、半固定沙丘主要分布在沙漠外围与湖盆的边缘，其上植物多为沙蒿和白刺；流动沙丘上有沙蒿、沙竹、芦苇、沙拐枣、花棒、柽柳、霸王等。在沙漠西北和西南的麻岗地区还有大片麻黄，在梧桐树湖一带沙丘间有胡杨天然次生林，头道湖、通湖等地有1949年后营造的人工林。大片的流动沙丘几乎不生长植物，盖度在1%以下；半固定沙丘植被盖度较高，可达15%~20%，以沙竹、籽蒿为主；固定沙丘植物生长较密，主要是油蒿；在广泛分布的湖盆中，由于水分条件较好，以盐化草甸、沼泽植被为主。

3.7.3　沙物质来源

3.7.3.1　沙物质来源

腾格里盆地由多个古湖盆发展演化而来，盆地沉积了深厚的湖相沉积物，其中早更新世以来连续堆积的湖相沉积物为沙漠的主要物质来源。石羊河搬运的祁连山风化剥蚀物为沙漠西北部的风沙地貌提供了丰富物源；在沙漠北源的孟根附近，巴丹吉林沙漠的流沙越过雅布赖山口呈喇叭状向东南扩散，与沙漠东北部的基岩残积—坡积物一起，成为沙漠东部和东北部风沙地貌的重要物源。

3.7.3.2　沙物质特征

腾格里沙漠沙物质多分布内陆山间盆地和剥蚀高原面上的洼地和低平地上。沙源有来自古代或现代的各种沉积物中的细粒物质。腾格里沙漠大部分沙源于古代与现代的冲积物和湖积物。阿拉善高原是内蒙古自治区西部四面环山的大型构造盆地，内部有构造剥蚀低山丘陵。山丘间波状起伏的剥蚀堆积平原和洼地，组成物质多为侏罗—白垩系以及第三系砂砾岩、砂岩，在构造剥蚀低山丘陵区以古老的变质岩、花岗岩为主。强烈的干燥剥蚀风化产生的大量砂质，成为腾格里沙漠的沙物质。

3.7.4　风沙地貌特征

3.7.4.1　地形地貌

腾格里沙漠地形属于阿拉善高原的冲积平原，沙漠海拔为1200~1400m，平均海拔为1050m。其位于塔里木板块和华北板块的交接部位，以恩格尔乌苏蛇绿混杂岩带为界，北侧为塔里木板块东北缘之北山构造带，南侧为华北板块西北缘之阿拉善地块。地质构造是一个断陷盆地，为细沙及黏土状湖积物覆盖，其上为冲积、淤积和风积物，多为高低不等的 3~10m 的流动、半固定、固定沙丘、平缓沙地及丘间地相互交错呈复区分布的地貌类型。沙漠内部沙丘、湖盆、山地、平地交错分布。其中沙丘占 71%，湖盆占 7%，山地残丘及平地占 22%。在沙丘中，流动沙丘占 93%，余为固定、半固定沙丘。高度一般为 10~20m，主要为格状沙丘及格状沙丘链，新月形沙丘分布在边缘地区。高大复合型沙丘链则见于沙漠东北部，高度为 50~100m。

3.7.4.2　风沙地貌分布

腾格里沙漠流动沙丘占 71%，半固定沙丘占 14%，固定沙丘占 15%。腾格里沙漠沙丘形态以格状沙丘、新月形沙丘链、复合型链状沙山和梁窝状沙丘为主，上述前三种形态主要为流动沙丘，第四种形态主要为半固定和固定沙丘。格状沙丘在腾格里沙漠所有沙丘形态中所占面积最大；新月形沙丘分布在腾格里沙漠边缘地区；复合型链状沙丘见于沙漠东北部；梁窝状沙丘的形式以半固定和固定沙丘为主。

3.7.4.3　主要风沙地貌特征

（1）格状沙丘风沙地貌

格状沙丘是以两组近乎垂直相交的沙梁在平面上形成的网格状沙丘类型，在腾格里沙漠分布最广泛，主要分布于沙漠中南部、东南部及东北部，高度一般为 10~30m。有关腾格里沙漠格状沙丘的研究主要集中在沙漠的东南边缘。陈文瑞根据沙丘形态和地区相关的风况资料提出了格状沙丘是在两组近乎垂直的风相互作用下形成的，其中，主风向形成沙丘的主梁，次风向形成沙丘的副梁；杨根生等认为格状沙丘的形成是由于新月形沙丘的两翼迅速向前推进，与前面的新月形沙丘相连接，新月形沙丘的脊成为格状沙丘的主梁，而连接前一个新月形沙丘的两翼则成为格状沙丘的副梁；刘贤万认为格状沙丘是由西北—西北西主风、东—东北东和南—西南南次风向共同作用形成的，主风形成了格状沙丘的主梁，次风形成了与主梁近乎垂直的副梁；哈斯在研究腾格里沙漠东南缘格状沙丘时，对沙丘区域的气流、表面气流、沉积物粒度特征和内部沉积构造等方面进行了研究。

（2）新月形沙丘风沙地貌

新月形沙丘主要分布于腾格里沙漠腹地、石羊河与雅布赖山之间、沙漠西南部及东南部边缘，高度一般为 5~10m。新月形沙丘是流动沙丘中最基本的形态，沙丘的平面形如新月，丘体两侧有顺风向延伸的两个翼，两翼展开的程度取决于当地主导风的强弱，主导风风速越强，交角角度越小。

（3）复合型链状沙山风沙地貌

复合型链状沙山主要分布于腾格里沙漠中东部及北部，高度为 30~100m，部分高度可达 100~200m。复合型链状沙山是由许多两坡明显不对称的复合型沙丘横向连接而成的大型沙丘，与其他风沙地貌相比，其特点是规模较大。

（4）梁窝状沙丘风沙地貌

梁窝状沙丘主要分布于腾格里沙漠湖盆周边及沙漠边缘，高度一般小于 5m。梁窝状沙丘由新月形沙丘和沙丘链被沙漠植被固定后形成。在水分条件较好的情况下，沙漠植被将新月形沙丘和沙丘链固定或半固定，形成梁窝状沙丘。

3.7.5 沙漠环境演变

3.7.5.1 腾格里沙漠古植被和气候演变

已有学者根据腾格里沙漠断头梁人工开挖剖面距今约 42000~23000 年（晚更新世）的孢粉分析结果，将该期格里沙漠的植被和气候演化划分为 5 个阶段。

阶段 1（距今 42000~38000 年）：推测当时当地的植被状况可能是在平原低地或湖盆周围生长着温带落叶杨柳林和一些中生草本，在附近的丘陵山地上生长有针阔叶混交林，林下发育着一些灌丛；气候比现代要温暖湿润，其湿润度也许与现代祁连山中、东段海拔 2600m 上下的中山带相似。

阶段 2（距今 38000~31000 年）：当时的植被可能是在湖畔发育着以禾本科和豆科为主、伴生有莎草科和蒿属的草甸植被，在平原和丘陵上生长有温带、暖温带阔叶林，在山地发育有柏林。气候温暖湿润，湖盆较前期有进一步的扩大。

阶段 3（距今 31000~30000 年）：推测当时的植被是寒温性柏木林和高山柳灌丛下限下移到盆地平原，气候寒温，但较湿润。

阶段 4（距今 30000~28000 年）：孢粉出现了大量的藻类分子和中生水生草本植物。推测当时湖盆范围扩大，该区为淡水湖泊沼泽环境，气温较阶段 3 升高。

阶段 5（距今 28000~23000 年）：据孢粉组合分析，当时附近的丘陵山地上可能生长着温带柏和桦针阔混交林，平原和近湖区生长着柳林和由豆科、禾本科和蒿等组成的草原植被，气候较温暖湿润，与阶段 1 相比略干燥。

3.7.5.2 腾格里沙漠治理与环境演变

黄河流经腾格里沙漠的东南边缘，造就了宁夏中卫市一带的绿洲区，被誉为塞上江南。为保护绿洲，政府在绿洲北部、腾格里沙漠的东南缘大力发展防护林工程，有效阻滞了腾格里沙漠南扩，改善了腾格里沙漠东南边缘的生态状况。并在沙漠南缘的中卫市沙坡头一带建立了国家级自然保护区，有效保护当地脆弱的荒漠植被生态系统。目前，腾格里沙漠已成为全国治沙科研示范区，在防沙治沙方面取得了重大成果，被授予"人类治沙史上的奇迹""世界上堪称一流的治沙工程""联合国全球环保 500 佳"等荣誉。一系列防沙治沙工程措施对腾格里沙漠环境演变起到了正向推动作用。

3.7.5.3 腾格里沙漠飞播种草与环境演变

飞播种草也是促使腾格里沙漠环境改善的一项重要措施。腾格里沙漠东缘沙漠草场地区就是飞播种草的典范。例如，阿拉善左旗的巴彦浩特镇西北至西南部是腾格里沙漠边缘地区，通过飞播当地生长的乡土牧草籽蒿和沙拐枣，产生了良好的生态效益。飞播牧草后，播区生态环境发生了明显的变化，使裸露的流动沙丘、沙地被草地覆盖，流沙得到了固定或半固定，使植被覆盖度和牧草产量都成倍增长。一方面，减缓了腾格里沙漠的扩张，改善了沙漠周边的生态环境；另一方面，缓解了畜牧业对草场造成的压力，使草地承载力提高，达到持续高效利用的同时，充分发挥草场的生态效益。

3.8 乌兰布和沙漠

3.8.1 地理位置

乌兰布和沙漠位于内蒙古自治区巴彦淖尔市和阿拉善盟的东北部、河套平原的西南部，北部延伸到狼山脚下，东部与乌海隔黄河相望，南至贺兰山北麓，西至吉兰泰。地理坐标为 39°07′08″~40°54′23″N，105°33′07″~107°01′24″E，沙漠面积 9760.4km^2，行政区划涉及内蒙古自治区阿拉善盟、巴彦淖尔市和乌海市的 4 个旗（县）、25 个乡（镇、苏木）。

3.8.2 自然条件

3.8.2.1 气候与水文

该沙漠地处我国西部荒漠东缘，气候干旱。降水受东南季风控制，根据磴口（乌兰布和沙漠东部）的气象记录，其年平均降水量 148.6mm，年平均蒸发量高达 2395.6mm，平均风速 3.1m/s，绝对最大风速 18m/s，全年 8 级以上的大风日数平均 19 天，起沙风日数平均 27 天，风沙危害严重；年平均气温 7.4℃，1 月平均气温 –11.09℃，7 月平均气温 23.8℃，地面土壤温度极值可达 70℃以上，最低气温为 –20.3℃，≥10℃积温在 3400℃以上，生长期 139 天。由于沙漠东部的温差大，光热资源丰富，又有黄河灌溉条件，利于瓜果、甜菜等经济作物的生长。

沙漠西部水资源十分贫乏，虽然湖泊众多，但因依靠自然降水补给，湖水浅，且几乎全为咸水，位于沙漠西南部的吉兰泰盐湖为沙漠中面积最大的湖泊。受农区灌溉及黄河侧渗影响，沙漠北部及东缘沿河地带地下水资源较为丰富，潜水埋深一般在 1.5~5m，水质较好。黄河从乌兰布和沙漠的东部边缘穿行而过，贺兰山山区的季节性降水可以通过地表径流或地下水的形式补给南部高大沙山覆盖区。

3.8.2.2 土壤与植被

沙漠分布区地带性土壤为棕钙土和灰漠土，主要分布在沙漠东南部和西北部。非地带性土壤中，风沙土广泛分布在沙漠各处，草甸土和盐渍土主要发育在湖盆、洼地等处。

沙漠地处荒漠草原向荒漠的过渡区域，总体呈现荒漠草原（半荒漠）景观。其中沙漠东南部为荒漠化草原，主要有克氏针茅、藏锦鸡儿、红砂等；西北部为草原化荒漠或荒漠，主要有梭梭、白刺、沙冬青、沙拐枣等。此外，在一些地势低洼、地下水位较高地段或湖泊边缘分布有草甸、沼泽或盐生植被。

3.8.3　沙物质来源

乌兰布和沙漠属包头—吉兰泰断陷盆地的西南部。在早更新世和中更新世连续沉积了厚层洪积、冲积、湖积物，中更新世末期，盆地沿山麓发生断裂，并有大面积缓慢上升，此时三道坎峡谷也被切开，盆地内湖水迅速外泄，从而形成上更新世和现代的黄河水系以及洪积、冲积、湖积平原。从沉积物特征判断，乌兰布和沙漠的沉积物主要是湖泊沉积物或河湖沉积物，而不是风成所致。根据物探资料表明，乌兰布和沙漠地区第四纪沉积物总厚度达数百米，甚至千米以上，这些巨厚的松散物质为乌兰布和沙漠的形成提供了丰富的沙源。

所以乌兰布和沙漠的沙物质来源主要是湖相或河湖相沉积的沙物质，与中国北方的环境变化规律吻合。乌兰布和沙漠北部地区全新世以来至少存在两个稳定且大规模的风成砂沉积时期，即：全新世早期风成砂，起始年代为距今 9120 年左右，结束时间则为距今 7255 年左右；全新世晚期的风成砂，为距今 2630 年左右，并且太阳庙海子在全新世经历了 3 次湖泊（沙漠）—沙漠（湖泊）间的地貌发育转化，而且每次的转化都是风成砂堆积与湖泊堆积之间的一次相互消长的过程，即这样的转化并不是短时间内快速完成的，而是在时间与空间上具有一个演化的过程：湖泊干涸、湖面萎缩，在风力作用下以湖积物为物源的风成砂堆积渐强，风成砂堆积覆盖湖相层；相反，风力作用与风沙堆积减弱，沙丘趋于固定，湖泊范围扩张、湖面上升，湖相沉积压覆在风成砂之上，如此反复。因此，在乌兰布和沙漠北部地区全新世以来的风沙、湖泊（湖、河）地貌间的演化是在风营力作用与湖泊（湖、河）营力作用相互消长下进行的，是以自然环境变化为主因的演化过程。通过对乌兰布和沙漠腹地大范围的野外考察，以沉积学和地貌学作为指导，研究了湖泊与沙漠的耦合关系，结果表明：现在的乌兰布和沙漠是在吉兰泰古湖逐渐衰退、干涸和沙漠化的基础上发展起来的，乌兰布和沙漠形成于早中全新世，距今 7000 年前后，而且其沙漠环境一直持续至今。

总体来说，乌兰布和沙漠的物源主要包括古黄河冲积物、第四纪湖相沉积物和周边山地山前冲洪积倾斜平原堆积物 3 个方面。其中沙漠西南部断陷湖盆中的第四纪深厚湖相粉砂质沉积物，成为乌兰布和沙漠的重要物源；北部黄河古道冲积平原积聚的丰富冲洪积物，也为沙漠的重要物源；沙漠周边的狼山、巴音乌拉山及贺兰山的侏罗纪、白垩纪砂岩，岩性松软，风化剥蚀过程强烈，在山前堆积了大量冲洪积物，也为沙漠的形成及发展提供了沙物质来源。

3.8.4　风沙地貌特征

黄河内蒙古段东侧是鄂尔多斯高原，所以黄河从宁夏进入内蒙古乌海市后两侧是山地，流出乌海市区后黄河内蒙古段西侧就是乌兰布和沙漠，沙漠西侧是巴音乌拉山，西北部延伸到狼山脚下，沙漠东北接河套平原，乌兰布和沙漠周边的总体地形特征是沙漠西侧、东南侧是山地或高原，东北部是平原。南部主要为金字塔型沙丘和复合型高大沙山，北部以矮小的固定—半固定沙垄为主，丘间地断续出露干涸的古湖床沉积，在部分丘间低地出露有丘间地积水形成的灰白色泥灰土层。乌兰布和沙漠海拔高度自东南向西、西北逐渐降低，平均海拔高度为1060~1030m，低于现在内蒙古黄河段河床的海拔高度（1080~1050m），吉兰泰盐湖是该区的最低处，海拔1030m。

在沙漠的东南部，即在磴口—敖伦布拉格—吉兰泰一线的东南，景观类型以流动沙丘为主；该线以西即沙漠的西部为一古湖积平原，现今仍保留着湖泊的遗迹，现开采的吉兰泰盐湖为我国著名的盐湖之一，景观类型为固定及半固定的白刺灌丛沙堆和有梭梭生长的沙垄，风蚀和盐渍化强烈；在磴口、沙拉井一线以北的区域是古代黄河冲积平原，河床自西向东逐步摆动，沙漠中广泛分布着东南—西北走向的古河床遗迹，这些遗迹表现为现代沙漠中呈曲带状断续分布的低洼地、低湿地和湖泊。地面组成物质表层以黏土或亚黏土为主，下层为中细沙层。这一套地层被命名为后套组，时代包括第四系中更新统和晚更新统上、下层。曾在这里进行水文地质勘探的内蒙古水文地质队经勘探证实，中更新世黄河上游河谷已经发育为成熟的河流时，这一区域的下层中细沙组成湖泊（古黄河）水下三角洲，当晚更新世中后期喇嘛湾被下游古黄河切穿时，后套段黄河开始发育，上层的黏土、亚黏土正是后期黄河的沉积物。丘间广泛分布黏土质平地，为这一地区的农业开发提供了良好的条件。

乌兰布和沙漠以固定、半固定沙丘为主，固定、半固定及流动沙丘分别占沙漠总面积的33.59%、23.67%及42.74%。流动沙丘集中分布在沙漠南部、西南部和北部；半固定沙丘主要分布在沙漠西部湖盆洼地及沙漠中、北部；固定沙丘比较集中地分布在沙漠中部，在北部绿洲及沙漠周缘地带也有不连续分布。乌兰布和沙漠的沙丘形态类型主要有新月形沙丘及沙丘链、格状沙丘、穹状沙丘、梁窝状沙丘及灌丛沙堆等。新月形沙丘及沙丘链多呈流动状态，比较集中地分布在沙漠的南部和北部，沙丘高度一般为30~50m，边缘地带10~30 m或小于10m；格状流动沙丘主要分布在吉兰泰盐湖以东的沙漠西南部，沙丘高度10~30m；复合型链状流动沙丘镶嵌在沙漠南部的新月形沙丘及沙丘链中，沙丘高度50~100m；以半固定为主的梁窝状沙丘主要分布在中西部湖盆洼地的东南部及沙漠中部偏北区域，沙丘高度5~10m；以灌丛沙堆为主的固定沙丘，主要在沙漠中东部、北部绿洲及沙漠周缘地带或与梁窝状沙丘或沙垄相间分布，高度一般小于5m；此外，在南北两大片流沙集中分布区，均有复合型纵向沙垄镶嵌其中，沙垄走向与盛行西北风大体一致。乌兰布和沙漠地处我国北方农牧交错带，土地利用类型主要是以流动沙丘和部分半固定沙丘为主的未利用土地，面积为4171.41km^2，占沙漠总面积的42.74%；分布在丘间地及部分半固定沙丘的草地面积为2856.32km^2，占29.26%；主要分布在沙漠西部和北部的灌丛地带，面积约1665.99km^2，占17.07%。

总体上讲，乌兰布和沙漠的地带性植被为草原化荒漠植被，地带性土壤为灰漠土。沙漠的中段和南段沙丘密集，主要植被为零星分布的沙米、籽蒿、花棒、沙拐枣等植物；北部和南部苏尼特左旗缘有白刺沙堆、梭梭沙堆、红柳沙堆及霸王、沙冬青和沙竹等类型，土壤多为灰棕荒漠土。在沙漠西部及西南部的半固定、固定沙丘地区还分布有不少天然草场，其中梭梭柴、红砂、白刺等生长较好，是当地优良而比较稳定的牧场。此外尚有一些盐土型和草甸土型的土质平地，唯缺乏水源，土壤含盐量较高。在沙漠东部黄河沿岸还断续分布有草甸土型的土质平地，土壤剖面中生草层发育明显，表层有时覆沙，有机质含量1%~2%，含盐量0.29%左右，地下水埋深1~3m，植被茂密，以芨芨草等为主，为良好牧场。

3.8.5 沙漠环境演变

乌兰布和沙漠的形成和演化一直受到地学界和考古学界的关注，但是有关乌兰布和沙漠的形成问题，至今仍然存在争论。侯仁之先生曾在20世纪60年代对乌兰布和沙漠北部地区进行了系统考察，并根据汉代古墓遗址的考古材料，认为西汉时期汉民大规模的开垦和后期的弃荒，导致了沙漠的形成。贾铁飞等对乌兰布和沙漠北部地区湖泊沉积的研究及^{14}C测年结果显示，沙漠形成于晚更新世末期至全新世早期，并且认为是干旱气候变化导致了沙漠的形成。春喜等人根据沉积学和地貌学特征，研究湖泊与沙漠的耦合关系，认为乌兰布和沙漠形成于早中全新世，距今7000年前后。然而，沙漠是干旱气候的产物，是松散颗粒物经大风吹蚀或剥蚀、搬运和堆积的产物，其最显著的特征是地表松散沙物质的大面积聚积，所以沙源与沙漠是两个不同的概念，应该有严格的内涵。沙源或沙物质是指未经受高温、高压成岩过程的松散聚积物。它是在漫长的地质历史时期，地球表面相对下陷的地区接纳了冲积、洪积物和河、湖、海相沉积物以及基岩风化物等不同地质时期的物质，或者说只要沙物质被植被、水面、土壤层等覆盖，就不能称为沙漠。而一旦沙源物质暴露出地表，且缺少植被并加之大风干旱的动力作用，其长期作用的结果是沙源物质进一步聚积形成流动沙丘或沙漠景观。

乌兰布和沙漠形成于第四纪中更新世。中更新世中期，随着气候干旱化的加剧，位于吉兰泰–河套断陷盆地、面积达数千平方千米的淡水湖泊逐渐萎缩，湖底深厚的湖相沉积物出露地表，在强劲的冬季风作用下，乌兰布和沙漠的雏形逐渐形成。沙漠形成以后，在冰期–间冰期交替的气候旋回中，经历了多次流沙扩展与沙丘固定、湖面上升与下降干涸的变化过程。末次冰期时，气候异常干旱寒冷，湖泊萎缩、植被衰退、流沙扩展，到冰盛期沙漠完全变为流动状态，区域环境呈现干旱荒漠景观。全新世早期，气候转向冷湿，沙漠北部和西南部湖泊得以发育和扩张，植被有所恢复，流沙范围趋于缩小。全新世大暖期，区域气候温暖湿润，沙漠湖泊普遍出现高水位，植被繁茂，流沙多被固定，沙漠面积大幅缩小，沙漠呈现干草原–荒漠草原景观。全新世大暖期过后，气候复趋干冷，沙漠环境转差。在以干冷为特征的小冰期，植被退缩、风沙活动加剧，部分固定沙丘活化，流沙范围有所扩展，沙漠环境明显恶化。此后，气候虽有多次不同程度的干湿波动，但其强度都不甚剧烈，沙漠环境总体处于荒漠化草原–草原化荒漠的半荒漠景观范畴。

乌兰布和沙漠东临黄河，沿河地带沙丘密集裸露，地形平坦开阔，缺乏天然屏障，冬半年强劲的蒙古高压将沙漠中大量流沙裹挟入黄河，致河床淤积，流速减缓，每逢河面封冻或消融时节，常发生流凌叠覆、河水四溢的情景，给沿岸民众的生产和生活带来严重危害。

乌兰布和沙漠东北部黄河平原地区属于黄河内蒙古后套灌区的一部分。早在秦汉时期就有灌溉开发，秦蒙恬收服匈奴后，修筑了狼山下的边墙（秦长城），将这里置于秦的统治之下，西汉王朝击败匈奴之后，于公元前127年（汉武帝元朔二年）设朔方郡，共置 10 个县。朔方郡最西部的窳浑、临戎、三封 3 个县就分布在今日的乌兰布和沙漠的北部，经过内地移民大规模土地开发，这里已变为"朔方无复兵马之踪六十余年""人民炽盛，牛马布野"的富庶农垦区。至西汉末年 30 多年间，这里一直为我国西北地区主要军事屯垦中心之一，并不存在严重的流沙问题。公元 23 年后，匈奴南侵，农业民族被迫迁出这个垦区，田野荒芜，灌区废弃，风蚀加剧。已被耕犁破坏的黄河冲积平原的黏土表层，在失去作物覆盖的情况下，遭受强烈的风蚀，以致下覆沙层暴露地表，经风力吹扬遂成流沙。

公元 981 年（北宋太平兴国六年），王延德出使高昌（今吐鲁番）途经本地时，已是"沙深三尺，马不能骑，行皆乘橐驼""不育五谷，沙中生草曰登相，收之以食"。"登相"学名沙米，乃流动沙丘上的先锋植物。"收之以食"说明沙米广泛分布，生长茂盛，结实量大。根据沙地植被演替规律，沙米是流动沙丘上首先生长的物种，从而推知公元 10 世纪末，恰是这一带地方流沙初起阶段。到了 1697 年（清康熙三十六年）春，高士奇随清帝征讨噶尔丹，从今宁夏沿黄河西岸北行，直抵今磴口。据其所记沿途情况，黄河两岸尚有蒲草、红柳、锦鸡儿等固定沙丘上生长的灌丛，并未见流沙。清末，山西、河北一带"走西口"开发后套的大军开始深入沙漠，沙丘间平地皆被开垦，黄河边也有相当一部分被辟为农耕地，沙丘开始活化。1925 年修筑银川—磴口镇—三盛公—包头公路时，流沙距黄河还很远。但到 1937 年后，磴口以南流沙已在很多地方直迫河岸，公路被阻隔。

20 世纪 60 年代在乌兰布和沙漠腹地建立了生产建设兵团，现改为农场。这些农场在进行土地开发的同时，也注意保护环境，并曾发挥三盛公水利枢纽的作用，在黄河洪水时，引洪灌溉沙漠。可惜，近年黄河上游几乎没有下泄洪水。西部注意保持牧业经济，禁绝土地开垦，并注意播种梭梭、沙冬青等，所以，现在乌兰布和沙漠的生态环境较好。只是东南侧已经活化的流沙侵入黄河问题应引起注意。

3.9 库布齐沙漠

3.9.1 地理位置

"库布齐"系蒙古语，意思是"弓上的弦"，因为它处在黄河下像一根挂在黄河上的弦而得名。库布齐沙漠位于黄河中游的河套平原以南，鄂尔多斯高原的北部边缘地带。呈狭长带状分布，东西延伸长约 400km，南北较窄，西部宽 50~60km，东部宽 5~20km，面积约为 12983.83km^2。在行政区划上涉及内蒙古自治区鄂尔多斯市的 5 个旗（区）、20 个乡（苏木）。

3.9.2 自然条件

3.9.2.1 气候与水文

库布齐沙漠地处东亚季风尾闾地点，属典型大陆性干旱—半干旱季风气候，具有冬季漫长寒冷、夏季温和短促、春季干旱多风、秋季天高气爽的特征。沙漠东部为干草原，西部为荒漠草原。东部属半干旱区，降水较多，年降水量250~400mm；西部跨入了干旱区，降水少，仅150~250mm。雨量分布主要集中在7、8两个月，且多以暴雨的形式降落。年蒸发量2100~2700mm，为降水量的6倍（东部）到17倍（西部）；干燥度1.5~4.0。年平均气温6~7.5℃，东低西高。温差大，年较差平均达50℃，最大65℃以上；日较差平均15℃左右，寒暖巨变。年日照时数3000~3200h，≥10℃年积温3000~3200℃。年平均风速4.9m/s。全年大风日数为25~35天，其中一半出现于春季（特别是4月）。盛行西北西风、北风和东南风。

沙漠西、北两面紧邻黄河，黄河的侧渗作用对沙漠边缘地段带来一定的水分补给，西北部洼地及临河地段水资源丰富，地下水位较浅。中东段黄河河床地势较低，对于覆盖在高原斜坡上的沙漠主体难以惠及。沙漠东、中部降水量较高，河沟发育较好，但多为南北向季节性河沟，深切下伏地层并横穿沙漠后注入黄河。

3.9.2.2　土壤与植被

库布齐沙漠从东往西，随着气候的不同，土壤和植被的差异十分明显。东部地带性土壤为栗钙土，西部则为棕钙土，西北部有部分灰钙土；非地带性土壤主要为各类风沙土，在河漫滩上，分布着不同程度的盐化的浅色草甸土、浅育浅色草地土、盐土和沼泽土。

区内地带性植被方面，东部为干草原植被类型，西部为荒漠草原植被类型，西北部为草原化荒漠植被类型。干草原植被类型为多年生禾本科植物占优势，建群种为长芒针茅、糙隐子草、羊草等，伴生有小灌木百里香等。草群组成较丰富，植被总盖度25%~40%。除上述建群种外，尚有相当数量的兴安胡枝子、碱韭、泡泡头、沙芦草、阿尔泰紫菀、黄芩、草木樨状黄芪、茵陈蒿等。荒漠草原植被类型的建群种有狭叶锦鸡儿、毛刺锦鸡儿、红砂、包大宁、四合木、驼绒藜、松叶猪毛菜、珍珠猪毛菜以及沙生针茅、多根葱等。北部河漫滩地生长着大面积的盐生草甸和零星的白茨沙堆。在盐生草甸中，以芨芨草群系为代表，分布很广。沙生植被方面，流动沙丘上很少有植物生长，仅在沙丘下部和丘间低地上生长有零星的圆头蒿、杨柴、木蓼、沙蓬、沙鞭、碟果虫实等。在西部，沙拐枣也是流沙上的建群植物。半固定沙丘上，东部以黑沙蒿、柠条、沙蓬、沙鞭、白草等为主。西部以油蒿、柠条、霸王、冬青等为主，伴生有刺沙蓬、碟果虫实、沙蓬、沙鞭等。固定沙丘上，东、西部都以油蒿为建群种；东部还有冷蒿、阿尔泰紫菀、达乌里胡枝子、白草等，牛心朴子也有一定数量；西部则有沙蓬、棉蓬、小画眉草等。

3.9.3　沙物质来源

3.9.3.1　沙物质来源

库布齐沙漠形成于第四纪晚期，沙丘几乎全部覆盖在第四纪河流淤积物上，属于地质历史时期的产物。受地球运动和气候冷热与干湿交替变化的影响，库布齐沙漠的沙物质来源于大量的河湖相沉积物和风成物的堆积，其为库布齐沙漠的形成提供了丰富的物质基础，即丰富的沙源。因下伏地貌、淤积物厚度等不同，沙丘高度、形态和流动程度等也有差异。在河漫滩零星分布着一些低矮的新月形沙丘及沙丘链，高度多数在3m以上，移动速度较快；台地沙丘平均高度为7~15m，最高50~60m，形态为复合型沙丘；台地上多为缓起伏固定沙丘，流沙较少，呈小片状局部分布。流动沙丘以沙丘链和格状沙丘为主，其次为复合型沙丘，半固定沙丘多为抛物线状沙丘和灌丛沙丘等，固定沙丘为梁窝状沙丘和灌丛沙堆。半固定沙丘和固定沙丘多分布于沙漠边缘，并以南部为主。

3.9.3.2　库布齐沙漠元素分析

库布齐沙漠流动风沙土的矿物成分主要由石英、硅质岩碎片、金属矿物、绿帘石和普通角闪石等组成，长石、石榴子石和辉石也占一定的比例。具体含量：石英620g/kg，长石80g/kg，硅质岩碎片300g/kg，金属矿物265g/kg，绿帘石360g/kg，普通闪角石200g/kg，石榴子石120g/kg，锆石20g/kg，辉石35g/kg。地剖面具有粗细土层及其颜色的交替变化，表明库布齐沙漠丰富的沙物质是经过多次的水陆变化而逐渐堆积形成的。

库布齐沙漠流动沙丘以细沙为主，其次为极细沙和中沙，粉沙及黏土、粗沙组分含量极低，不含极粗沙。采集自河漫滩的风成沙样品粒度较细，以极细沙为主，其次为细沙和粉沙及黏土，几乎不含粗颗粒。

3.9.4　风沙地貌特征

3.9.4.1　地质构造与地貌

库布齐沙漠与鄂尔多斯地台相连，在构造单元上属鄂尔多斯台向斜，因拗陷幅度较大，故称台陷。鄂尔多斯的地质构造是地球上最原始的古陆地之一，在亿万年的地质历史时期中，经历了多次重大而复杂的构造运动和海陆变迁。在古太代（4500~2400Ma，B.P.前）和古元代（2400~570Ma，B.P.前）该地区相继经历了阜平、五台、吕梁3次（3600~1900Ma，B.P.前）巨大的地质运动，为地台的形成奠定了基础。震旦纪晚期（600Ma，B.P.前）鄂尔多斯大陆逐渐下陷，随着古生代初期海洋面积不断扩大，古陆变成了古海。到早寒武纪（570Ma，B.P.前）至中奥陶纪（443.7±1.5Ma），海水自南向北，又淹没了鄂尔多斯等地。寒武纪、奥陶纪地层总厚度为数百至千米。中奥陶纪至志留纪（440~405Ma，B.P.前）由于加里东运动，陆地上升，未受到海水浸入，所以缺乏这个时期的地层。到石炭纪中期（330Ma，B.P.前）至二叠纪晚期（230Ma，B.P.前）的海西运动，陆地下降，海水第三次侵入鄂尔多斯。从中生代的225~7Ma，B.P.，鄂尔多斯由海洋变成了盆地。进入新生代，由于喜马拉雅运动于第三纪中新世、上新世，鄂尔多斯逐渐升高隆起，直到第四纪仍继续上升。在第四纪晚期，局部下沉产生了黄土堆积和风成沙物质。由于鄂尔多斯的构造运动和海陆变迁，其岩层是在前震旦纪结晶基础上覆盖着震旦纪、古生代、中生代和第三纪地层。

鄂尔多斯宏观地貌格局是：西有贺兰山、桌子山；北有乌拉山、大青山；南和东有黄土高原丘陵及沟壑区，四面都比鄂尔多斯腹地高出150~200m，所以在地质学上称为鄂尔多斯盆地；但本身的海拔均在千米之上，故常称为鄂尔多斯高原。

库布齐沙漠位于高原北部，沿黄河南岸分布。其南部为构造台地，中间为覆盖在河成阶地风成沙丘，北部为河漫滩；海拔 1000~1400m，南部以切割程度不同，可分为微波状起伏高原，微切割缓起伏高原和强烈切割破碎高原。北部为河成阶地，海拔 1000~1200m，第三级（平均海拔 1175~1195m）、第二级及河漫滩阶地（平均海拔 1110~1160m）为剥蚀—淤积阶地；第一级阶地及河漫滩为淤积阶地。这三级阶地从东部吉格斯太镇到西部的乌兰乡，素有"吉格斯太到乌兰，海海漫漫米粮川"的美誉。

海拔 1500~2100m 的阴山山脉、海拔 1000m 左右的河套平原及黄河呈弧形依次展布在鄂尔多斯高原的西北面，河套平原与沙漠隔黄河相望；高原西面的狼山与西南面的贺兰山—桌子山间为上百千米的开阔地形，导致来自阿拉善高原与越过阴山的西北风在河套地区交汇后形成西偏北风，使沙漠覆盖在黄河南岸的阶地及鄂尔多斯高原北缘海拔约 1000~1400m 的斜坡上。

3.9.4.2 风沙地貌特征

沙漠所处的独特地理位置及其周边的地形因素共同导致库布齐沙漠成为我国唯一分布在荒漠草原—干草原地带而流动沙丘却占较大比例的沙漠。其中流动沙丘面积 5328.78km^2，占沙漠面积的 41.04%。流动沙丘主要分布在干燥的西部区域及中、东部黄河南岸二级和三级阶地过渡带上，沙丘年均向东南方向移动 7~8m；半固定沙丘 2531.47km^2，占 19.50%，主要分布在沙漠中、南部，以及东部流动沙丘边缘；固定沙丘 5123.58 km^2，占 39.46%，主要分布在降水较多、植被长势较好的东部区域。

沙漠的沙丘形态主要有新月形沙丘及沙丘链、复合型链状沙丘及沙山、格状沙丘、梁窝状沙丘等。在沙漠中部，自西向东覆盖着一条长达 200 余千米的高大沙带，形似沙漠的脊梁。沙脊以复合型链沙丘及沙山为主，高度由西部的 50~100m 向东逐渐降低至 30~50m，沙丘链排列方向与控制风向大体垂直。新月形沙丘及沙丘链广泛分布在沙漠西部、中南部及东部，高度由 10~30m 向东降至 5~10m；格状沙丘主要分布在沙漠西部，高度一般为 10~30m。新月形沙丘及沙丘链、复合型沙丘及沙山、格状沙丘几乎全为流动状态，以固定、半固定沙丘以灌丛沙堆和梁窝状沙丘为主，在沙漠中部及东部分布较为集中，沙丘高度一般小于 5m。

库布齐沙漠地处我国北方农牧交错带，植被较好的地段常用于放牧，河漫滩及沙漠边缘也有农家定居。沙漠中最主要的土地利用类型是以流动沙丘为主的未利用地，其面积约 5324.13km^2，占沙漠总面积的 41.01%；在丘间地及水分条件较好地段分布的草地面积为 5682.87km^2，占 43.77%；灌丛地面积 1284.04km^2，约占 9.89%。

3.9.5 沙漠环境演变

在地质时期第三纪末、第四纪初，受喜马拉雅造山运动和鄂尔多斯台地隆起的影响，鄂尔多斯南部和北部下陷为洼地，形成深厚河湖相沉积物。在第四纪更新世，全球进入大冰期时代，并经历了一系列干、湿与冷、暖交替的古地理环境变化，也出现了大量的河湖相沉积物。到了中更新世时期，温暖偏湿的环境转向干冷，鄂尔多斯地区风成堆积物质开始普遍发育，西北隆起区抬高 1500m 以上，山前广泛发育冲积洪积物，高原面上则被残积物占据。同时，青藏高原抬升明显影响周边地区。强劲的冬季风使地表风蚀粗化，并形成了一系列的风成物质堆积，这就使库布齐沙漠沙物质的雏形基本形成。在晚更新世，由于受冰期影响，气候继续转冷，由于盛冰期使沙物质广泛发育，并在古风成沙的基础上，出现了流动沙丘，使库布齐沙漠的沙物质进一步发育加强。在晚更新世末期，全球进入冰后转暖期，古人类在鄂尔多斯地区定居生活。进入全新世以后，气候变暖，冰雪融化，水资源充沛，生物繁茂，在鄂尔多斯出现了湿润的草甸草原和灌丛草原，并发育成黑垆土，使流动沙丘逐渐固定。在全新世早期，流沙趋于半固定状态，到中全新世时期，气候进入适宜期时代，流沙趋于固定，并普遍发育为暗色层的古土壤，湖泊发育，水系广泛发育。同时形成原始农业，并与游牧、狩猎文化共存。

到公元前206年，也就是从汉朝开始，通过大量的移民开发，对鄂尔多斯地区的环境造成极大的影响。汉朝对鄂尔多斯经营是以抵御匈奴为目的，以移民和农业垦殖为重点，破坏了大面积森林草原植被和地表土层，为鄂尔多斯草原沙漠化创造了条件，到了南北朝，鄂尔多斯地区最终出现了沙漠。到唐代，鄂尔多斯北部陆续出现了"普纳沙"和"库结沙"的沙丘地带。清光绪末年，实施"新政"，"开放蒙荒""移民守边"，鄂尔多斯地区人口大量增加，垦荒现象普遍，使库布齐沙漠的扩大和蔓延进一步加快。20世纪20年代末至30年代初，是近百年来流沙面积最大的时期，几经固定与活化，发展至今。因此，库布齐沙漠的形成有地质、气候因素，也有人类活动导致沙漠扩展、活化的因素。

3.9.6　沙尘天气影响范围

库布齐沙漠属于鄂尔多斯高原，临近阿拉善高原和河套平原，西太平洋副热带高压和北方蒙古—西伯利亚高压配合而共同形成的东亚季风，是影响中国北方地区沙地变化的重要因素。因为中纬度上空西风带的影响，运行途中遭到青藏高原强力的阻挡，被迫分为南北两支，北支进入中国沙区由西向东行进，首当其冲的便是阿拉善高原，故而阿拉善高原地区属于高风能环境，而属于鄂尔多斯高原的库布齐沙漠相较于阿拉善高原则属于弱风能地区。因为风能环境的差异和西风、西北风的作用，阿拉善高原对库布齐沙漠和周边地区输送了大量的沙尘和细粉尘微粒，经调查库布齐沙漠和周边地区的地表稀土元素含量显著高于阿拉善高原地区的平均值。

20世纪以来，库布齐沙漠及周边区域人口剧增，耕地被大面积开垦，畜牧量显著提升，人类的不合理生产活动加剧了该区域沙尘释放的能力，也使其成为重要的沙尘释放区之一，沙漠产生的沙尘向下风向传输，粗颗粒组分沉积在黄土高原地区，尽管黄土高原地区自身产生的沙尘相对于中国北部和西北部沙漠而言非常有限，但是该区域被发现是现在韩国沙尘的一个主要源区。但是，近些年库布齐沙漠的沙尘天气因为生态环境的修复，也产生了一些显著的变化。

1969—2018年，库布齐沙漠地区沙尘暴、扬沙以及大风天数都呈逐步下降趋势，但是三者下降幅度各不相同，其中沙尘暴降幅最为显著，库布齐沙漠地区沙尘暴天数减少了约95%。扬沙天数降幅虽不如沙尘暴天数显著，也达到了73%，大风天数虽然也呈下降趋势，但只减少了14%，基本上可以忽略不计。

就地理位置而言，3 种天气的发生位置都是由西向东逐步减少，所以根据沙尘天气与大风天气的变化对比，可以看出近些年对该地区各方面的生态修复工程取得了显著的进步。

就地起沙是库布齐沙漠风成沙的重要来源。受地貌和海拔的影响，库布齐沙漠南部地面风场比北部强。整个沙漠常年受北支西风气流控制是 WNW–N 风向风场较强的主要原因之一。库布齐沙漠位于中国季风区，受东亚季风的影响，7—9 月 ESE–S 风向频率较高且多为非起沙风；其他月份 WNW–N 风向的风场较强。

20 世纪 80 年代全球气候开始变暖，2007—2008 年为拉尼娜年，这两个时期大气环流发生较大改变，库布齐沙漠的风速、起沙风频率和输沙势发生了较大变化，尤其是 2007 年前后由减小向增大发展，输沙方向也逐渐由东向东南迁移。

3.10 狼山以西的沙漠

3.10.1 地理位置

狼山以西的沙漠系指散布在阿拉善高原东北部—巴彦淖尔高原西部的亚玛雷克沙漠、博克台沙漠、海里沙漠及白音查干沙漠等 4 片沙漠（习惯上也将后 3 个小沙漠合称为巴音温都尔沙漠）的总称。沙漠分布范围大体于狼山–巴彦乌拉山以西的苏红图—乌力吉—巴彦诺日公—和屯盐池一线以东、中蒙边界线以南的区域，地理坐标 39°41′22″~42°17′14″N，104°16′24″~106°59′14″E，沙漠总面积为 7340.63km²，行政区划涉及内蒙古阿拉善及巴彦淖尔 2 个盟（市）的 4 个旗、11 个乡（镇、苏木）。

3.10.2 自然条件

3.10.2.1 气候与水文

狼山以西的沙漠属温带大陆性季风气候，年均降水量 70~150 mm，从东向西呈递减趋势，年均蒸发量 2800~3600mm，从东向西呈递增趋势；年均气温 4~7℃，年均日照时数 3000~3400 小时，≥10℃积温 3200~3400℃，无霜期 140~150 天。冬半年受蒙古高压控制，盛行西北风，受地形影响，东北部盛行风向转为西偏南风，年平均风速 3.4~5.7m/s，年均大风日数 40~70 天。

沙漠及其周边无常年地表径流，仅有季节性洪流。潜水主要呈带状分布在山前旱谷洼地中的冲洪积层内，含水层薄，水量小。

3.10.2.2 土壤与植被

本区为荒漠草原向荒漠的过渡地带，地带性土壤主要有棕钙土及灰漠土，非地带性土壤主要为风沙土。受降水分布影响，棕钙土分布在区域中东部，灰漠土分布在区域中西部。此外，区域东缘分布有栗钙土，西缘分布有灰棕漠土。

地带性植被东部为荒漠草原，西部为荒漠。东部主要植物种有油蒿、锦鸡儿及小针茅等，东南部主要有猪毛菜、籽蒿、白刺及小禾草等，中部以藏锦鸡儿、盐爪爪、绵刺等多见，沙丘或覆沙地有梭梭广泛分布，在接近中蒙边境的湖盆低地有稀疏的梭梭分布，其间伴有白刺，总盖度可达 30% 以上。

3.10.3　沙物质来源

狼山以西沙漠的物源主要是河湖相沉积物、干燥剥蚀丘陵及高地、垄岗的风化剥蚀物。第三纪至第四纪初，山前凹陷地带集水形成河湖环境，并沉积了厚度超过百米的河、湖相沉积物，成为沙漠形成的主要物质来源；白垩纪的垂直升降及第三纪的掀斜抬升构造导致部分白垩纪和第三纪沉积地层隆起或出露，其红色沙质岩层风化剥蚀物亦为沙漠提供了重要物源；沙漠周边诸多山地的低山丘陵及山前冲洪积倾斜平原上发育有众多季节性河流，流水侵蚀冲刷物也成为沙漠的重要物质来源；位于沙漠上风向的巴丹吉林沙漠借助高原的开阔地形，特别是通过宗乃山和沙拉扎山的若干山口也向沙漠南部提供了一定的沙物质。

3.10.4　风沙地貌特征

在四片独立、间断分布的小沙漠中，亚玛雷克沙漠面积最大，为 3644.76km^2；博克台沙漠居次，为 2919.79km^2；海里沙漠和白音查干沙漠较小，分别为 639.34km^2 和 136.74km^2。

狼山以西的沙漠中，固定、半固定及流动沙丘分别占 11.26%、33.33% 和 55.41%，其中亚玛雷克沙漠和博克台沙漠以流动沙丘为主（流动沙丘分别占 57.99%、57.06%），海里沙漠和白音查干沙漠以半固定沙丘为主（半固定沙丘分别占 46.42%、79.62%）。固定沙丘主要分布在博克台沙漠东南部的狼山山前冲洪积平原、海里沙漠西北部；流动和半固定沙丘广泛分布在沙漠各处。流动沙丘的形态主要为新月形沙丘及沙丘链、格状沙丘。新月形沙丘一般高 5~10m，或 10~30m，新月形沙丘链主要分布在亚玛雷克沙漠及海里沙漠，高度 10~30m，最高可达 50m。格状沙丘主要分布在博克台沙漠中部，丘高 10~30m；固定沙丘主要以白刺沙丘为主，丘高大多小于 5m。沙丘排列大体与盛行西北风垂直，移动方向与西北风大体平行。

3.10.5　沙漠环境演变

狼山以西的沙漠约形成于第四纪中更新世。中更新世中期，气候干旱，早更新世在山前坳陷发育的河流、湖泊逐渐萎缩、消失，大量河、湖相沉积物出露地表，在强劲的冬季风作用下，沙漠的雏形基本形成。晚更新世沙漠经历了多次流沙扩大和固定缩小、古湖泊水位上升和下降的变化过程。末次冰期，气候空前干旱寒冷，沙漠完全被流沙覆盖，呈现干旱荒漠景观。全新世大暖期，气候温暖湿润，部分区域流沙固定，植被有所恢复，呈现干草原–荒漠草原景观。大暖期之后，气候趋于干旱寒冷，风沙活动加剧，沙丘活化、流沙有所扩展，沙漠最终形成当今的荒漠草原—荒漠景观。

4 主要沙地分布及其特征

4.1 河西走廊沙地

4.1.1 地理位置

河西走廊沙地位于河西走廊内，地理坐标为 92°13′~107°45′E，36°30′~42°50′N，在甘肃省西北部祁连山和北山之间，自乌鞘岭向西北延伸至甘新交界，是呈零星片状分布的众多沙地的集合，其东、北、西三面分别被腾格里沙漠、巴丹吉林沙漠和库姆塔格三大沙漠包围。河西走廊沙地在中国沙地分类体系中较少单独出现，常被纳入腾格里沙漠范畴。

4.1.2 自然条件

4.1.2.1 气候

河西走廊沙地深居欧亚大陆腹地，处于干旱半干旱地区，受蒙古高压影响，具有明显的温带大陆性气候特征，气候干旱，春季干旱少雨多风，夏季短暂炎热，冬季寒冷，气温年较差大且日变化强烈。区内年降水量不足 200mm，年蒸发量在 2000mm 以上，空气干燥度大于 4。年日照时数 2800~3316h，光热资源丰富。

4.1.2.2 水文

河西走廊地区的河流均发源于祁连山，是径流的形成区和水源涵养区。本区大小河流共计 57 条，多年平均出山径流量 $71.29 \times 10^8 m^3$。据统计，本区年出山径流量超过 $10 \times 10^8 m^3$ 的河流有 2 条，5×10^8~$10 \times 10^8 m^3$ 的河流有 1 条，大部分河流出山径流量小于 1×10^8~$10 \times 10^8 m^3$。主要河流有石羊河、疏勒河、黑河等。

4.1.2.3 土壤类型

河西走廊沙地西部分布棕色荒漠土，中部为灰棕荒漠土，东部则为灰漠土、淡棕钙土和灰钙土，淡棕钙土分布在接近荒漠南缘的草原化荒漠地带；灰钙土分布在祁连山山前黄土丘陵、洪积冲积扇阶地与平原绿洲。灰棕荒漠土带的西端以石膏灰棕荒漠土为主，东端以普通灰棕荒漠土和松沙质原始灰棕荒漠土为主，东北部原始灰棕荒漠土和灰棕荒漠土型松沙土占主导。盐渍土类广泛分布于低洼地区，自东向西，面积逐渐扩大。草甸土分布面积则自东向西缩小。河西走廊沙地土壤分布特征是荒漠分区体系构建的重要依据。根据土壤分布情况，河西走廊沙地划分为草原化荒漠、灰棕漠土荒漠、棕漠土荒漠 3 个亚区。

4.1.2.4　植被

河西走廊沙地地带性植被主要由超旱生灌木、半灌木和超旱生半乔木组成。东部荒漠植被具有明显的草原化特征，形成较独特的草原化荒漠类型，如珍珠猪毛菜群系、猫头刺群系。除常见的荒漠种红砂、合头草、尖叶盐爪爪等，还伴生有不同类型的草原草种，主要有沙生针茅、短花针茅、戈壁针茅、无芒隐子草、中亚细柄茅、多根葱、蒙古葱等。西部广布砾质戈壁和干燥剥蚀石质残丘，生态环境更加严酷。砾质戈壁分布有典型的荒漠植被，如红砂、膜果麻黄、泡泡刺、木霸王、裸果木等群落类型。流动沙丘常见有沙拐枣、籽蒿、沙米、沙芥等。固定沙丘常见有多枝柽柳、齿叶白刺、白刺等。疏勒河中、下游和北大河中游有少量胡杨和尖果沙枣林。湖盆低地，盐化潜水补给的隐域生境，分布有生长着细叶盐爪爪、盐爪爪、盐角草的盐漠。河流冲积平原上分布有芦苇、芨芨草、甘草、骆驼刺、花花柴、苦豆子、马蔺、拂子茅等组成的盐生草甸。河西走廊沙地人工植被以藜科、禾本科和菊科等植物为主，可划分为梭梭群落、胡杨群落和红柳群落。梭梭群落是主要建群种，分布面积广、物种数较多；胡杨群落和红柳群落分布面积少，群落盖度较低，植被稀疏。

4.1.3　沙物质来源及特征

4.1.3.1　沙物质来源

在河西走廊沙地中，沙丘大多沿着干河床蜿蜒断续分布或散布于绿洲边缘沙砾滩上，呈零星片状分布。河西走廊沙地这种片状沙丘的沙物质来源比较复杂，有的是由于绿洲中固定的灌丛沙堆植被遭受破坏而使表层沙裸露并逐渐风化演变成沙物质；也有大风从岩漠、砾漠及其他风蚀地携来沙源形成的沙物质，还有历史时期河流变迁改道、废弃的沙质干河床受大风吹蚀形成沙物质，以及古湖相沉积沙被风吹扬形成沙物质。就河西地区历史时期沙漠化的形成原因来说，发源于祁连山的河流所形成的第四纪冲积物和湖积物，以及在地质时期就已形成的巴丹吉林沙漠和腾格里沙漠为河西走廊沙地提供了丰富的物质来源。

4.1.3.2　沙物质特征

河西走廊沙地在腾格里沙漠、巴丹吉林沙漠、库姆塔格沙漠的包围和影响下，总体上沙物质丰富、土质疏松、地表抗蚀力差。河西走廊沙地的沙物质以不同形态存在于不同种类的沙地上。在流动沙地上，地表沙物质的特点是干燥松散易受到大风的搬运而常处于流动状态。半固定沙地上，有零星灌草覆盖，尽管风沙活动受阻，但沙物质的流沙纹理仍普遍存在。固定沙地上，风沙活动不明显，地表沙物质稳定或基本稳定。戈壁上，地表沙物质以砾石状态存在。盐碱地上，沙物质表层盐碱聚集，只生长耐盐植物。潜在沙漠化土地上，土壤偏沙质，地表有流沙状沙物质出露，具备就地起沙条件，极易发展为沙漠化土地。

4.1.4 风沙地貌特征

4.1.4.1 地形地貌

河西走廊沙地的地质基础主要由阿拉善台块、北山块断带和河西走廊拗陷带三大构造单元组成。受风力、水力、干燥剥蚀等外营力长期作用，形成了山体、平原、沙漠、戈壁等地貌类型。地形地貌总体由南到北大致为山地、平原、沙漠和戈壁，亦有交错分布。地势特点是南北高、中间低、东西狭长。南部以祁连山山脉为屏障，属高山区；北部为长期剥蚀的低山和残丘，呈东西向断续分布；中部为走廊平原地带，分布有大小绿洲区和3个内陆水系。

4.1.4.2 风沙地貌

河西走廊沙地风沙地貌根据沙丘活动程度及植被覆盖情况可划分为流动、半固定两大类型。

（1）流动沙丘

河西走廊沙地的流动沙丘主要分布在各大河流中下游绿洲附近，例如：自东向西有石羊河下游的民勤；黑河中游的张掖、高台；北大河下游的酒泉、金塔；党河下游的敦煌等周围地区分布的沙丘。这些地区的沙丘形态较复杂，主要有新月形沙丘及沙丘链、新月形沙垄、格状沙丘、沙山、羽毛状沙丘等，除敦煌鸣沙山沙丘比较高大（200~300m）以外，一般都比较低矮，仅3~10m，其上植被较稀疏，不足15%，在强劲风力作用下移动速度较快，给附近农田、村镇、道路带来危害。

（2）半固定沙丘

河西走廊沙地的半固定沙丘主要指在洪积－冲积扇前缘或潜水位较高处地带分布的沙堆，长有覆盖度大于15%的柽柳、白刺等灌丛植物。半固定沙丘还可分布于穿越沙丘地区公路两侧绿化植被覆盖超过15%的地带。由于半固定沙丘分布零散，无法形成较大规模，总体上易受风蚀作用影响。

4.1.5 沙地环境演变

4.1.5.1 逆向演变

（1）人类与沙漠植被争夺水资源

河西走廊沙地作为极干旱区，自然降水稀少、生态脆弱，区域内石羊河、黑河、疏勒河3个流域极其有限的水资源是该区生态环境改善的决定因素，既要满足河西走廊人类生产生活，也要维系荒漠植被的自然生长。根据水资源脆弱性综合指标评价模型，石羊河、黑河、疏勒河3个流域水资源脆弱性等级均为重度脆弱，地表水资源的严重短缺是河西走廊荒漠绿洲区生态安全状况不断下降的主导因素。

由于上游开荒扩耕、过度灌溉的同时超采地下水，使地下水位持续下降，造成河西走廊沙地自然生长的荒漠植被逐渐退化，土地沙漠化不断加剧。关于河西走廊沙地景观格局演变的研究认为，流域中上游耕植灌溉会对荒漠景观基质构成影响，中上游人工绿洲的形成与发展常以下游天然绿洲大面积荒漠化为代价。中上游大量引水灌溉，造成下游河道来水锐减甚至断流，河湖干涸，荒漠化扩大。地处石羊河下游的民勤县就面临水资源危机，水资源格局改变致使天然草场退化为沙地，对绿洲生态安全构成严重威胁。

另一方面，随着工业发展和城市化建设，河西走廊沙地周边城镇发展迅速，人口大幅增加，工业发展和居民生活用水需求量增长迅速。人类为满足自身生存发展的用水需求，对区域内极为匮乏的水资源造成压力。流域水资源供需矛盾日益突出，在一定程度上对河西走廊沙地环境变化和气候变化带来不利影响。据研究，河西走廊沙地3个流域城镇化水平与水资源效益差异明显，水资源与区域经济协调发展度总体水平偏低。

（2）过度放牧造成土地沙漠化

过度放牧是干旱区生态系统退化的重要原因，河西走廊沙地周边普遍存在过度放牧的情况。一方面，在过度开垦的过程中，耕作土地蚕食了草场面积，挤占了畜牧业发展空间。另一方面，畜牧产业的快速发展使牲畜数量大幅增加，草场有限的承载力迫于畜牧业持续增长的压力，长期处于超负荷状态，使得草场退化严重，植被盖度降低，风蚀加剧。在牲畜啃食和踩踏过程中，草地表层结皮破损，形成裸露沙地。而草场退化和产草量减少又会进一步加剧草场的承载压力，进入恶性循环。以高台县为例，由于过度放牧导致天然草地退化，已造成了较严重的土地沙漠化。

4.1.5.2　正向演变

（1）气候转暖转湿减缓沙漠化过程

气候变化的沙漠化影响及风险主要是通过气温和降水两个因素来产生作用的。研究表明，近年来河西走廊气候正在由暖干向暖湿转型，降水和土壤湿润指数略有增加。由于受西风环流影响，河西走廊地区年平均气温呈现上升趋势，中西部降水增加趋势明显。黑河上游地区年平均气温和降水均呈上升趋势，秋冬季节变暖明显，夏季降水增加明显。降雨对沙漠化的逆转起主要作用，河西走廊沙地部分地区降水的增加，维持了原有荒漠植被的正常生长，也使荒漠植被总体盖度增加，植被总体生长状况变好，从而使土地沙漠化过程得到抑制，沙漠化程度趋于减轻。

（2）生态工程建设提高植被覆盖度

河西走廊生态工程建设是沙漠化土地减少的重要因素，各类生态工程建设可以有效推动河西走廊沙地生态环境的正向演变。地表植被是提高土地抗蚀力的重要因素，在相同作用条件下，地表植被盖度越大则土地抗蚀力越强，土地沙漠化越弱。近年来，河西走廊地区通过合理布局、整体推进，生态建设取得显著成绩。各类生态工程建设，如：重点公益林补偿机制、"三北"防护林体系建设工程、封禁保护、退耕还林还草、退牧还林等，对河西走廊沙地生态环境的改善起到了积极作用。以民勤县夹河乡为例，建立自然保护区开展林业生态工程建设和封育保护，是遏制保护区荒漠化发展的有效途径。民勤县因封禁保护区和自然保护区建设以及水土流失综合治理项目的实施，植被盖度逐年提高，有效减轻和减缓了沙漠化程度。

4.2 共和盆地沙地

4.2.1 地理位置

共和盆地位于青藏高原的东北部，共和盆地的沙地主要分布在盆地的中部及东南部，其中以沙珠玉河下游、黄河北岸阶地及黄河以南的木格滩等三大片分布较为集中，沙地面积 2214.81km²，分布区地理坐标为 35°30′25″~36°26′26″N，99°36′12″~101°06′07″E。共和盆地沙地全域均在青海省域内，行政区划涉及 2 个州的 2 个县 13 个乡镇。

4.2.2 自然条件

4.2.2.1 气候与水文

共和盆地沙地地处东亚季风边缘地带，属高寒干旱–半干旱大陆性季风气候。沙地年均降水量 200~400mm，自东南向西北呈递减趋势，年均蒸发量 1500~1900mm，自东南向西北递增；年均气温 1.0~5.2℃。冬半年盆地受来自柴达木盆地的蒙古高压控制，盛行西北风，年均风速 3.4m/s，春季平均风速 4.0m/s，与盛行方向一致的狭长地形对风力起到增强效应，年均大于等于 8 级的大风日数为 30~50 天，局部区域春季最大风速可达 20m/s 以上。

盆地内水资源总体缺乏。因沙珠玉河上游河段阻塞隔断而形成的茶卡盐湖，面积 104km²，为我国重要盐湖之一，沙珠玉河为盆地内最大内流水系。共和古湖消亡后，沙珠玉河尾间残留的达连海、英德尔海及更尕海等多个彼此分割的小湖泊，现多已干涸。盆地内现有的几条小河，流量均不大；黄河虽横穿盆地，流量丰沛，但因河床深深下切，难以惠及沙地。黄河以南的木格滩年均降水量在 400mm 左右，沙地环境较为湿润，沙丘间多有散状或斑块状植被分布。

4.2.2.2 土壤与植被

共和盆地沙地的地带性土壤为栗钙土和棕钙土。栗钙土主要分布在沙地东南部，棕钙土主要分布在沙地西北部。非地带性土壤主要有风沙土、草甸土、沼泽土、盐土。其中风沙土广泛分布在沙地腹地和部分边缘地带，是沙地的主体土壤。湖盆、洼地分布有发育程度不同的草甸土、沼泽土和盐土。

共和盆沙地生物气候环境总体呈现荒漠草原–干草原景观。其中盆地中西部的地带性植被以川青锦鸡儿为主，伴有冰草、芨芨草、狼毒等植物组成的荒漠草原，东南部为以克氏针茅等耐旱禾草为主，伴有冷蒿、短花针茅等植物组成的干草原。非地带性沙生植物广泛分布在丘间地及固定、半固定沙丘及流动沙丘分布区的边缘；在地势低洼的低湿地分布有草甸植被，在湖泊边缘、河滩地、丘间积水滩地及黄河沿岸低地分布着沼泽植被。

4.2.3 地质构造与地貌

共和盆地是青藏高原东北缘的一个新生代大型山间断陷盆地。盆地形成后，在构造运动中，经历了多次沉降与抬升、沉积与侵蚀的发展过程。第三纪期间盆地抬升，遭受强烈侵蚀，第三纪末盆地断陷下沉，形成以湖相细屑岩为主的晚第三系，中新世末至中更新世早期，在以沉降为主的构造运动中，盆地又接受来自周边山地的巨厚风化岩屑，而中更新世晚期的构造运动又使盆地与周边山地强烈上升，受到强烈侵蚀，形成海拔3000~3200m、以木格滩及黄河北岸最高一级阶地（三塔拉）为代表的共和高原面。中更新世末发生的共和运动，使盆地大幅抬升，导致共和古湖解体，黄河干流在10多万年间下切共和高原面800余米，形成横穿盆地的深邃峡谷，下切中不断南移又使其北岸先后形成平坦的两级阶地（二塔拉、一塔拉）。同时，在黄河北岸形成达连海等新生内流湖泊。晚更新世，沙珠玉河上游南北两侧的冲积扇相对推进，最终相接阻断沙珠玉河道，在盆地西端形成了完全封闭的内陆湖泊——茶卡盐湖，使盆地由西向东依次形成茶卡盐湖、沙珠玉河两个内流水系及黄河为主的外流水系。

共和盆地呈西北—东南向展布于海拔4000~5000m的青海南山与鄂拉山之间，西北端以低矮干燥剥蚀山地与柴达木盆地相隔，东南为西倾山。沙珠玉河及其狭长的河湖相平原纵贯盆地，湖相平原南北两侧是海拔3200~3550m的山前冲、洪积倾斜平原；地势从西北向东南倾斜，并逐渐变宽，盆地海拔从上游茶卡盐湖湖盆西侧的3200m左右逐渐下降到黄河北岸三级阶地的2600m左右。盆地长约280km，宽约30~80 km，总面积约1.57万 km^2。黄河从盆地中东部横穿而过，将原本完整相连的盆地一分为二，以北为沙珠玉河冲积平原，以南为木格滩河湖相积平原，盆地内广布风积地貌和风蚀地貌。

4.2.4 沙物质来源及风沙地貌特征

共和盆地自形成以来在一系列继承性缓慢的沉降过程中，堆积了厚达三四千米的湖相沉积物，其中第四纪更新系的厚度就达500~600m，这些以细砂、粉砂为主的深厚湖相沉积物成为共和盆地沙地的主要物源。此外，南北两侧山地山前倾斜平原堆积的丰富冲洪积物，也为沙地提供了重要物质来源。

共和盆地沙地是一个以流动沙丘为主的高原沙地，其中流动沙丘1036.3km^2，占沙丘总面积的46.79%；半固定沙丘375.97km^2，占16.98%；固定沙丘802.54km^2，占36.24%。流动沙丘广泛分布于盆地各处，其中黄河以南的木格滩、沙珠玉河尾闾地带及黄河北岸阶地较为集中；固定、半固定沙丘主要分布在沙珠玉河中游两岸平原、下游湖滨地带、黄河阶地及木格滩北部等水分条件较好的地段及部分流动沙地的边缘。

共和盆地沙地的沙丘形态以新月形沙丘及沙丘链、沙垄为主，梁窝状沙丘、抛物线状沙丘、复合型链状沙丘等亦有分布。以流动为主的新月形沙丘及沙丘链主要分布在沙珠玉河尾闾湖滨地带、黄河北岸阶地及木格滩一带，沙丘高度一般为10~30m，其中集中分布在二塔拉的复合型链状沙丘及沙山高度可达50~100m；半固定沙丘主要以沙垄及新月形沙垄、灌丛沙丘为主，广泛分布在盆地各处，沙丘高度多小于5m；以灌丛沙堆为主的固定沙丘主要分布在流动沙丘外围等水分条件较好的地段，高度一般小于 5m。抛物线状沙丘主要分布在黄河北岸西侧，沙丘高度多小于 5m。在沙珠玉河中游河流两岸及黄河北岸西部风蚀地貌广泛发育。受盆地控制风向的作用，沙丘总体上从西北向东南移动。

共和盆地的沙地处于草原游牧与农耕的交错地带，沙地土地利用类型主要包括未利用土地、草地及灌丛林地等。其中未利用土地主要以流动沙丘为主，面积 1036.30km², 占沙地面积的 46.79%；草地主要分布在丘间地及部分固定、半固定沙丘，面积 787.02km², 占 35.53%；灌丛主要分布在木格滩及黄河以北的低湿地和河岸阶地，面积 148.75km², 占 6.72%。

4.2.5　沙地环境演变

古风成沙揭示，共和盆地沙地可能形成于晚更新世。在中更新世末的共和运动中，盆地发生强烈抬升，黄河拦腰下切盆地，共和古湖消亡，深厚的河湖相疏松沉积层出露地表，在来自柴达木盆地的强劲蒙古高压作用下，共和盆地沙地逐渐形成。自形成以来，沙地经历了多次流沙扩展与固定缩小的旋回。末次冰期，蒙古高压极其强盛，气候寒冷干旱，植被退缩、风沙沉积加剧，流沙扩展，沙地全部变为流动状态，其间虽然也曾出现短暂沙丘固定、生草成壤过程，但流动沙丘规模和范围远大于现代，沙地呈现干旱荒漠景观。全新世气温回暖，降水增加，植被繁茂生长，除去历时较短、强度较弱的风沙活动，沙地总体上以生草成壤过程占优势。特别是全新世中期，流动沙丘全被固定，沙地发育了较厚的黑色砂质古土壤，其黏粒和有机质含量均较高，土壤化程度较高，且分布广泛。全新世中期是共和盆地沙地生草成壤最强盛的时期，沙地环境呈现疏林草原－草原景观。新冰期时在古沙丘上形成的新沙丘表明，在全新世中、晚期之交的千年间，共和盆地曾为风沙活动所主导。沙地环境随气候频繁波动变化的情景充分表明，地处东亚季风边缘的共和盆地沙地环境对气候波动变化具有十分敏感的响应。

4.3　毛乌素沙地

4.3.1　地理位置

毛乌素沙地是我国四大沙地中面积最大的沙地，又称鄂尔多斯沙地，位于鄂尔多斯高原西南部，处于东亚夏季季风影响的北部边缘，是全球中纬度地区半干旱沙地的典型代表。沙地面积 38022.5km², 介于 37°25′14″~39°43′11″N, 107°07′11″~110°35′13″E 之间，沙地北起高原中部的石质梁状剥蚀高地，南至黄土高原丘陵沟壑区北缘，西至高原西南洼地西缘，东与黄河晋陕峡谷以西的黄土状丘陵相接。行政区划涉及内蒙古、陕西、宁夏 3 省（自治区）10 市 15 个县（旗）的 101 个乡（镇、苏木），其中以内蒙古境内分布面积最大，占沙地面积的 68.91%，陕西占 28.44%，宁夏仅占 2.65%。

4.3.2 自然条件

4.3.2.1 气候

毛乌素沙地位于我国季风区的西陲，是一个由西北向东南的干旱—半干旱—湿润过渡带，属于典型的温带半干旱大陆性气候。本区年均温度6~9℃，最冷月均温 -9.5~-12℃，最热月均温22~24℃。年均降水量为200~450mm，由东南向西北递减。受东亚季风的影响，降水集中在7—9月，占全年降水60%~75%。全年蒸发量1800~2500mm，无霜期长130~160天。沙地在冬季盛行西北风，夏季盛行东南风，因而具有典型的季风气候特点，受冬季季风的影响，沙地春冬季的平均风速高，大风日数多，主导风向为西北风。

4.3.2.2 土壤

毛乌素沙地中既有地带性土壤，亦有非地带性土壤。地带性土壤为栗钙土、棕钙土和灰钙土；东部未覆沙的梁地、固定和半固定沙丘栗钙土发育充分；西部以砂岩为基底的硬梁地则有小范围棕钙土发育；西南部有小范围的灰钙土发育。非地带性土壤主要为风沙土、草甸土和盐碱土，广泛分布在沙地。其中，风沙土以沙丘为主，基质为砂土或细砂粒，结构疏松，肥力低，保水性差，容易起风沙；草甸土与沼泽土呈复域分布，零散分布在低湿草滩的中心和局部洼地及河谷低湿地上；盐碱土主要分布在西部和中部的大片低湿草滩地和天然盐碱地边缘。总体而言，毛乌素沙地土壤养分含量较低，地带性与区域性土壤相间排列，为本区开展牧、林、农生产提供了丰富的土壤类型，其中灰色草甸土、沼泽土、潮土养分含量较高，但在本区所占面积比例很小，多被用作农田、林地或草场，而风沙土、栗钙土、潮土、棕钙土养分含量低，但面积较大，多被作为牧场。

4.3.2.3 植被

植被的分布受降水、土壤、热量等多因素影响。整个毛乌素沙地植物区系属于泛北极植物区系，具有多方面来源和过渡性特点。按植被地带分，占沙区面积70%以上的中部和东部属典型草原（干草原）地带，植被有本氏针茅及沙地锦鸡儿、沙柳、蒿类灌丛；西部边缘地区属荒漠草原地带，植被以狭叶锦鸡儿、短花针茅和蒿类群落为主；东南边缘则有从典型草原向森林草原过渡的特征，植被有羊草、黄背草等。非地带性植被有草甸植被、沼泽植被、盐生植被及沙生植被等，沙生植被在毛乌素沙地中分布面积最大，包括占据了大部分沙丘和沙梁地的油蒿群落、分布在半固定和波状起伏固定沙丘的羊柴群落，分布在丘间低地或半流动沙丘背风坡和滩地边缘的沙柳和乌柳灌丛群落以及分布在中南部乌审旗一带梁地上少量的黑格兰、小叶鼠李等灌丛群落。草甸植被是占地面积仅次于沙生植被的隐域植被，主要包括苔草草甸、碱茅草甸、马蔺草甸、芨芨草草甸等。盐生植被主要包括碱蓬、盐爪爪、白刺等，主要分布在沙地的西南部定边和盐池一带的盐渍土上。沼泽植被以香蒲为主，主要分布在沙丘间的低湿地上。

4.3.2.4 水资源

毛乌素沙地相对于我国其他沙漠地区具有较为丰富的地表水和地下水资源。地表水分外流区和内流区。外流区主要分布在沙地东部、东南部，有无定河、秃尾河、窟野河等若干主要河流纵贯沙地注入黄河，地表径流达 14 亿 m^3，可利用水量约 4 亿 m^3；内流区以定边县内的八里河和神木县内注入红碱淖的蟒盖河、齐盖素河、尔林兔河为主，平均径流 1.05 亿 m^3；同时，沙漠内部还分布有众多湖泊，大部分为苏打湖和含氯化物湖，淡水湖较少，湖泊水位与降水量成密切正相关。沙区地下水资源总量 18.71 亿 m^3/a。其中第四系松散层潜水资源量为 7.28 亿 m^3/a，白垩系基岩地下水资源量为 9.13 亿 m^3/a，侏罗系、三叠系基岩地下水资源量为 2.30 亿 m^3/a。因沙区地下水资源主要靠降水补给，故分布不均匀，本区东南部地下水、潜水补给条件好，地下水相当丰富，埋藏浅，在丘间低地一般埋存 1m 左右，个别只有 0.5m，绝大多数地区水质良好，个别地方如定边、靖边一带含有高矿化度的氯化物及硫酸盐类。而西部和西北部因降雨量少，潜水补给匮乏，地下水资源相对较少。

4.3.3 沙物质来源及特征

经研究，多数研究者认为毛乌素沙地大部分沙是就地起源。就地起源沙漠物质来源与古地理环境有着密切的联系，在干旱区，巨大的内陆盆地或干燥剥蚀高原均可提供丰富沙物质来源。毛乌素沙物质来源属河湖相沉积物和基岩风化的残积－坡积物。

毛乌素沙地的大部分区域，分布在鄂尔多斯高原的东南部洼地和中西部干燥剥蚀高地，南部个别地方还位于黄土丘陵上。历史上鄂尔多斯洼地经历了多次的沉降和抬升，风和河流剥蚀高地后经过洼地，将高地上的基岩风化物堆积在洼地，积累成厚度达百余米的冲积－湖积物，其中第四纪湖相沉积物分布面积很大，在湖盆抬升、湖泊退缩后出露。

鄂尔多斯中西部干燥剥蚀高地和高地伸入东南洼地的梁地，地面主要由基岩组成，大部分为紫红色白垩纪砂岩和灰绿色侏罗纪砂岩及其风化物，受地势以及风向影响，更加便于在梁顶、梁坡上堆积出基岩风化的残积，也为风吹扬后形成覆盖高地区域内的现代风成沙丘提供了有利条件。

此外，沙地中部部分干燥剥蚀高地的侵蚀、风化物，对其周围沙丘的形成与发展也有一定的物质贡献。

4.3.4 风沙地貌特征

4.3.4.1 地形地貌

毛乌素沙地总体地势自西北向东南海拔逐渐降低，是以白垩纪与中生代侏罗纪的岩石为骨架，经过第三纪和早第四纪的水成作用为主的冲击与洪积过程而形成的台地，尤其是以全新世与近代风成作用为主的风沙活动造就今天的地表外貌，主要地貌类型包括"硬梁""软梁""滩地"、丘陵及河谷阶地。

"硬梁"主要分布在沙地西北部，多为白垩纪紫红色砂岩和侏罗纪灰绿色砂岩的水平岩层所构成的梁地，此类砂岩固结程度差，容易风化，风化物再经搬运，使得本区各种第四纪沉积物以及残积物都富含沙物质，构成本区流沙的来源。"硬梁"海拔约 1600m，向东南延伸至乌审旗的梁地海拔多为 1300~1500m，梁面相对平坦，因遭受切割，梁面间形成若干谷地。"软梁"主要分布在本区南部基岩构成梁地的前端，由第四纪沉积物——细沙和粉沙加有大量的碳酸钙固结物质和结核构成的梁地，其高度低于基岩构成的梁地。"滩地"指自西北向东南倾斜平行的冲积-湖积平原，其广泛分布在整个沙地特别是沙地的东南部地区，主要沉积物为细沙夹有粉沙，但局部有古牛轭湖、沼泽等沉积物。丘陵主要指黄土丘陵，分布在本区东南缘黄土高原过渡区。河谷阶地主要分布在沙地的东南部，如红柳河、海流兔河和榆林河沿岸等地，是毛乌素沙地中主要的农业地区。

沙是本地区"地带性"基质，它广泛分布在各类梁、丘、滩地以及河谷中，占全区面积的75%以上。固定和半固定沙丘及梁滩面上薄层起伏的平沙地是毛乌素沙地最典型的景观。

4.3.4.2 风沙地貌

毛乌素沙地各种最基本的风沙地貌单元的形成及其演化一方面与局地风力、风向及其不同特征的风动力组合形式有关，另一方面也与沙颗粒的性质、沙源的丰富程度以及地表和地下水动态密切相关。尤其是风动力特征和地表水热条件对风沙地貌的形成往往起着决定性作用。

毛乌素风沙地貌类型包含了流动沙丘、固定沙丘和半固定沙丘，三种沙丘交错分布且面积均衡，半固定沙丘面积占沙地总面积的36.5%，固定沙丘占31.9%，流动沙丘占31.6%。因本区内水热条件较好，气候多变、沙源充足，使得沙丘地貌之间在一定的气候条件下可以相互转化。若连年多雨，植被覆盖度增大，开始发育土壤剖面，流动沙丘可变为半固定乃至固定沙丘；若连年干旱，植被覆盖度减小，固定沙丘可变为半固定乃至半流动和流动沙丘。沙地按沙丘形态分，主要有固定、半固定的沙垄、抛物线沙丘、灌丛沙堆和流动的新月形沙丘及沙丘链等。

流动沙丘是指植被覆盖度小于10%，沙丘几乎没有植被生长或有稀疏的沙米和沙竹等沙生植物，由零星分布的高度和大小不一的各种新月形沙丘，以及呈不同密集程度分布的新月形沙丘链及格状沙丘组成的沙丘。其分布由西北和西部的稀疏向东南和东部密集转变，在陕北的靖边、榆阳、神木和内蒙古的乌审旗南部一带尤为密集，格状沙丘是新月形沙丘链密集分布而彼此衔接起来时形成的，只在毛乌素东南部有所分布。

半固定沙丘的植被覆盖度为10%~50%，沙丘的落沙坡有植被生长，部分沙丘发育物理结皮，沙丘向前移动的速度较流动沙丘减缓（沙丘已不能向前移动，但仍有风沙沿地表移动）。

固定沙丘的植被覆盖度大于50%，发育物理结皮，部分水分条件好的沙丘发育生物结皮，沙丘已不能向下风向移动。半固定沙丘和固定沙丘经常混杂在一起，其形态具"蹄""堆""垅"三种，高度1~20m。

抛物线沙丘是毛乌素沙地中一种较特殊的固定、半固定沙丘类型，主要分布在乌审旗洼地、红碱淖南部和无定河北岸等地，沙丘两翼因地势较低，水分状况较好，利于植物生长而得到固定，沙丘中部突出，一面为背风坡，比较陡峭，一面为迎风坡，较为平缓，在盛行风作用下，形成倒向的新月形沙丘形态——抛物线沙丘。

由于风沙地貌的演化具有较强的动态性，使得流沙和固定、半固定沙丘相互交错分布，从平面分布情况的特点来看，主要有呈片状分布的风沙地貌单元、呈东—西带状分布的风沙地貌单元以及呈西北—东南带状分布的风沙地貌单元等三种形式。

（1）呈片状分布的风沙地貌单元

平面上呈片状分布的风沙地貌单元主要有宫泊沟两岸及榆溪河左岸一带多数为密集的新月形沙丘链的分布区，其中心常有格状沙丘；中北部偏东有以乌审召镇为中心的大片流动沙丘，多为密集的沙丘链；东南部有榆溪河与无定河之间的两河交汇地段的新月形沙丘链以及分布在红柳河支流黑河两岸的呈新月形链状展布的流动沙丘。

（2）呈东—西带状分布的风沙地貌单元

平面上呈带状分布的风沙地貌单元主要有最南部自定边孟家沙窝至靖边高家沟的东西走向的连绵沙带和西北角苦水河的一条东西走向的流动沙丘组成的沙带。其中孟家沙窝至靖边高家沟的东西走向的沙带中心多为高度为7~15m的格状沙丘，两侧则一般是高度为3~7m的新月形沙丘链。而西北角苦水河东西走向的沙带中，沙丘高度范围一般为7~18m。

（3）呈西北—东南带状分布的风沙地貌单元

除呈密集片状和东西向密集分布的流动沙地外，其余各处大多呈由西北向东南展布的流动沙地。

由此可见，虽然沙丘广泛分布于毛乌素沙漠全区，但呈密集连片成带的流动沙丘只见于南部、东部和东南部。

4.3.5 沙地环境演变

地层中的古风成沙是表征过去沙漠存在的可靠标志，毛乌素沙地及黄土高原北部下伏的白垩系红色古风成沙丘岩，是毛乌素沙地在白垩纪出现的重要证据。对毛乌素沙地晚新生代环境演化历史经典剖面进行分析，推断出毛乌素沙地在2.6Ma、1.2Ma和0.7Ma前后有3次大的扩张，这与北半球大冰盖的形成与扩张有关。说明在北半球冰凉增多的情况下，东亚夏季风减弱、冬季风增强，内陆干旱化加剧，驱动了毛乌素沙地的形成发展。在距今15000年前后，随着暖期的开始，全球温度尤其是北半球高纬地区温度回升，夏季风逐渐增强、冬季风减弱，中国北方区域干旱化减弱，冰雪融化，沙地与黄土高原的边界逐渐向西北退缩，末次冰期的风成沙层逐渐被冰消期黄土覆盖。冰消期黄土厚度多为1~2m，其上常发育黑色古土壤层，多为全新世黑垆土层。在全新世早期，沙丘流动性开始减弱，但沙地内部仍然分布有一定规模的流沙，随着区域风蚀强度的下降，沙丘流动性开始减弱，至全新世中期，逐渐变为气候温暖湿润的草甸草原和灌丛草原，流沙不再扩展且被固定。

晚全新世以来，在夏季风减弱、中国北方气候逐步干旱化的背景下，毛乌素沙地植被开始退化，固定沙丘再活化，流动沙丘的比例逐渐增多，有些沙丘在晚全新世还经历了多次固定—活化。尤其是近几百年来，受世界小冰期气候波及的影响，本区再次干冷程度加剧，气温普遍比现在偏低1~2℃，特别是南北朝时期，毛乌素地区进入相对干冷期，湖泊水面缩小或干涸，植被退化，风力侵蚀加剧，地表堆积物质粒径变粗，流沙逐渐覆盖了毛乌素北部的大部地区。此界以南，也有一些零星的沙带。同时人为因素也加剧了毛乌素沙地的活化。

4.3.5.1 秦汉魏晋南北朝时期

鄂尔多斯南部沙层深厚，草肥土沃，适于牧业，自古就是游牧民族繁衍生息的地方。据《战国策·赵策二》记载："今吾（赵武灵王）将胡服骑射以教百姓"，胡服即当时居住在鄂尔多斯高原的游牧民族"林胡"所穿的服饰，由名字可推断其居住地有树木。"林胡"被认为是匈奴人的祖先，鄂尔多斯被认为是匈奴人的故地。

秦汉时期，在长期与匈奴的战争中，中原中央政权逐渐掌控了鄂尔多斯高原及河西走廊大片地区，为了进一步加强对北部边疆和西域地区的控制，秦汉政府进行大规模的移民徙边，屯兵屯田，设置郡县。《史记·匈奴列传》记载，秦始皇统一六国后，曾派蒙恬率十万大军北击匈奴，"悉收河南地，因河为塞，筑四十四县城临河，徙适戍以充之"，还修筑了长城和直道；秦始皇三十六年（211B.C.），又强迫三万家迁往"北河、榆中"（今河套及准格尔旗一带）屯垦。汉武帝元朔二年（127B.C.），卫青再次收复匈奴河南地，兴十万余人筑卫朔方；《汉书·匈奴传》："北边自宣帝以来，数世不见烟火之警，人民炽盛，牛马布野。"

但这种安定是暂时的，王莽专权、刘秀起兵、群雄纷争，中原混乱不堪。东晋十六国（公元318年），匈奴人刘曜趁乱在此建赵。公元407年，匈奴人赫连勃勃在此建立了大夏。建都之时，这里水草丰美，山川秀丽，气候宜人，赫连勃勃称赞这里"美哉斯阜，临广泽而带清流，五行地多矣，未有若斯之美！"为了奠定他的统治基业，并传诸子孙万代，他决定要在"朔方水北，黑水之南"修建一座规模宏大的都城——统万城。这座城作为当时匈奴民族的政治和经济中心，历时5年，征调10余万兵建成，楼台高大，殿阁宏伟，装饰土木极其侈丽，城基厚25米，城高23.33米，宽11.16米，由粗沙、黏土、石灰三合土混合筑成，非常结实。

统万城的建立，对生态环境造成了严重的破坏。一是原料的获取。粗沙从河流中获取，黏土需要大面积揭取地表或挖掘地下，烧制石灰需要消耗大量木柴，夯筑墙体需要用原木作夹板，森林被砍光、地面支离破碎、河流沙坑遍布、河床下切、地下古风成沙出露。二是工匠的日常生活起居。10余万人住宿所用、烧饭取暖的燃料皆为就地取材，口粮供给也主要依靠周围种植，大规模的垦殖、樵采破坏了原有的自然生态环境，导致地表植被减少，土壤出现沙化。在气候的影响下，这些沙尘飞扬堆积，逐渐形成流沙。

现今毛乌素沙地中，依然保存着在风沙中屹立1500多年的古城遗存白城子，还留存着银州、德静、契吴等古城遗址，这也正是生态兴则文明兴的写照。

4.3.5.2 隋唐宋元时期

隋唐时期的鄂尔多斯地区活跃着突厥、党项、吐谷浑等游牧民族。公元589年，隋文帝统一全国，建立起郡、县，部分游牧民族退到了阴山以北，鄂尔多斯高原又开始向农业区转化；为防止突厥汗国南下，隋文帝还在鄂尔多斯南部筑起长城，目前此道长城在宁夏盐池与陕西定边一带还清晰可辨。唐初鄂尔多斯地区被划归关内道，下辖4个州，即南部入夏州、东北部入胜州，西北部入盐州，西部入灵州。唐高宗李治在位时期，曾在今鄂托克前旗境内设立鲁、丽、含、塞、依、契6个州，实施羁縻政策，对随东突厥内附的各部族实行分割管理，还随着州县设置的增加，兴修水利，疏浚渠道，实行屯田政策。据记载，武则天执政时期，曾在此大量驻军屯田，至唐玄宗开元年间，这里屯田37处，垦2200余公顷地。毛乌素农业的发展，人口的增加，充分说明了隋唐农业的发展是继秦汉以后出现的又一次高潮。到了唐代后期，人类活动对本区沙漠化的贡献逐步增大，危害较轻的风沙活动已逐步趋于严重，唐人诗文中多有提到"风沙满眼""沙塞""沙碛"；至唐穆宗长庆二年，《新唐书·五行志》更载明"夏州大风，飞沙为堆，高及城堞"，可以说毛乌素地区从唐代中期开始急剧性沙漠化。

自唐覆亡以来，中原陷入军阀混战，由鲜卑拓跋部与当地羌人融合而成的新民族党项族趁机崛起，并在李继迁率领下，建立了西夏政权雏形，西夏迅速崛起并统治了鄂尔多斯的大部分地区。西夏与北宋大致以当时的横山为界相持，势如水火。为了打败对方，双方在鄂尔多斯草原上构筑城堡，军事屯田，使毛乌素地区成了残酷血腥的疆场，由于战争规模和生产活动范围的扩大，生态环境的不断恶化加速了毛乌素沙地的扩大化，"瀚海"被多次提及，宋太宗淳化五年，"远在沙漠中"的统万城被废弃；沈括在《梦溪笔谈》中有"余尝过无定河，度活沙，人马履之百步外皆动，倾倾然如人行幕上，其下足处虽甚坚，若遇其一陷则人马拖车应时皆没，至有数百人平陷无孑遗者"的描述，写出了无定河泥沙滚滚，飘忽无定，车陷人没的情景。

元朝时期毛乌素沙地相对稳定，局部流沙被固定。《马可·波罗游记》中详细记述了毛乌素地区的张加诺（今白城子），"这里小湖和河流环绕，是鹧鸪集结之所。此处还有一块美丽的平原"。从唐朝开始一度沙化的夏州又变成了美丽的湖畔。除了因元朝时期降雨多，气候湿润，而蒸发量小等因素外，毛乌素地区生态好转还与人为活动干扰的减少分不开。一是元朝时期毛乌素地区人口数量不多，可汗剿灭宋朝时死伤惨重，也有许多人因为躲避战乱流落他乡；随着元朝的一统天下，北方的政治地位下降，人口大量南迁。二是蒙古族生态保护意识很强。即使在战乱的时候也要对践踏过的草地实行休牧；元朝建立后又颁布了许多生态保护法律条文。据《元文类》记载："先帝圣旨，有卵飞禽勿捕之""正月至六月尽怀羔野物勿杀""草生而属地者，遗火而瑞火芮草者，诛其家""禁牧地纵火"等。这些法律对当时生态环境的改善起到了非常重要的作用。格外湿润的气候、人类活动减少以及适当的生态保护措施，使毛乌素地区的生态环境在元朝时期又有所恢复。

4.3.5.3 明清时期

明朝时期固化的毛乌素沙地再度活化扩散。为了抵御瓦剌、鞑靼二部，明朝自成化年开始修建长城，1465—1487年共修筑长城7300余千米，东至鸭绿江，西至嘉峪关。其中在鄂尔多斯草原的长城修筑较早,据史料记载,明成化十年(公元1474年),开始修筑西起黄河嘴,东到盐场堡的长城,全长约190km,修建长城时把"草茂之地筑于内,沙碛之地筑于外",由此可知,毛乌素地区在明朝初期仍有水草茂盛之地,可修筑过长城的地方,生态环境都遭受到了巨大的破坏。随后又修筑了全长885km的长城和若干复线,长城西起花马池,东至府谷清水营,复线用以加强防御。到嘉靖十年(1531年),在原长城南,又增修了一道全长180km的新长城。明朝所有的长城都是用土堆砌夯实筑成,均就地取材,破坏面积很大,导致鄂尔多斯草原的表土被大量揭取,表土层下的松散细沙出露。

在修筑长城后,朝廷把流窜于草原的无地农民安置在长城内垦荒种地,出现"零贼绝无,数百里间,荒地尽垦,孳牧遍野,粮价亦平"的情况。同时为了巩固边防,军屯制也得到极大发展。据记载,仅延绥一带即有军队屯田就有600hm²左右。长城沿线在农民耕种、军队屯垦的影响下,原本优良的草场变为了耕地农田,因地表土层较薄,耕种后很快就出现了沙漠化,榆林地区的众多小湖泊逐渐被风沙掩埋。最典型的就是铁柱泉古城,此城因泉水很旺的铁柱泉得名,据记载,此泉"周广百余步水涌甘冽",为蒙古骑兵南下修正的必经之地。在明修堡建卫、开垦耕种后,地下沙地大量暴露,风沙吹扬,耕地变荒沙滩,铁柱泉被填埋,铁柱城最后沦为废城。

修筑、军垦、战争、焚烧及土地摺荒等,导致了毛乌素地区沙化程度加剧,进一步向东南推进。刘敏宽在《榆镇中路沙》中写道:"沿边积沙,高与墙等,时虽铲削,旋塞如故,盖人力不敌风力也",说明榆林、横山两县之间的长城以北已有了大片连绵的沙漠,而修筑的长城,经过大风吹扬,也很快就被流沙埋没。如今榆林、衡山、靖边、定边以及宁夏盐池一带的明长城,大部分已深陷沙漠。

明后期,随着长城以南人口骤增,人地比例失调,出现了许多社会问题。在明朝灭亡后,自然条件较差的陕北部贫民开始大量流入鄂尔多斯地区寻找生机,清朝初期,出于民族关系考虑,朝廷曾三令五申禁止汉民到草原上耕种,但因无业游民较多,经康熙三十六年(1697年)贝勒松拉普的奏请恩准后,出边种田的禁令被解除,陕北、晋北一代农民纷纷到草原上开荒耕种。据记载,到了乾隆年间,这一带的人口比明代后期增加了5倍以上。原先在长城内侧耕种的农民,因土地肥力下降,也转移到新地开荒,而他们废弃的耕地,因可降低开垦成本,又被后来的农民所占用,"大抵屯人所占之地,即里民所荒之田"。在康熙年间到清朝末年的200多年里,毛乌素沙地南部砂质草场的垦荒耕种从未中断,无论平地还是山坡,均遭受严重的破坏,光绪二十八年(1902年)以后,垦荒更是在鄂尔多斯全境推开。进一步加剧了土地沙漠化,部分地区遍地开花,已达到满目疮痍、惨不忍睹的地步,流沙不断增多,沙地不断扩大。

19世纪中叶以后帝国主义侵入中国的西北和东北,清政府被迫"移民实边""开放蒙禁",这些措施对毛乌素地区的草地破坏相当大。此后,帝国主义以传教的方式入侵该地,在长城沿线南部白泥井、柠条梁、小桥畔与城川一带占地招人滥垦,加剧了对该地区草地的破坏,基本形成与现在相似的景观,即耕地与流沙、半固定沙丘和固定沙丘交错分布的景观。据统计，新中国成立前的 100 年，仅榆林范围内，就有 14 万 hm^2 农田被流沙吞噬，有 $9.6hm^2$ 农田被流沙包围，6 个县、412 个村镇被流沙掩埋。

4.3.5.4 新中国成立以来

新中国成立初期，毛乌素地区的沙化面积仍在扩大。经航片分析研究，毛乌素沙漠化土地面积由 1949 年接近 $12900km^2$，到 70 年代中期扩大到了 $41108km^2$，扩大了 3 倍之多。一方面是自 20 世纪中后叶以来，毛乌素地区气温逐渐升高（平均每 10 年升高 0.1℃），降水趋于减少，气候的干旱化为本区沙化提供了基本条件。另一方面，因人口增长速度过快，存在人口与当地土地承载力不协调的情况，人类不合理的过度开垦、放牧和樵采增大了土地资源利用的压力，也加速了沙化面积的扩展。

以伊金霍洛旗为例，在新中国成立初期，耕地面积为 8.21 万 hm^2；而在此后的 25 年间，片面强调"以粮为纲"，进行了 3 次大规模开荒（1955—1956 年，1958—1962 年，1970—1973 年），到 20 世纪 70 年代中期，据不完全统计，累计开荒面积超过 7 万 hm^2，而耕地保留面积仅为 3 万 hm^2，累计撂荒、退耕面积达 9 万 hm^2。伊金霍洛旗全部草场适宜载畜量总共约为 40 万只羊单位，自 1957 年以后，就开始呈现超载过牧现象，到 1985 年年底，存栏畜总共折合约 70 万只羊单位，全旗的牲畜总数达到新中国成立初期的 3.2 倍。1949 年，该旗每头绵羊占有草场 $2.24hm^2$，而 1985 年仅有 $0.59hm^2$，1990 年该旗的天然草地超载率为 170.6%。由于严重过牧，草场沙化严重，植被群落稀疏、低矮、种类减少。伊金霍洛旗燃料缺乏，农牧民主要以天然植物和畜粪为燃料，设 1 户必需燃料为 0.75 万 kg，如以固定沙地产油蒿干枝 0.23 万 kg/hm^2 计，每户每年要挖掉 $3.3hm^2$ 油蒿，这将导致每年至少 1.73 万 hm^2 草地惨遭破坏。樵采方式通常是大片的连根挖掘，这使地表植被和土壤遭到彻底破坏，在风力作用下，大面积固定、半固定沙地顷刻之间变成流沙，可见人为因素对该地区的沙化和固定有非常大的影响。再如鄂托克前旗西部的老黄河古道，在 20 世纪 70 年代末为了扩大粮食种植面积，将草甸草场开发为耕地，导致环境恶化、沙化程度加重。

但毛乌素沙地不断扩大的情况没有一直持续，根据遥感动态监测结果显示，1977 年是毛乌素沙地沙化最严重的时期，共有沙化土地 $64247.96km^2$，占总面积的 78.95%，自 1977 年以来，沙漠化土地快速逆转，至 2005 年减少沙漠化土地 $24561.25km^2$，年均减少 $846.94km^2$，1986—2000 年是沙漠化土地逆转最迅速的时期，年减少量 $1215.6km^2$，共减少荒漠化土地 $18233.79km^2$，占减少总面积的 74.24%。如今的毛乌素腹地，林木葱茏，绿色已成主色调，实现了从"沙进人退"到"人进沙退"，是新时代生态文明建设的典范。在陕西榆林，曾经的沙地上建设起高效林果基地；基于地广草多的优势，榆林市成为国内非牧区养羊第一大市；依托林果资源，林业产品精加工产业开始发展；在宁夏白芨滩自然保护区内，林场职工在沙区边缘打造乔灌混交林，发展起了果树、育苗、温棚等"沙产业"，实现了植树与致富同步。

2018 年，联合国治理荒漠化总干事参观毛乌素沙漠化治理成效后对中国的沙漠治理给出了极高的评价，他指出："毛乌素沙地治理的实践，是一件值得让世界向中国致敬的事情。"这正是"三北"防护林建设、京津风沙源治理、天然林资源保护等多个国家林业重点工程和当地干部群众积极开展防沙治沙取得的成果。以毛乌素沙地防沙治沙综合示范区——陕西榆林为例来说明。中华人民共和国成立70多年来，榆林历届党委、政府坚持"南治土、北治沙"，落实"三北"防护林、退耕还林、天然林保护、京津风沙源治理等国家林业重点工程。尤其是党的十八大以来，认真践行"绿水青山就是金山银山"理念，坚持山水林田湖草系统治理，先后开展了"三年植绿大行动""全面治理荒沙行动""林业建设五年大提升"等造林绿化活动，改善全市生态环境。

历经七十多年艰苦卓绝的努力，榆林治沙造林取得了巨大的成效，被国际社会誉为沙漠治理的奇迹。在治沙造林过程中，孕育产生了"不畏艰难、敢于斗争、矢志不渝、开拓创新"的榆林治沙精神。从群众中走出了一大批全国治沙造林英模代表，包含20世纪的惠中权、李守林、女子治沙连、石光银、牛玉琴、郭成旺、漆建忠、朱序弼，新世纪的杜芳秀、张应龙、李增泉等，他们激励着一代又一代榆林人续写绿色传奇，这座昔日的"沙漠之城"正昂首阔步走向"绿色之城"。

4.4 河东沙地

4.4.1 地理位置

河东沙地地处鄂尔多斯高原西南部向西倾斜的波状高地，因位于黄河以东而得名。沙地北起黄河一级支流都思图河，南抵黄土高原北缘，西和宁夏平原相接，东与毛乌素洼地为邻。地理坐标为 37°15′55″~39°05′11″N，106°14′45″~107°21′46″E，沙地面积 5923.75km^2，沙地行政区划涉及宁夏回族自治区和内蒙古自治区的5市、10县（旗）、34个乡（镇、苏木），其中宁夏境内分布面积占53.33%，内蒙古占46.67%。

4.4.2 自然条件

4.4.2.1 气候与水文

河东沙地属于中温带大陆性气候，降水受东南夏季风控制，年均降水量 200~300mm，年均蒸发量 2100~2500mm。沙地处于蒙古高压东进的中部通道，冬半年盛行西北风，年均风速 2.8m/s，年平均大风日数 25 天左右。

沙地南部河流较为发育，中部和北部现代水文网多不发育，且多为间歇性干河沟。常流河仅有直接注入黄河的都思图河、苦水河等，水量不大。黄河虽从沙地西侧流过，但因河床地势低于沙地，无力惠及沙地，沙地地下水主要靠降水渗入补给，受波状起伏地形影响，地下水丰度及埋藏深度的地域差别较大。

4.4.2.2 土壤与植被

河东沙地属于棕钙土荒漠草原自然带。地带性土壤为棕钙土，发育广泛。低湿地带有盐碱土分布，风沙土主要分布在覆沙地段。

地带性植被以多年生草本植物为主，并与半灌木、灌木相间分布。草本植物种主要为针茅、细弱隐子草等多年生丛生小禾草，灌木及半灌木主要为锦鸡儿、白刺、沙蒿等。

4.4.3 地质构造与地貌

河东沙地所处的鄂尔多斯高原，构造上属新华夏系第三沉降带。沉降带自中生代中晚期发育形成后在多次构造运动中历经抬升与沉降，第三纪末第四纪初在构造抬升中成为高原，由于高原西部抬升速度较快而翘起，以及宁夏平原的断陷沉降，使高原西缘形成由东向西倾斜的高平原，在强烈流水侵蚀冲刷下，逐渐发展为现今南北长约195km，东西宽约90km的波状高原。河东沙地就散布在西倾波状高原上。

波状倾斜高原海拔1200~1500m，从西向东逐渐抬升，以海拔1500m左右的南北向倾斜高原脊线与毛乌素沙地为界。高原北部为地势较低的湖盆洼地，中部地形开阔平坦，南部起伏较大，下伏基底以白垩纪砂岩为主，局部为第三系紫色砂岩。沙地西侧为沉积层深厚的宁夏平原，黄河从平原与沙地之间穿流而过，沙地南侧为黄土高原的北缘，地势向西北倾斜。

4.4.4 沙物质来源与风沙地貌特征

河东沙地的物源主要来自3个方面：一是高原广泛分布的中生代富含沙粒的砂岩和砂质泥岩，岩性松软，易于剥蚀，风化崩解后形成大量的松散沙粒；二是向西倾斜的地形，发育了众多的河流及间歇性干河谷，在流水冲刷下产生了丰富的沙物质；三是沙地西北部湖盆洼地出露的河湖相沉积物。这些多源沙物质在冬季风的吹扬下堆积在高原面上，形成了河东沙地。

受风向和地形影响，河东沙地多以条带状散布在波状起伏的高原面及黄河阶地上，沙带多呈西北—东南向延伸，走向与盛行冬季风风向大体一致。

河东沙地以固定沙丘为主，其中固定沙丘占沙地面积的67.45%，半固定沙丘占19.84%，流动沙丘占12.71%。固定沙丘广泛分布在沙地各处，尤以沙地中南部分布最为广泛；半固定沙丘在沙地中南部和北部分布较多；流动沙丘主要分布于沙地中部和北部，以条带状与固定沙丘、半固定沙丘相间平行分布。固定、半固定沙丘的沙丘形态多以梁窝状沙丘、灌丛沙堆及抛物线沙丘为主，丘高一般3~5m，部分可达5~15m，丘间地或平沙地水分条件较好，植被覆盖较高；流动沙丘的形态主要为新月形沙丘及沙丘链，格状沙丘较少，沙丘高度多为5~10m，部分新月形沙丘及沙丘链可达10~20m，沙丘链与冬季风向大体垂直。

4.4.5 沙地环境演变

以往文献多将河东沙地看作毛乌素沙地的一部分，且研究多集中在毛乌素沙地的主体区域，相关河东沙地的基础研究相对较少。

根据高原地质环境、区域气候演变，结合相邻毛乌素沙地的相关资料，河东沙地可能在早更新世与毛乌素沙地同期形成。末次冰期，由于蒙古高压的增强，沙地面积可能大幅扩展、流沙蔓延。在全新世大暖期，由于东南季风向西北推进，降水大幅增加，沙地植被盖度增加，沙丘基本固定，生草成壤作用加强，发育了大面积的黑沙土，呈现草原景观。全新世晚期以来，沙地除在小冰期可能出现沙丘活化和局部扩展外，沙地环境总体处于比较稳定的状态。

4.5 浑善达克沙地

4.5.1 地理位置

浑善达克沙地，亦称小腾格里沙地，位于我国内蒙古高原东部，行政区划上包括内蒙古锡林郭勒盟中南部、赤峰市的西北部和河北省承德市东北部。沙地东起大兴安岭西麓，西至集二铁路以西，南以乌兰察布高原—坝上高原北缘为界，北与阿巴嘎火山熔岩台地相接，沙地大致呈菱形，东西长约400km，南北宽约120km，大约呈西北—东南分布，沙地面积33331.63km^2，地理坐标位于42°52′51″~44°11′01″N，111°42′15″~117°46′29″E。行政区划上包括内蒙古自治区锡林郭勒盟、赤峰市和河北省承德市的12个旗（县、市）、64个乡（镇、苏木），其中内蒙古自治区境内分布面积占96.55%，河北省境内分布面积仅占3.45%。

4.5.2 自然条件

4.5.2.1 气候与水文

浑善达克沙地地处半干旱干草原带，属温带半干旱—干旱大陆性季风气候，西北部向干旱荒漠草原转变，东南部向半湿润森林灌木草原递变。沙地温带大陆性气候特征显著，寒冷、风大、少雨、干旱。年平均气温0~3℃，年温差和日温差较大；年日照时数3000~3200小时，大于等于10℃积温2000~2600℃，西部最高可达2700℃；无霜期100~110天，较丰富的热量和光照，可以满足夏季作物和牧草的需要。受东南季风影响，东、西部水分条件相差较大，西部水量较少，东部水资源丰富，年降水量从东南向西北递减，东南部年降水350~400mm，西北部不足200mm；年蒸发量由东部的1700~1900mm逐渐递增到西部的2500~2700mm；干燥度1.2~2。光、热、水同期，为天然牧草和作物生长提供了有利条件。沙地常年盛行西北风，冬春季风强而多，4—5月风速较大，高可达12级，年平均风速3.5~5m/s，年大风日数50~80天，是全国沙区最大风区之一。沙地的大部分区域（西部和中部区域）年平均沙尘暴日数超过6天，沙尘暴日数由东向西增多。强大的风速是沙地起尘的基本动力条件，充足的风能又为当地农牧民生产、生活提供丰富的动力资源。

受降水分布的影响，沙地东、中部水资源比较丰富。沙地内有大小河流20余条，其中内流区年均水资源总量为2.77亿m^3，年均流出域外总量约1.7亿m^3。沙地东南部有滦河上游的闪电河及其支流，如锡林河、高格斯台河等。中西部多季节性河流和流入沙地湖泊或渗入沙地的内流河。沙地中除西拉木伦河上游及东南部的滦河支流闪电河流域局部范围外，沙地绝大部分河流属于内流河。沙地中湖泊相当发育，约有110余个。东部为淡水湖，较大的有：位于阿巴嘎旗南部的查干淖尔，位于克什克腾旗西部的达里诺尔；西部多为盐碱湖，碱矿储量较高，较大的盐湖有二连诺尔、碱湖查干里门诺尔等。东部地下水丰富，一般埋深1~3m，或呈泉水出露，水质良好，开发利用潜力较大；西部地下水缺乏，水质欠佳。流动沙丘上的干沙层厚3~10m，湿沙层含水量3%~4%，可保证沙地先锋植物所需的水分；丘间洼地的地下水埋深一般为1~1.5m，水分状况优越。

4.5.2.2 土壤与植被

沙地地带性土壤以栗钙土为主，其次是棕钙土。非地带性土壤主要为风沙土和分布在丘间甸子地上的草甸土。土壤的形成发育具有明显的分异规律，一般东部为草甸栗钙土或暗栗钙土，向西逐渐演变为淡栗钙土，到西北部二连附近则过渡为棕钙土。东部固定沙丘上的风沙土大都具明显的成土过程，并向栗钙土方向发育。根据发育程度可分为栗钙土型沙土或松沙质原始栗钙土。沙区东部甸子地宽阔，西部窄小，土壤多为草甸或盐化草甸土，局部地段有盐碱土或沼泽土。围绕湖盆或低湿洼地的土壤往往呈环状分布，从中心向外缘土壤分布的基本模式是：湖盆—沼泽土、草甸沼泽土—盐化草甸土—草甸土—风沙土。

沙地植被以草原植被为主，地带性植被为锦鸡儿、蒿类灌丛及羊草草原。针阔叶乔木、榆树疏林等超地带性植被明显。榆树疏林草原是浑善达克沙地的典型景观，榆树广泛分布在沙丘及丘间低地，林间为灌、草。疏林草原从沙地东部一直延续到沙地中部或更西的区域。沙地上流动沙丘常见沙生植物有沙竹、沙米、黄柳以及少数的芦苇、沙芥等先锋植物。优势种为小红柳，常伴生有芦苇、拂子茅、黄华等。半固定沙丘迎风坡风蚀窝不生长植物，背风坡多生长沙蒿、沙竹群丛，其间杂以沙芥、沙米等，东部半固定沙丘上还丛生黄柳。固定沙丘上种属和群丛类型较多，特别是东部沙生系列植被的组成受大兴安岭南段山地和燕山北部山地区系的影响，种类成分十分丰富。仅木本植物就有30余种。针叶树有白杆、油松、叉子圆柏，阔叶乔木有山杨、白桦、榆树疏林等及山地灌木山丁子、欧李、山樱桃、绣线菊等。沙地东部覆沙较薄的地段，主要生长有冷蒿、细叶苔、百里香、星毛委陵菜等。沙地中部地区的固定沙丘仍有榆树疏林，同时内蒙古沙蒿、冷蒿群丛分布广泛，伴生成分有木地伏、百里香、麻黄、木岩黄芪、羊柴等和耐旱的杂草及沙生冰草等组成的多种群丛。沙地西部的固定、半固定沙丘是以小叶锦鸡儿、矮锦鸡儿、内蒙古沙蒿、沙竹群丛为主，混生有冷蒿、蒙古莸、砂蓝刺头、戈壁天冬、隐子草、沙生针茅等。

沙地东部分布着孑遗的沙地云杉林，受地形影响，多在沙丘上形成稀疏的纯林或与榆树、山杨、白桦混生分布。

4.5.3 沙物质来源及特征

浑善达克沙地的地质基础为第三纪与第四纪疏松的湖相地层和冲积物，经过长期的风蚀和堆积作用形成目前的沙地；沙地西侧花岗岩质剥蚀低山的风化物亦为沙地的重要沙物质来源；此外，沙地北部外围分布的玄武岩熔岩台地，其火山岩碎屑物质也是沙地沙物质来源之一。

4.5.4 风沙地貌特征

4.5.4.1 地质与地貌

浑善达克沙地地貌区划上处于内蒙古北部干燥剥蚀高平原、北东向大兴安岭山地和东南向阴山山地三者的交汇部位。地质构造单元属蒙古地槽古生代褶皱的一部分。海西运动时上升为陆地，以后则进入了长期的剥蚀夷平作用时期。燕山运动以来，经历了缓和的振荡式的构造运动，在挠曲作用下形成的下陷的宽浅盆地中，沉积了白垩纪以来地层。沙地北侧有西拉木伦—乌日根塔拉大断裂，南侧有阴山东西向复杂构造北缘的大断裂，总体地势为一地堑式凹陷带。第三纪早期，该区发生沉降，形成规模巨大的内陆湖盆，接受周边山（高）地风化剥蚀物沉积，湖相沉积层达100~200m，后因构造抬升形成高原地貌。沙地基础多为第三纪的湖相黏土、沙质黏土和沙砾质层所组成的湖相地层。第四系包括河湖相、沙丘相及黄土相沉积。少数地区有花岗岩和变质岩出露，局部地区有玄武湖覆盖。

浑善达克沙地的地势由东南向西北缓缓降低，沙地东南部为海拔1500~2000m的燕山东段七老图山低山丘陵，北部为海拔900~1100m的高平原，东部是大兴安岭南端，西部和西北部地形开阔、平缓。沙地地势总体上由东南向西北倾斜，但起伏较小，西拉木伦河发源于沙地东部，穿越大兴安岭向东注入西辽河。

4.5.4.2 沙地地貌

浑善达克沙地是以固定、半固定沙地占绝对优势的沙地，其中固定沙地占沙地总面积的85.41%，半固定沙地占12.83%，流动沙地仅占1.76%。固定、半固定沙地主要分布在沙地东部、中部及中西部的部分区域，流动沙丘主要分布在沙地西部边缘地带。固定、半固定沙地形态以梁窝状、蜂窝状沙丘为主，丘高多为5~10m；沙垄广泛分布在沙地的中西部，其中固定沙垄以沙地北部分布最为集中，中西部偏南侧亦有分布，半固定沙垄主要分布在沙地中西部，东部亦有集中分布，丘高一般5~10m，部分小于5m。西北风为冬半年沙地盛行风向，沙丘、沙丘链及沙垄走向大体与盛行西北风向一致。流动沙丘形态主要为新月形沙丘及沙丘链，丘高10~30m。在半固定沙丘上由于受强烈的风蚀作用，往往在迎风坡面普遍形成一个圆形或椭圆形的风蚀窝，出现裸露的沙面，类似"蜂窝状沙丘"的形态，成为浑善达克沙地半固定沙丘的一种特殊景观。

浑善达克沙地沙丘、湖泊、河流交错分布，沙丘间为广阔平坦的丘间低地，植被生长良好，亦为当地的重要牧场。在沙地分布范围中，草地面积占69.05%，林地面积占25.45%，未利用地面积占2.33%，另有耕地、水域和居民及工矿用地分别占1.74%、0.88%和0.56%。

4.5.5 沙地环境演变

关于浑善达克沙地的形成时代，1930 年杨钟健曾提出是新石器以来；1982 年内蒙古 101 水文地质工程地质队认为是晚更新世以来；1985 年高善明认为沙地在中更新世已经存在；1998 年董光荣、李孝泽等依据古风成沙证据，提出沙地在晚第三纪已经存在。晚第三纪以来各主要地质时期环境概况如下。

4.5.5.1 第三纪晚期

古脊椎动物化石丰富。二连浩特市通古尔动物群反映森林草原环境。化德地区有一些草原型动物如萨摩麟、小羚羊，也有森林型动物如中华马以及一些过渡型动物，如古麟；大唇犀一般被发现于草原或草原、森林混合地带。在二登图保德期地层中含有狼科、跳鼠科、鼠科、兔科和属兔科，反映出荒漠草原已经存在。钙质结核的成因十分复杂，但与古土壤伴生的钙质结核，应该是反映气候偏向于干旱；区域性古地理研究也表明同期在包括本区在内的中国北部出现了半干旱气候环境；红色黏土与红土古土壤层的交替出现，反映气候发生着周期性干、湿波动。总之，第三纪晚期，本区已存在具有明显干湿季的热带或亚热带草原到温带半干旱草原并可能有局部沙质景观出现的环境，大陆高压较弱，风速和缓，并存在长周期的气候干湿波动。

4.5.5.2 早、中更新世

孢粉以蒿属、藜科为主；动物有马科、牛科、布氏羚羊等；古风成沙、沙黄土和黄土大量发育。环境趋于干旱。风积物颜色一般呈浅红黄色，说明氧化作用已不如晚第三纪强烈，气温变凉。古土壤层为红色，并伴有钙质结核，代表近似湿暖环境半干旱环境。风积物粒度自西北向东南逐渐变细，说明一直盛行西北风，而且由粒度垂直向分布可见黄土代表的风力要比风成红土强大。古风成沙与沙黄土的粒度构成多呈双峰态，可能表示它们是在两种有差别的风力控制下发育的。推测是与现代盛行西、西北风对应的古西风和古西北风。以上可概括为干凉荒漠草原至温暖半湿润森林草原之间的波动，偏西风加强。

4.5.5.3 晚更新世前期

孢粉依然以蒿、藜为主；普遍发育古土壤和河湖相地层，古土壤呈黄红色钙质结核，不多见，推测环境接近半湿润森林草原环境。

4.5.5.4 晚更新世后期

风积物发育，如沙黄土区马兰期沙黄土厚度较大，沙黄土呈灰黄色，沙漠区及其与沙黄土过渡地带有大量浅棕黄色古风成沙分布。古脊椎动物化石出现披毛犀、诺氏驼、普氏野马等荒漠草原种类；孢粉以蒿属、藜科、禾本科组合为主，反映为干冷的荒漠草原环境。风力强盛，风沙作用剧烈，沙地迅速活化和扩展。中期出现一层淡褐色古土壤层，孢粉以蒿属、菊科为主，并出现鹅耳枥属等相对温暖型分子，代表干冷时期的一次温湿波动。

4.5.5.5 全新世

根据地层结构、沉积特征和大量的气候记录，可将全新世浑善达克沙地气候划分为 8 个干冷与温湿（或暖湿）交替的变化旋回。其中在冷期出现 1 次极干冷、7 次干冷，在暖期出现 5 次温湿（或暖湿）、3 次温干。各气候旋回水分与热量的配置，一般具有冷干结合、温湿（或暖湿）组合的关系。但在个别湿期也曾出现短期的冷湿结合。一般在极干冷与干冷条件下分别形成荒漠与荒漠草原景观，沙丘活化，流沙蔓延，沙质荒漠化发展。在暖湿、温湿与温干条件下，分别形成森林草原、稀树草原和干草原景观，植被盖度增加，沙丘固定或半固定，生草成壤作用加强，古土壤发育，沙质荒漠化处于逆转阶段。在 8 个气候旋回中，第 1、2 旋回的波动周期在 2500a 左右，景观变化于荒漠草原与森林草原之间；第 3、4、5 旋回的波动周期在 1000a 左右，景观变化于疏林草原和荒漠草原之间；第 6、7、8 旋回的波动周期平均约 500a，景观则主要在荒漠草原与干草原之间演变。显示 1 万年以来本区气候变换具有波动周期缩短、频率增强、幅度变小的趋势。

浑善达克沙地全新世演变过程可划分为 10~7.1KaB.P. 升温波动，7.1~3.2KaB.P. 温暖期和 3.2KaB.P. 至今温干冷干频繁波动期三个阶段。

末次冰期后，本区进入全新世升温波动期。初期气候干冷，在 9.8~8.8KaB.P. 气候逐渐达到温湿，估计年平均气温比现在高 1~2℃。形成以蒿、藜、十字花科及云杉为主的疏林草原，在本区及相邻的赤峰南山发育了全新世最早一层的弱成沙质古土壤（底部 ^{14}C 年龄：9853±301KaB.P.）。8.8KaB.P. 以后，本区出现强冷事件，气候极干冷—干冷，西风强盛，流沙蔓延，植被稀疏单调，并有披毛犀等喜冷动物活动，一派荒漠和荒漠草原景观。强冷事件大约延续了 1700 年，推测生物气候带至少向南迁移了 3 个纬度。

全新世温暖期在本区持续了近 4000 年，气候在温暖与干湿间变化。7.1~5.9KaB.P. 为全新世最暖阶段，形成广泛的疏林草原，发育了沙质古土壤，后期沙地南部出现暖温型夏绿阔叶林；5.9~6.4KaB.P. 为全新世第 2 个冷期，气候较干冷，植被退化为干草原、荒漠草原。4.6~4.1KaB.P. 气候暖湿—温湿，流沙缩小，固定成壤；4.1~3.6KaB.P. 进入第 3 个冷期，但较第 2 个冷期干冷程度增加。3.6~3.2KaB.P. 气候又转暖湿—温湿，形成疏林草原，在沙丘、丘间地与河漫滩上普遍发育了古土壤，此时与中国历史上的夏商温暖期对应，估计温暖期中暖期气温比现在高 2~3℃，年降水量多 60~100mm，冷期气温比现在低 1~2℃，年降水量少 20~70mm。

自 3.2KaB.P. 后本区进入温干、冷干频繁波动期，在气候干旱化的背景下出现 4.5 个波动旋回。3.2~2.3KaB.P. 为持续时间较长的第 4 个冷期。2.3~1.9KaB.P. 气温温凉偏湿，形成南部草灌丛生，北部云杉、松属稀疏的草原景观；1.9~1.6KaB.P. 气候转干冷，流沙扩大，草木寥寥，演变为荒漠草原景观。此时正是东汉至十六国的干冷阶段。在 1.6~1.0KaB.P. 进入又一个温干、冷干波动周期，它大致可与南北朝冷暖交替期和宋辽冷期对应，但温度与湿度都比较低，前期相对温和形成弱沙质古土壤，后期较寒冷导致流沙活动与扩大。1KaB.P. 以来气温有所回升，但干旱程度增加，出现 1.0~0.9KaB.P. 温干期（南宋、元暖期）、0.9~0.33KaB.P. 冷干期（元末冷期）、0.33~0.27KaB.P. 温干期（明末清初冷暖交替期）

和 0.27KaB. P. 以后冷干期（清代冷期）两个暖冷交替周期。暖期流沙面积缩小，固定成壤，形成干草原景观；冷期流沙活动，植被稀疏，形成荒漠草原景观。近代气候偏暖，形成蒿、麻黄和藜科占优势的干草原，沙丘与丘间地常出现中生灌丛植被，并散布有少量榆、桦、柳等乔木疏林。

4.6 呼伦贝尔沙地

呼伦湖和贝尔湖是我国和蒙古国边境地区的两个著名湖泊，附近植被茂密，以草甸化草原为主，是我国最有名的天然牧场，因两个湖泊而有了草原的名字，在草原上零星分布的沙地也就被称作呼伦贝尔沙地。

4.6.1 地理位置

呼伦贝尔沙区位于内蒙古自治区呼伦贝尔市西南部（115°31′~121°09′E，47°32′~50°12′N），包括海拉尔市、鄂温克自治旗、陈巴尔虎旗、新巴尔虎右旗和新巴尔虎左旗在内的5个行政旗（区），总面积7773.05km^2。呼伦贝尔沙区东以大兴安岭西麓丘陵为界，与额尔古纳市、牙克石市和扎兰屯市接壤，南同兴安盟阿尔山市交界，西、北与蒙古国、俄罗斯接壤，是中俄蒙三国的交界地带。在我国四大沙地中呼伦贝尔沙地自然条件最优越，对于我国东北和京津地区发挥着不可或缺的生态屏障作用。

4.6.2 自然条件

4.6.2.1 气候与水文

呼伦贝尔沙地地处西风带与东亚夏季风的过渡区，降水同时受到两大环流的影响，年均降水量250~380mm，多集中于7—9月，从东到西呈递减趋势，年均蒸发量1100~1630mm，从东到西呈递增趋势；年平均气温在2℃以下。由于纬度较高，蒸发量较小，沙地环境较为湿润。冬半年受蒙古高压控制，沙地盛行西北风，年平均风速4.5m/s，最大风速20m/s，全年8级以上大风日数平均30天以上。沙地春季升温较为和缓，是我国沙地中沙暴天数最少的沙地。

沙地水文网主要由海拉尔河及呼伦湖两大水系构成，其中海拉尔河及其支流伊敏河、辉河、莫勒格尔河构成了沙地最大的水系，沙地河流流量比较稳定，水质良好；呼伦湖为区内最大湖泊，湖水微咸，中部湖积平原及地势低洼区域散布着许多湖、泡。地下水以沙地潜水为主，埋深多在4m以上，水质较好。

4.6.2.2 土壤与植被

呼伦贝尔沙地的地带性土壤东部为黑钙土，中部为暗栗钙土，西部为普通栗钙土和淡栗钙土，还有部分沼泽土。非地带性土壤以风沙土为主。土壤中含沙量较大，一般多为中细沙，但在西南部出现砾石化现象。风沙土主要分布在沙带及外围的沙质平原上，在固定风沙土中，发育着有机质含量较高的黑沙土。此外，在河泛地及湖泊周围也有草甸土、碱土及盐土等分布。

呼伦贝尔沙地属温带栗钙土干草原，植被类型具有十分明显的大兴安岭西麓山地植被与蒙古高原东部草原植被复合性特征，沙地东部冲、洪积平原为含有贝加尔针茅的羊草草原。中部湖积、冲积平原及其以西的侵蚀平原为含有羊草的针茅草原，其中中部湖积、冲积平原以大针茅、克氏针茅为主，并含有较高的羊草成分，呼伦湖南部、以西的侵蚀平原及部分湖积冲积平原虽然也以大针茅、克氏针茅为主，但冷蒿、百里香的占比较大；在辉河上游及伊敏河沿岸的沙丘及沙质平原发育有大片樟子松林，局部郁闭度可达 0.6 左右，林相及林下植被覆盖良好；北部沙带的沙垄阴坡及顶部亦有沙地樟子松林天然林发育，但林相较差，林内环境比较干燥，河流沿岸及滩地多有黄柳灌丛生长，沙垄阳坡植物主要为沙地锦鸡儿、蒿类等。

4.6.3　沙物质来源及特征

呼伦贝尔沙地的物质来源与古地理沉积环境关系最为密切。主要的还是与新生代时期的沉积环境关系最大，根据钻孔资料，第三纪地层的厚度超过 200m，第四纪冲积湖积层的分布也相当广泛。早更新统为一套灰色、灰白色黏土和粉沙层，中更新统为一套湖相沉积的沙砾石层，晚更新统的沙层也广泛分布。第四纪期间沉积的沙和沙砾层构成了呼伦贝尔沙地的主要物质基础。

呼伦贝尔沙地在地质构造上大部分属于内陆华夏系沉降带，在第三纪初期已形成起伏不平的准平原，并于喜马拉雅运动时发生断裂，而后陷落、堆积成结构松散、沙物质深厚的第四纪沉积相。据物探资料记载，该地区沙土层厚度平均达 900m，该地区土层组成物质主要以中沙和细沙为主，而这些深厚、松散的沉积物为呼伦贝尔草地的风蚀沙化提供了丰富的沙源。

呼伦贝尔沙地的形成与它在季风环流中所处的位置密切相关。呼伦贝尔距离海洋较远，为半干旱草原气候，气候干旱多大风，年内季风期又与周期性干旱吻合，为草地沙漠化提供了直接动力。呼伦贝尔年冬春季的干燥期长达 7 个多月，枯草期的沙质地表易受风蚀而导致风沙地貌的出现。且该时期为大风频发期，8 级以上大风日数高达 30 余天，大风是呼伦贝尔沙地形成的基本动力。因为呼伦贝尔处于西伯利亚冷高压的边缘，冬春季正是大风季节，加上地形开阔，大风更加强劲，冬春季的风速常为 4~6m/s。若地表植被覆盖层和结皮层遭到破坏，地表裸露，结构疏松的土地表层极易受风力吹蚀，而深厚的沉积沙层或沙质土壤为风沙运动提供了丰富的物质来源。同时也是沙地的形成和发展的潜在因素。呼伦贝尔沙地三条沙带的形成正是这一情况的具体体现。

呼伦贝尔冬季较长，值得注意的是，20 世纪 30 年代后，随着牧业的不均衡发展，沿着伊敏河、辉河和海拉尔河出现了斑点状的沙丘活化。随着人口的增加，人为因素造成的沙漠化土地的发展十分迅速。尤其是城镇附近，由于垦殖、樵采、放牧和城镇建设破坏植被导致沙化土地发展。土地沙化的主要类型是固定沙丘的活化。

4.6.4 风沙地貌特征

4.6.4.1 地质构造与地貌

呼伦贝尔市的地层发育受古构造和古地理格局控制，属地槽型沉积，厚度巨大。地层出露的总趋势为西南部、中部较新，尤以中生代火山岩类沉积发育较强。地质构造属于天山—蒙古—兴安古生代地槽褶皱区，形成了大兴安岭山地、呼伦贝尔高原、河谷平原低地3个较大的地形单元。呼伦贝尔沙化草地，地势由东南略向西北斜，海拔为400~1800m，地形东南高西北低。鄂温克自治旗西北部、陈巴尔虎旗东北部多丘陵和低山。海拉尔市和新巴尔虎左旗以低山为主，形成广阔的草原景观。海拔1707m的大兴安岭山脉便位于鄂温克自治旗东南部，是呼伦贝尔沙区海拔最高的点。最低点位于巴彦诺仁呼都格，海拔为458m。沙丘大部分分布在冲积、湖积平原上，风蚀地貌发育明显，多为固定或半固定蜂窝状、梁窝状和新月形沙丘，高度为10~15m；地表物质组成主要为结构疏松的第四纪河湖相沉积沙物质，而且沉积深厚。沙丘走向主要呈西北—东南带状分布，沙丘间普遍保存有广阔的低平地，而且沙质草地内河流、湖泊和湿地发育比较广泛。近十几年来，尽管呼伦贝尔地区持续干旱，河流水量减少，湖泊退缩或季节性干枯、湿地出现明显退化，但遗迹尚存。沙化草地形态特征以固定的抛物线形为主，而且大部分沙丘迎风坡重新受到风沙侵蚀，斑块状活化，风蚀坑和风蚀残丘发育明显。沙丘高度一般为5~15m，迎风坡面向西南。丘间低平地宽几十米至几百米，个别可达1千米以上。

4.6.4.2 风沙地貌

沙化土地的形成具有历史与现代两方面的演变过程，也可以说其是环境气候变化与人为活动共同作用下的自然体。作为自然综合体，沙化土地是现代地貌过程、植被演替过程、土壤退化过程及水文过程的综合反映。其中，风沙地貌过程起主导作用，并强烈地影响制约着植被演替、土壤退化过程、沙地水分循环过程等。

呼伦贝尔沙地近代形成过程主要表现是固定沙地活化和草场沙化，其地表特征主要是斑块破碎、扩展以及局部沙化，风蚀坑的形成，等等。在呼伦贝尔沙地，根据形态特征，风蚀坑可分为简单类型风蚀坑和复合类型风蚀坑两大类型。而在水分、植被、土层、下伏散沙、风力、重力、动物和人类活动营力等主要因子综合控制下，风蚀坑的形成和发展大体经历以下几个过程：风蚀裸地土层破口的形成与地下散沙的出露；风的掏蚀作用的产生；植被及土层的崩解与掏蚀作用的加速—风蚀坑形成；风蚀坑的侧向发展；地下水位的下降与风蚀坑规模的扩大；风蚀作用的停滞和风蚀坑的固定；风蚀坑的活化；风蚀坑的萎缩和消亡。

呼伦贝尔沙地呈带状分布于整个沙区，由上、中、下部三条沙带组成，第一条沙地北起鄂温克的乌勒古格德，南到巴润罕达盖音毛德，东临大兴安岭林区。第二条沙地伊敏河及锡尼河两岸，北起海拉尔谢尔塔拉牧场十二队，南到巴彦岱护林站。第三条分布在沿海拉尔河南岸，西起呼伦湖东北岸，东到海拉尔西山。沙地总面积为7773.05km^2，绝大部分属于固定和半固定沙地。沙丘多为蜂窝状，梁窝状和新月形沙丘，平均高度达

10~15m，分布方向主要为西北—东南方向，植被盖度一般在30%以上，个别可以达到50%。沙丘高度多在5~15m，丘间有广阔的平地。

4.6.5 沙地环境演变

4.6.5.1 地质历史时期环境演变

呼伦贝尔沙地大约形成于中更新世晚期甚至更早。形成后随着气候冷暖交替及季风的频繁进退，沙地环境经历了多次扩展与收缩的正逆旋回。末次冰期，特别是末次冰盛期，植被退缩，沙丘全面活化，流沙漫延，沙地界线向外扩展了数十千米，南北两条沙带之间全被流沙占据，沙地环境呈现荒漠草原景观。晚更新世末期以来，沙地经历了4个正逆向发展旋回，其中晚更新世末—全新世初，随着气温回升和降水增加，沙地普遍发育了土壤化程度较弱的沙质土壤。全新世中期的大暖期，沙地植被繁茂生长，流沙完全固定，进入生草成壤的最盛期，沙地环境呈现干草原－森林草原景观。全新世晚期以来，气候波动频繁，在大约距今3000—2500年、1400—1000年，沙地先后出现短暂的风沙堆积过程，沙地植被中蒿、藜类植物成分有所增加。在前后两个风沙堆积过程之间，则以植被恢复及土壤化过程为特征的沙地逆向发展过程为主。

4.6.5.2 人类历史时期土地沙化过程

历史考证，最早居住和开发呼伦贝尔草原的先民为拓跋鲜卑人。1980年，在大兴安岭北段，甘河谷中的嘎仙洞，发现了北魏太平真君四年（公元443年）拓跋焘祝文石刻，证实史称大鲜卑山即大兴安岭北段，嘎仙洞即是在山西大同建立（北）魏政权的拓跋鲜卑祖庙所在地。在海拉尔河沿岸屡屡发现鲜卑人的墓葬，这些墓葬均有比较深厚的黑土层，墓葬中以牛头、马头、羊头为随葬物，说明鲜卑人的生活环境草木繁茂，畜牧业发达。同时，陶罐中还发现炭化的糜子一类农作物，又说明已有了农耕地。另外，墓葬内发现有大量的桦树皮衬砌和桦树皮器具，被民族考古学家称之为"桦树皮文化"。它一方面证实了鲜卑人生活的环境桦树很多，另一方面，又说明了鲜卑人有使用桦树皮的习俗。大量剥采桦树皮，肯定对森林植被造成相当大的破坏。公元1世纪，拓跋鲜卑举族南迁是否与当时这里的生活环境逐渐恶化有关，现在不得而知。但大量剥采桦树皮，肯定会对森林植被造成相当大的破坏，进而导致环境恶化，却是毋庸置疑的。

可以考证的是，呼伦贝尔草原的第二个开发时期为公元10世纪，是由发祥于西辽河流域的契丹民族完成的。据《辽史》记载，辽政权的第二代皇帝耶律德光在公元939—940年，先后两次下旨，向呼伦贝尔草原移民，主要是迁移定居在海拉尔河、乌尔逊河、哈拉河、辉河及克鲁伦河沿岸，开荒种地。从事农业。契丹人在河流沿岸修建水渠，开荒种地的遗迹，至今在呼伦贝尔草原仍可见到。例如。新巴尔虎右旗的克鲁伦河沿岸，至今留有15~20km的水渠遗址、辽代村落、石磨盘、石杵等物。

据考古学家考证，辽代的大小城池分布在河流沿岸有10余处。其中，在海拉尔河北岸陈巴尔虎旗境内的浩特陶海古城周长2000m左右，城墙高3~5m，城墙上修有许多马面，考证为守城士兵放矢射箭的地方。城内有院落和衙署遗存，考古学家认为古城为辽通化州旧址。在呼伦贝尔草原及临近的俄国、蒙古国境内，还有700km的大壕沟，被史学界称为辽边壕。其深4~5m，宽5~6m，在边壕的内外两侧修有许多城堡，为屯兵之所。辽对呼伦贝尔的开发建设，自然有积极的影响，但开垦草原、修边壕、筑城堡，都对生态环境造成一定破坏和影响，引起土地沙漠化。在辽代的耕地、城址中，都可以看到流沙。辽代所筑的城堡，现在很多被淹没在流沙之中，浩特陶海古城城内外都有流沙，有的地方为流动沙丘。辽边壕附近的地方，树木、蒿草被砍光烧尽，挖掘使地下伏沙暴露，在大风作用下堆积成沙丘。

辽对呼伦贝尔的开发持续了两个世纪，开垦农耕的做法，还被元代蒙古王公所继承。成吉思汗的长弟拙赤哈萨尔、幼弟帖木格斡赤斤都曾在呼伦贝尔草原筑城开荒种地，拙赤哈萨尔家族的城池有一座建在根河下游，当地人称之为黑山头古城。在城内发现了粮窖，窖内腐朽了的糜子证明其是粮窖。以后，呼伦贝尔恢复为牧场，环境逐步得到恢复。

鸦片战争以后，为了支撑入不敷出的经济，清政府逐步开放了被看作后院的满洲（东北三省）。中日甲午战争后，清政府与俄国签署了《中俄密约》，条约规定俄国人在东北三省"借地筑路"，即修筑中东铁路。满洲里—绥芬河铁路在1896—1907年修，海拉尔河沿岸的生态环境又一次遭到巨大破坏，直接导致铁路沿线沙漠化的发展。19世纪修筑铁路需要大量木材，枕木、电杆、路标均使用笔直的原木，并且按照当时俄国人的习惯，站房、候车室、贮货场等沿线设置均用木材堆砌而成，至今在满洲里附近仍可见到被当地人称作"木剋楞"的全木结构的房子。另一方面，当时蒸汽机车的燃料为"木拌子"，也是木材，这些全靠就地解决。按《中俄密约》，当时的俄国人对中东铁路两侧15km以内的森林、矿产拥有开发权。据记载，19世纪末和20世纪初，海拉尔河沿岸尚有大片森林，但在俄国人修筑中东铁路后的不长时间便被掠夺得荡然无存。为了堆筑路基，大量地表的黏性土被挖取，导致地表下伏沙裸露，受风吹蚀堆沙成丘，这就是中东铁路沿线沙丘和沙坑的由来。另外，俄国人在中东铁路两侧的开矿，也导致大量表土剥离，给环境带来灾难性的后果。

1949年后，呼伦贝尔草原又经历了两次更大规模的开垦和沙漠化发展。第一次是20世纪50—60年代"大跃进"中，在"破除迷信，解放思想"的口号指导下，有关部门为改变"牧区无农业，牧民不种田"的历史传统，先后在呼伦贝尔草原新建、改建了25处国营农场。到1962年，共开垦草原19.8万hm^2，主要集中在滨州铁路沿线，乌拉尔市周围、根河、得尔布干河、哈乌鲁河三河沿岸及南部地区。因为土壤瘠薄，加上风蚀严重，农作物产量迅速下降，达到入不敷出的程度。到1963年，15.1万hm^2土地（占76%）弃耕，但产生的沙漠化的后续效应在一部分土地上已不可挽回。

第二次是20世纪60—70年代，在"以粮为纲""农业学大寨"的影响下，呼伦贝尔草原再次出现垦殖高潮。20世纪70年代呼伦贝尔草原沙化土地已发展到47万hm^2，1982年达到116万hm^2。

呼伦贝尔沙地是典型的"人造沙漠"。而现在草场过牧使草场退化，进而沙漠化的危险严重存在。

4.7 科尔沁沙地

4.7.1 地理位置

科尔沁是居住在此处的蒙古民族部落的名字,用来称呼这片草原,也用来称呼草原沙漠化后形成的这片沙地。

科尔沁沙地是我国最大的沙地之一,与浑善达克沙地、毛乌素沙地、呼伦贝尔沙地合称为中国四大沙地。科尔沁沙地位于我国东北平原的西部、内蒙古自治区东南部,东部以吉林省双江县为边界,西部以内蒙古翁牛特旗巴林桥为邻,南部和北部位于大兴安岭东麓丘陵和燕山北部黄土丘陵之间。沙地分布区地理位置大约在117°48′12″~124°29′01″E,42°33′15″~45°44′26″N,处于中纬度地区,平均海拔高度为178.5m,呈现西高东低,分布区总面积66311.34km^2,其中沙地面积35077.07km^2,为我国第二沙地。沙地的行政区域涉及内蒙古自治区、吉林省和辽宁省的8盟(市)22个县(旗)187个乡(镇、苏木),其中内蒙古自治区内分布面积占沙地总面积的86.42%,吉林和辽宁省内分布面积占12.26%和1.32%。

4.7.2 自然条件

4.7.2.1 气候

科尔沁沙地地处温带半干旱大陆季风气候区。气候特征是春季干旱,多大风;夏季短促炎热,雨量集中;秋季气温下降快,霜冻来临早;冬季寒冷漫长,降雪量少。沙地年平均降雨量340~500mm,年平均蒸发量1500~2500mm,年平均气温5.2~6.4℃,最冷月(1月)平均气温 −17~−12℃,最热月(7月)平均气温20~24℃,大于等于10℃的积温为2200~3200℃。无霜期90~140天。年平均风速3.5~4.5m/s,冬半年大风日数占全年的68.0%~80.5%;大于等于5m/s的起沙风日数每年出现210~310天,最高可达330天,大于等于8级大风日数为25~40天;其中沙尘暴天气10~15天,主要出现在春季。

4.7.2.2 水资源

科尔沁沙地水资源较为丰富,总体呈现出西部多,东部少的特点。地表水系主要为西辽河及其支流西拉木伦河、老哈河、教来河、新开河、乌力吉沐河等,主干西迁河横贯全区,主要用于农业灌溉和生活用水;沙地东部平原区湖、泡十分发育,总数达上百个,可用于提供农牧业用水。沙地分布区年径流量22亿 m^3,径流主要集中在汛期,占总量的65%左右,且年际变化幅度较大。地下水主要源自大气降雨补给,除此之外,还有河流湖泊渗入以及地下和山区侧向径流等的补给,属第四系孔隙水,厚度为100~200m,大部分区域地下水埋深1~4m,矿化度500~1000mg/L,水质较好;随着经济发展和人口的不断增加,地下水的开采量急剧增大,同时补给量不足,造成地下水水位急剧下降。

4.7.2.3 土壤与植被

科尔沁沙地位于西辽河平原，该地区从第四纪以来沉积了深厚的松散沙质沉积物，这些沙质主要以大于 0.001mm 的结构松散、粘性很差的中沙和细沙为主，为土地沙化提供了物质基础。科尔沁沙地的土壤可分为地带性土壤和非地带性土壤，地带性土壤主要是栗钙土、暗棕壤及黑垆土，其中栗钙土主要分布在西拉木伦河流域及新开河以北区域，暗棕壤主要分布在南部低山丘陵；非地带性土壤以风沙土、草甸土和沼泽土为主，其中风沙土广布沙丘集中分布区域，草甸土和沼泽土主要分布在地势低洼的滩地和湖沼地。由于该地区风速大，沙含量高，且人类干扰程度高，故风沙土成为科尔沁沙地分布范围最广的土壤，主要分布在科尔沁左翼中旗、科尔沁左翼后旗、奈曼旗、库伦旗和开鲁县。该类土壤的质地粗，保肥储水能力差，不适合植被生存，因此风沙土的植被覆盖度低，以裸沙为主。

由于科尔沁沙地位于内蒙古高原和东北平原的过渡带，毗邻华北平原，处于半干旱与半湿润气候带的交界处，所以该地区植被种类非常丰富，超过一千余种，分属120多个科，约 510 个属。这里分布着我国北方独特的沙地疏林草原。原生草地植被主要由中生和旱生植物种构成，包括大果榆、榆树、元宝槭、山楂、山杏、胡枝子、鼠李、麻黄、冷蒿、羊草等。发育较好的疏林高原，乔木、灌木和草木 3 个层片的盖度分别可达 30%、40% 和 70%~80%，地面基本郁闭；生草层深厚、结实而富有弹性，耐践踏；每公顷鲜草产量一般为 4000~5000kg。

然而近 100 多年来，这里的原生植被受到了严重破坏，沙漠化日益严重，昔日林丰草茂的疏林草原景观已变成坨甸交错、流沙遍野的沙地景观。取代原生植被的是处于不同发育阶段的隐域性沙地植被。与原生植被相比，沙地植被的乔木层已基本消失，草本层退化，灌木层发育强烈。主要植物种包括小叶锦鸡儿、差巴嘎蒿、猪毛蒿、黄柳、杠柳、冷蒿、扁蓿豆、糙隐子草、狗尾草、兴安胡枝子、白草和沙米等。由于其生境条件恶化，植被种类组成减少，结构趋于简化，植被层发育不良，植被的覆盖度只有 10%~40%，产草量 300~3000kg/hm^2，而且可食牧草比例很小。

4.7.3 沙物质来源及特征

受西北向蒙古高压的强烈影响，科尔沁沙地的流动沙丘主要分布在大兴安岭东麓的河流宽谷及冲积平原。在西北气流作用下，流沙沿着乌力吉沐河支流海哈尔河河谷向东南移动。科尔沁沙地的帚状轮廓形态表明其形成既与大兴安岭密切相关，也与穿越西拉木伦河谷的蒙古高压出岭后的扩散关系密切，两者的结合既使科尔沁沙地的形成与发展有丰富的物源及搬运动力（主要是水力），又为多样风沙地貌的形成提供了风力。

科尔沁沙地以中砂和细砂为主，北部区与南部区沉积物土粒级配差异较大，而西部区与东部区相似，说明沙源与各区下伏物质有关，沉积动力环境的相似，使得沙物质粒度组合也具有相似性。细砂以下组分，河流砂对沙丘砂的贡献率大，而中砂以上组分，地层砂的贡献率大，因此地表分布的松散河流砂和地层砂均可能成为沙丘砂的来源。科尔沁沙地沉积物由西至东方向上，平均粒径变细，分选变好。这是由沉积盆地流水搬运自然分选的结果，并非是由沙地西部远距离搬运至东部进行沉积的结果。由北向南以及由西北向东南方向，沉积物平均粒径没有顺风向的变化规律，但分选逐渐变好，说明各地沉积物沙源不同，均属就地起沙，风力作用仅体现在上风向物质的混入及沉积物的就地分选上。

沙丘砂的平均粒径和分选系数均介于地层砂与河流砂之间，且与地层砂和河流砂的均值很接近。表明沙丘砂不仅来自河流砂，还来自下伏的地层砂，是风力作用将它们再吹扬混合的结果。由于长期的沙物质循环过程，沙丘砂、河流砂和地层砂是相互混合、相互转换、互为因果的。科尔沁沙地沉积物的沉积环境复杂多样，其沙地沙丘砂来源具有多源性，西部区和南部区沉积物多来源于周边河流与湖泊的冲积-湖积物，北部区沉积物多为周围高大山体的河流搬运-堆积以及洪水冲积-堆积而成。东部区沉积物除来源于冲积-湖积物外，风积物来源较明显。石英颗粒表面以风力作用特征占绝对优势，流水作用特征也较为明显，冰川作用特征少量出现，代表了风成、水成和冰川作用的各种结构之间相互伴生、相互叠加的关系，反映沙丘砂经历了多种沉积环境和外营力综合作用，沙源具有多样性，既有来自河流搬运的碎屑物质，又有下伏地层堆积的松散沉积物。

第四纪以来，除晚更新世曾有微弱抬升外，科尔沁沙地一直处于持续下沉状态，接受了深厚的疏松沉积物，沉积厚达100~200m，并以由中砂、细砂、粉砂构成的中更新统为主，这些丰富的疏松物成为沙地形成与发展的主要物源；西辽河上游山地风化剥蚀物经流水搬运，沉积于河流两岸或山前平原，亦为沙地提供了重要沙源；松嫩平原的湖相沉积物为沙地北部的风沙地貌提供了主要物源；大兴安岭山前堆积的冲积、洪积物是沙地西北部风沙堆积的主要来源。

4.7.4 风沙地貌特征

4.7.4.1 地形与地貌

该区的地形地貌特征为：地势起伏开阔，南北高中部低。海拔120~800m。地貌结构差异较大，南属赤峰山地的山前黄土丘陵台地，中部是西辽河洪积冲积平原，北部为大兴安岭山前倾斜平原。由于沙漠化的强烈发展，地表已呈流动沙丘、半固定沙丘、固定沙丘和丘间沙地镶嵌分布的类似沙漠的地貌景观。

4.7.4.2 风沙地貌特征

科尔沁沙地沙丘分布具有明显的规律性，该区风沙地貌景观主要分布在西辽河干、支流沿岸的冲积平原上，其中，西辽河干流以南、教来河以西为流沙集中分布区，占整个沙地覆沙覆盖面积的50%以上。

科尔沁沙地是以固定沙丘占绝对优势的沙地，半固定沙丘和流动沙丘所占比重较小。其中固定沙丘占沙丘总面积的91.80%，半固定沙丘占4.82%，流动沙丘仅占3.38%。受穿越西拉木伦河谷的蒙古高压影响，流动沙丘主要分布在沙地西部的河流上游宽谷及山前台地，其中西拉木伦河与老哈河交汇处的三角洲地带分布最为集中，诸河流右岸及部分河段两侧呈条带状或集中连片分布；流动沙丘形态多为新月形沙丘及沙丘链，高度一般为 5~10m，高者可达 20~30m。半固定沙丘主要分布在沙地西部西拉木伦河与教来河之间的台地、柳河以北及通辽东南的湖积平原，在沙地西北部沿海哈尔河河谷呈集中分布。受风力扩散减小及水分条件较好的影响，固定沙地主要分布在沙地中、东部的广大区域。在东部湖积平原区，固定、半固定沙丘多与丘间平地、湖沼呈带状相间分布，其东西向排列大体与控制风向平行。固定、半固定沙丘以梁窝状沙丘为主，沙垄次之。梁窝状沙丘多呈波状起伏，高度一般为 5~10m，部分小于 5m。沙垄主要分布于沙地北部及西北部的河谷地带，多为复合型垄丘状，高度一般小于 5m，其走向亦与控制风向一致，且多呈固定状态。

沙地东部湖积平原的沙丘具有典型的"坨甸相间"分布的特征——凸起的沙梁与凹陷的低湿地和水泡构成的丘间低地相间平行分布。沙地西北部老哈河东南岸的流动沙丘与固定、半固定沙丘交错分布。在下游平原，老哈河两侧的风沙地貌为上风向一侧河岸的风蚀风积地貌交替分布，下风向的一侧风积地貌更为明显。

科尔沁沙地植被覆盖良好，为科尔沁草原的重要组成部分，沙地中东部的农业垦殖历史久远。范围内土地利用类型具有典型的农牧交错地带特征：草地面积最大，占 34.24%，其次为耕地，占 31.29%，林地及灌丛占 28.04%，其他地类占 6.43%。

4.7.5　沙地环境演变

科尔沁沙地的形成时间在地质历史时期的中更新世，即 73~26 万年前沙地就已形成，而且规模、范围较大。然后经历了沙地缩小、流沙固定的过程。至晚更新世晚期，5.4 万年前~1.6 万年前，科尔沁沙地再次得到发展，沙地范围远比今日大得多，长岭、通榆一带的弧形垅状沙带（缓起伏梁窝状固定沙丘）即是晚更新世晚期、末次冰期的产物。此后，气候转暖进入全新世时期，沙地范围大大缩小，流动沙丘被固定，但在固定、半固定沙丘中仍有流动沙丘的发生，即在全新世早、中期仍有沙丘活动。至全新世中、晚期，距今 3000~2000 年，科尔沁沙地范围大大缩小，植物生长茂盛，沙丘再次被固定，发育沙质褐色土和黑垆土，被后来沙丘覆盖，成了古土壤，同时在距今 3000 年左右普遍发育一层古土壤层，证明那时科尔沁沙地大部分被固定。此后，人类对科尔沁草原进行滥垦、过牧、滥伐、滥樵和不当水利资源利用，使科尔沁土地沙化日益发展。

科尔沁沙地形成的主要原因，是第四纪冰期、间冰期气候的波动，引起自然环境的变化，后随气候的干湿变化，历经了多次正逆旋回。晚更新世，沙地在距今 10 万~7 万年经历了一段较强的逆过程之后，便进入以强烈发展为主的正过程。末次冰期，特别是距今 2.2 万~1.3 万年前的末次冰盛期，沙地植被退缩，流沙蔓延，沙地范围分别向南、北扩展了数十千米，是沙地形成以来正过程最强烈、沙地范围最大的时期。进入全新世后，气候转暖，降水增加，植被恢复，流沙固定，沙地进入生草成壤时期，普遍形成了 2~4 层发育程度不同的古土壤。特别是全新世大暖期，流动沙丘全被固定，沙地发育的黑色沙质古土壤，土壤化程度很高、厚度较大。全新世晚期，由于东亚季风的频繁进退，沙地总体呈现沙漠逆转过程的同时，也曾出现数次历时短暂、风沙活动较弱的沙漠正过程。多层弱发育古土壤与风成沙交替出现的情景显示，全新世晚期以来，科尔沁沙地总体处于较弱的土壤化时期。

地处北方农牧交错带的科尔沁沙地，近几百年间农耕活动不断向沙地草原推进，20世纪初以来，推进速度及规模呈加剧趋势。大面积的沙地被垦为农田，特别是以过量提取地下水维持的农垦活动，已经导致区域地下水位持续下降。从长远看，这种大规模垦殖农耕导致的区域水资源持续透支状态终将难以持续，或在孕育着潜在的生态风险。

5 沙尘暴发展历史

5.1 中国北方历史时期的沙尘暴

我国历史上关于强沙尘暴的记载，就全国而论，在张华的《博物志》中已有"夏桀之时，为长夜宫于深谷之中，男女杂处，十旬不出听政，天乃大风扬沙，一夕填此宫谷"的记载（王嘉荫，1963）。虽此记载含有迷信成分，但它反映当时发生了强沙尘暴。桀是夏代最后一个君主，所记乃是公元前16世纪发生的事件。但对于西北地区，迟至公元前3世纪才见记载，而且很不详细。

我们把收集到的关于强沙尘暴的记载汇编如下，记录的年代是从公元前3世纪到1990年。公元前3世纪至1949年为历史时期，1949—2000年为现代时期。

5.1.1 秦汉时期

公元前205年，汉高祖二年，在甘肃，有记载在农历四月（夏季），刮起了强劲的西北风，吹折了树木，损坏了房屋，飞沙走石，白昼变得犹如夜晚一般昏暗（《项羽本纪》）。

公元前86年，汉昭帝始元元年，同样在甘肃，记载在农历四月（夏季）壬寅早晨，大风从西北刮起，云气赤黄色，布满天下，从晨至夜落下地的都是黄尘土（《汉书·五行志》）。

5.1.2 三国两晋南北朝时期

249年，魏齐王嘉平元年正月初一（春），在甘肃，从西北方向刮来大风，毁坏房屋，摧折树木，灰尘遮蔽天日（《宋书·志·卷三十四》）。

300年，西晋永康元年农历十一月初一，在甘肃，从西北方向刮来大风，摧折树木，沙石均被吹起，持续6天方平息（《朔方通志》）。

351年，东晋永和七年三月，在甘肃武威，刮着可以拔出树木的大风，飞沙扬砾，仿佛黄色的雾（《宋书·志·卷三十四》）。

354年，前凉河平元年，在甘肃武威，张祚称帝当晚，天上突然出现像车盖大小的光，声音有如雷霆一般，震动了整个武威城。次日，大风将树木拔起，白天像夜晚一样黑（《晋书·张祚传》）。

488年，北魏太和十二年，在内蒙古中部及晋北，黄土如雾一般遮天蔽日，绵延六日都未散去，到初更时分更加浓密，像烟气一样呛鼻（《魏书》）。

503年，北魏景明四年农历八月辛巳日，在甘肃武威，城里雨夹着土落到地上，像雾一般（《魏书》）。

5.1.3 隋唐五代时期

822年，唐长庆二年农历十月（冬），陕西靖边至内蒙古乌审旗、杭锦旗，夏州刮大风，飞沙堆起来，与城墙一样高（《新唐书·志·卷二十五》）。

5.1.4　辽宋夏金元时期

1233 年，南宋绍定六年农历十二月，在甘肃和内蒙古，大风扬尘持续长达七天七夜。

1260 年，元中统元年的春天，在内蒙古牧区，大风自北方而来，沙石被风吹起，白天也天色阴沉（《元史·宪宗本纪》）。

1281 年，元至元十八年农历三月辛丑夜，在内蒙古伊克昭盟东部、乌兰察布盟南部、山西北部一带，有黑色雾气遮蔽住西边，声音若打雷，片刻后，云仿佛火焰，遍地都是火光（《元史·本纪·卷四十五》）。

1306 年，元大德十年农历二月（春），内蒙古伊克昭盟东部、乌兰察布盟南部，山西北部一带，风大的吹塌了房子，天上的沙子像下雨一样落下来，尘霾大的遮天蔽日，牲畜死亡很多，也有人死于这样的沙尘暴天气（《元史·本纪 卷二十一》）。

5.1.5　明清时期

1410 年，明永乐八年农历二月初二，在内蒙古一带，忽然刮起大风，导致天色阴沉。

1490 年，明弘治三年六月壬午初一，陕西靖房卫刮大风，天地昏暗，变成如火一样的红光，很久才停息（《明史·志·卷六》）。

1503 年，明弘治十六年四月辛亥日，宁夏及甘肃环县昏沉的雾气遮天蔽日，咫尺之内分辨不清人影。

1511 年，明正德六年十一月辛酉日，在甘肃张掖刮黑风，白日晦暗，第二天才散去（《明史·志·卷六》）。

1529 年，明嘉靖八年正月初一，在内蒙古伊克昭盟东部刮起大风夹杂着沙尘，白日晦暗如同夜晚。

1547 年，明嘉靖廿六年七月乙丑日，甘肃张掖五县一带，白日晦暗如同夜晚，黄色尘沙遮蔽天空。

1547 年，明嘉靖廿六年，在晋西北、乌兰察布盟南部一带，六月刮起大风霾，白日晦暗如同夜晚。十一月狂风大作，遮天蔽日，白天也点着灯，人民非常惊异。

1550 年，明嘉靖廿九年三月二十二日，在晋西北、陕西榆林地区北部，黑风自西南来，白日晦暗如同夜晚，咫尺之间不辨人影，过了一会天又放晴，阳光灿烂，到了下午又始复如旧。房屋被吹倒，人也有受伤。三月二十三日府谷巳时，尘沙遮蔽天空，白日晦暗如夜。

1567 年，明隆庆元年农历十二月（冬），在甘肃靖远，天上降落黄色沙尘。

1608 年，明万历三十六年正月，在甘肃酒泉阴霾遮蔽天空，狂风刮了一个月，到了二月初二下起大雪。

1619 年，明万历四十七年二月十二日巳时，晋西北及榆林地区东部，忽然刮起大风夹杂着沙尘，天色逐渐变暗，过了一会，黄霾从西南方起，如同幕布般遮盖天日，天色渐沉，风停后霾仿佛凝结，小雨落到衣服上全是泥，后风势变得急迫、猛烈，从未见过这样的情况。

1621 年，明天启元年四月乙亥日午间，宁夏、内蒙古伊克昭盟西部，风霾大作，大风夹杂着灰片，纷纷不绝，太阳即将落山时有红黄色的烟雾像一个罩子笼罩大地，日光所射像火焰，到了夜间才消失。

1657 年，清顺治十四年农历二月，在甘肃庄浪刮起大风，夹杂着沙尘使人睁不开眼睛，咫尺之间都看不清。

1704 年，清康熙四十三年，甘肃庆阳，三月黄沙蔽空，日出无光，自圩至晚始息。

1708 年，清康熙四十七年三月十五日，在甘肃武威周边，白天晦暗如夜晚，死去的家畜家禽无法计数。

1709 年，清康熙四十八年，在宁夏中卫，地震后忽然刮起大风十余日，沙悉卷空飞去，落河南永宣两堡近山一带，毁损田地百顷。

1709 年，清康熙四十八年三月，在甘肃古浪，霾自西北而来，白天像夜晚一样昏暗。

1710 年，清康熙四十九年三月初七申刻，在宁夏中卫县，黄气自县西起，横贯天空，忽大风吹倒树木，破坏民居，天昼晦者四日。地方政府要求百姓吃寒食以防火。

1753 年，清乾隆十八年农历七月，甘肃山丹、民乐、张掖三县毗邻地区，刮起大风，白日晦暗如同夜晚，过了一会，冬鸡又打鸣。

1754 年，清乾隆十九年农历三月（春），甘肃庆阳风霾蔽天，色红，暗无天日，自辰时至末才停止。

1757 年，清乾隆二十二年六月初六，宁夏中卫、甘肃古浪，黄气由西北起，大风，天色晦暗，室中点灯。

1757 年，清乾隆二十二年，安西、敦煌、玉门等地，暴风飞沙，压没田禾。

1761 年，清乾隆二十六年农历二月，哈密地区，大风昏天暗地，黄沙从天而降，致病多人。

1814 年，清嘉庆十九年十二月二十五日，镇原县刮大风，咫尺不见人。

1826 年，清道光六年夏五月，张掖、酒泉黄雾漫天，烈风拔木，三日始息。

1827 年，清道光七年二月，新疆喀什，夜间二更，西南风起，撼木扬沙。

1828 年，清道光八年二月望前，新疆哈密大风忽起，扬沙走石。

1830 年，清道光十年春三月二十八日卯时，宁夏中卫天忽然昏黑，室内点灯，至午时开始天大明，兰州府所属州县刮大风，白天昏暗如夜。

1834 年，清道光十四年甲午日，新疆哈密刮大风，房屋尽毁，流沙拥积。

1853 年，清咸丰三年三月十四日，宁夏灵武、中卫，白天昏暗如夜，第二天才转明。

1857 年，清咸丰七年六月十五日，新疆莎车县大风忽起，尘土飞扬。

1876 年，清光绪二年九月初二，新疆玛纳斯，忽南风大作，烟尘障天，咫尺莫辨。

1877 年，清光绪三年夏四月，甘肃古浪，霾从古浪西北起，自午时至申时，昼晦如夜。

1879 年，清光绪五年春闰三月二十一日，山西西北部、内蒙古乌兰察布盟南部，大风飞沙，白昼如夜，城内居民张灯。自辰至末，风转，天飞黄沙。

1886 年，清光绪十二年四月，甘肃临泽，烈风昼晦。

1894 年，清光绪二十年四月二日，甘肃张掖及临泽，恶风暴起，天昼昏，人不相见。

1895 年，清光绪二十一年四月二十三日，新疆麦盖提，从东刮来的暴风挟带着飞沙；二十五日东北风挟带飞沙，带咆哮声；二十八日中午比黄昏还黑暗，风速约 24m/s；五月六日有黑风暴上卷，整个地方笼罩在尘雾中。

1896 年，清光绪二十二年五月初二末时，甘肃山丹县天红，大风雨，昼晦，雨着衣成土瘢。

1896 年，清光绪二十二年，甘肃民勤，大风飞沙蔽日，黑雾滔天，约三四时止。

5.1.6 民国时期

1912 年，民国元年五月初三，白天的行程未抵哈密，晚上借住在荒店，风急沙舞，日夜不休，第二日风仍不息，十三日烟墩大风竟日，日色浑浊，气象恶劣。

1915 年，民国四年三月十四日，宁夏盐池县狂风大作，白昼昏暗，吹落城楼屋脊上所安放的兽件。

1919 年，民国八年，宁夏盐池，五月二十六日，盐池暴风大起，尘霾四寒，房瓦齐飞。

1920 年，民国九年十一月初八日，甘肃山丹、民乐、张掖三县毗邻地区，刮起大风，白日光线昏暗。

1920 年，民国九年，甘肃古浪，农历八月刮起大风，天色黑到看不清对面的人影，过了一会才变亮。

1928 年，民国十七年农历四月，甘肃民乐县暴风，扬尘飞沙，压民田 140 多公顷，损禾苗果蔬。农历五月，民乐、张掖狂风大作，飞沙走石，持续了两三天才停止。

1928 年，民国十七年三月初九日，甘肃古浪刮大风，旋大黑暗，白昼灯烛无光，又转为红色，约三时许乃渐黄而渐亮。

1930 年，民国十九年三月二十日，甘肃临泽刮大风，天红地暗，对面不见人，自辰至酉，风息始明。

1930 年，民国十九年四月十七日晚，新疆罗布泊以北地区刮大风，次日仍未息，尘沙弥漫，白昼昏黑，石子飞扬如雨，不能张目。四月二十三日下午大风忽起，尘沙弥漫，如同黑夜，土人曰"黑风"，后大风虽息，而尘沙未减，遍地作黄色。

1934 年，民国二十三年甘肃酒泉，酒泉等地风沙为患。

1936 年，民国二十五年五月六日上午，新疆托克逊狂风猛烈，飞沙走石，三昼夜造成风灾：吹失小麦 200 石，沙填坎儿井数道，水渠十数道，1400 公顷耕地受损，沙压房屋 72 间，水磨一盘。

1938 年，民国二十七年四月初一午时，甘肃古浪，大红风，黄雾下尘。

1939 年，民国二十八年五月二十三日，新疆沙雅，六区 23 家因暴风，地亩被沙埋，橡层亦被淹没

1940 年，民国二十九年新疆沙雅，六月八日六区塔哈里克庄，风沙使 138 户受灾。

5.1.7 中华人民共和国成立后至 2000 年

1949 年，新疆哈密，3 月 18 日晨 8 时，哈密城风云突变，狂风四起，飞沙走石，天

昏地暗，至夜 12 时稍息。城内一居民被沙埋于一新院内身亡，三堡两名儿童被风刮走。

1950 年，新建吐鲁番，4 月 10 日至 5 月 1 日多次大风，风沙肆虐致一人死亡，养蚕业受损；小麦 230 多公顷、棉花 20 多公顷、高粱 20 多公顷被毁，沙压塌 24 道坎儿井，11 道坎儿井明渠被填塞。

1952 年，甘肃河西 23 县，4 月 9 日临泽、张掖、山丹、永昌、酒泉、敦煌、环县等 23 个县发生强沙暴，仅永昌县即沙埋农田达 9 万多公顷。张掖气象站记载，4 月 9 日 15 时 15 分到 10 日晨，发生强沙暴，天空变黑，飞沙走石，室内漆黑，室外如黑夜，能见度 0 级，风力最初达 9 级，15 时 23 分后风力渐减，天空变为黄色，17 时后风力仍有 6 级，能见度仍很低。

1952 年，甘肃永昌、张掖、山丹、临泽、民勤、环县。6 月永昌、张掖、山丹、临泽、武威、环县均遭受数十年罕见的黑风灾，死 23 人，其中张掖死 17 人，还吹死牲畜 1094 头（只），吹倒房屋 39 间，拔树木百余株，毁禾苗，被风沙埋压土地 2 公顷余。

1955 年，甘肃安西，3 月 18—23 日、4 月 8—11 日，连续两场大风，风力达 8~9 级，最大 10 级，伴有强沙尘暴。刮走地表肥土，损失肥料 46 万多车，刮折树木 800 多株、房屋 10 间，重种小麦 500 多公顷。

1955 年，甘肃古浪，入春以来，几次风沙灾害，有 230 多公顷夏秋作物受损。

1956 年，新疆达坂，9 月 1 日达坂城有平均 9 级、瞬间 12 级大风，沙砾飞扬。

1956 年，甘肃敦煌、金塔、山丹等县，先后受风沙侵袭，受灾面积有 1300 多公顷，敦煌 8 月 1—5 日，大风吹落梨果 40%~70%，新垦小麦有 80% 以上尚未收割，每公顷平均落粒 1.3kg 以上。

1958 年，新疆哈密地区，4 月 4 日，哈密大风 10 小时，灾田 900 多万公顷，表土吹蚀 2~3cm，部分农田积沙 22cm，54 道坎儿井明渠被沙埋，吹失饲草 2.25 万 kg，倒大树 40 株，3 间房屋被揭顶，倒土墙 26m。10—11 日大风，19 道坎儿井明渠被埋，填平小涝坝 71 个，死羊 46 只，吹走肥料 14 万 kg。

1960 年，青海香日德，农场三分之一的麦田、渠道、房屋被风沙（沙尘暴）摧毁。

1961 年，甘肃敦煌、伊吾及兰新线，5 月 31 日大风，瞬间最大风速达 40m/s，烟墩站一带因沙埋列车脱轨，车站积沙厚度达 1 米余，客车玻璃被沙石打碎，油漆打光。住房被揭顶，哈密以西一带挂断电杆 85 根，刮走 25 吨重的油罐 23 个，油桶 2 万多只，铁皮 90 吨。6 月 1 日七角井特大风及沙暴，风力达 12 级，沙石漫天，能见度低，延续 4 小时，毁粮食作物 900 多万公顷、经济作物 170 多公顷。淖毛湖 26.5km 水渠泥沙淤塞。

1961 年，新疆新和，5 月 15 日刮 8~9 级大风，受灾农田 100 多公顷，作物死 30%~50%，刮倒树木 999 株、房屋 3 间、畜棚 2 间，伤畜 1 头，沙埋渠道 6km，刮断电线 20 处。

1961 年，新疆吐鲁番，5 月 31 日至 6 月 1 日大风，风力 12 级以上，盆地内兰新铁路多处被沙埋，造成 91 次列车脱轨的严重事故，10 多节车厢翻倒路边，其中 1 节被抛起摔坏，刮断电杆几百根，交通中断 36 小时，下马崖等有 40 多道坎儿井被沙埋，死伤 20

多人。

1962年，新疆托克逊，3月18—19日10级大风，风打、沙埋小麦地百余公顷。

1963年，新疆吐鲁番，4月14—15日12级大风，小麦6000多公顷受灾，重灾6000多公顷，其他农田受灾1171公顷，牲畜死106头，刮断大树1066株，死2人，263道坎儿井、956条水渠被沙埋。

1963年，新疆伊吾县淖毛湖，4月2—3日大风，最大风力达34m/s，沙压菜地2公顷。

1965年，甘肃安西，6月14日上午9时，最大9级大风，受灾农田216km^2，其中西湖区30%农作物被风沙打死。

1966年，新疆吐鲁番、托克逊，3月15—16日吐鲁番刮12级大风，风沙掩埋坎儿井66道、水渠59条、800多公顷小麦受灾。吹失土肥1吨、麦草22.1吨，死牲畜32头，倒塌房9间。托克逊县风沙埋没渠道10条、坎儿井15道，受灾麦田350km^2，吹失90多公顷农田中土肥、8.7吨饲草，牲畜32头，吹倒房屋6间。

1966年，新疆境内兰新铁路，4月3日兰新线新疆境内大风雪，风力8~9级，线路多处积沙越过轨面，1942次客车在山口至土墩间机车引导轮被积沙垫脱出轨，中断行车18小时零40分。

1970年，新疆兰新铁路，3月18日兰新线西起大步东至了墩刮10级大风，线路多处被沙埋，2402次货车在红尾至红柳间被积沙垫脱出轨。

1970年，新疆吐鲁番，4月10—12日发生沙尘暴，刮断电杆，交通中断，掩埋坎儿井，造成人员伤亡。铁路（兰新线）多处被沙埋。

1970年，清海诺木洪农场，沙尘暴危害农田900多公顷，其中400多公顷须重播，损失籽粒10万kg。

1971年，内蒙古伊克昭盟，5月23—26日伊克昭盟地区，大风和风沙天气使耕地出现风揭和沙压，仅伊金霍洛旗受灾农田就有6600多公顷，其中需补种的5330多公顷。

1971年，新疆兰新铁路，4月6日兰新线新疆境内大风，线路多处积沙，列车被积沙垫脱出轨。

1972年，甘肃敦煌、金塔等，4月12日大风，平均风力达7~8级，敦煌、金塔受灾严重，有300多公顷农田被沙覆盖。

1974年，甘肃敦煌，3月21日晨大风，敦煌90多公顷农田被沙压埋。

1974年，内蒙古伊克昭盟、包头，4月27—29日，伊克昭盟和包头市地区发生强烈沙尘暴，一般风力8级，最大风速达32m/s，最小能见度100m。部分地区表土被刮走7~10cm，包头市部分小麦、甜菜、幼苗被刮死或沙埋。

1975年，兰新铁路哈密地区段，5月14日兰新线哈密以西大风，线路多处被沙埋，2422次列车在红尾到红柳间发生颠覆，中断行车11小时，构成重大事故。

1977年，甘肃民勤，5月19日局部有黑风。

1978年，新疆托克逊、吐鲁番、鄯善，4月12日托克逊遭10级大风袭击，吐鲁番、鄯善、托克逊三县220多公顷小麦、30多公顷棉花、200多公顷葡萄受灾，损失葡萄580

吨。19 道坎儿井被沙埋掉，刮倒电杆 10 根，40 口水井无法抽水。

1978 年，新疆托克逊，5 月 5—6 日托克逊遭 9 级大风袭击，2800 多公顷棉花、7 公顷葡萄及 460 多公顷其他农作物受灾。刮倒树木 1318 株、电杆 30 根，沙埋坎儿井 2 道、明渠 35 条、水渠 53 条，刮失肥料 2000 多车、麦草 5 吨。

1979 年，新疆中部地区多处，4 月 9—11 日新疆普遍发生强沙尘暴。4 月 10 日兰新线哈密至乌鲁木齐段及南疆线风沙弥漫，风力达 12 级以上，能见度 6° 左右。兰新线通信中断 8 小时，运输中断 37 小时 47 分；南疆线通信中断 122 小时，运输中断 167 小时。兰新线房屋损坏 2.1 万 m^2，门窗玻璃损坏 7800m^2，小学生死 3 人。

1979 年，青海乌兰县茶卡公社及草河驼场，3 月发生沙尘暴，牲畜死亡 2 万多头（只）。

1980 年，内蒙古巴彦淖尔盟、伊克昭盟和包头市，4 月 17—21 日全区出现 3 次强寒潮天气，以大风降温为主。全区大部地区风力一般 8~9 级，最大风力达 11 级。巴彦淖尔盟、伊克昭盟和包头市等地出现了强烈的风沙和沙尘暴天气，水平能见度普遍小于 300m，巴彦淖尔盟受灾农田 1300 多公顷，包头市郊区蔬菜秧苗损失四分之一，毁坏塑料大棚 23hm^2。

1980 年，新疆托克逊，刮 5 级大风，瞬间最大风力 12 级，660 多公顷作物受灾，5 道坎儿井被埋，总长度达 3000 米左右。

1981 年，新疆兰新铁路了墩至鄯善一带，4 月 29 日至 5 月 21 日兰新线了墩至鄯善一带刮 12 级大风，铁路沿线飞沙走石，110 个车站的 123 块门窗玻璃被打碎，有的路段积沙埋没钢轨。

1982 年，内蒙古伊克昭盟部分地区，5 月 1—8 日内蒙古中西部大风，部分地区形成沙尘暴。伊克昭盟准格尔旗近 1300hm^2 麦苗被沙埋；鄂托克旗农区，1/3 农田需重播；乌审旗和杭锦旗大片草场被沙埋。

1982 年，新疆铁路兰新线及南疆，4 月 4—5 日大风，货车脱轨，客车 5 节迎风玻璃被打碎。南疆线路多处沙害，运输中断。正线中断 20 小时 24 分，车辆受损，估计经济损失 4.4 万元。

1982 年，新疆吐鲁番，6 月 7 日吐鲁番大风，1660 多公顷农作物受灾，果类损失 11 吨，刮倒树木 2230 株，倒房 4 间，沙埋坎儿井 4 道。

1983 年，宁夏广大地区，4 月 27 日大武口、石嘴山、石炭井、青铜峡、同心、海源等地区发生沙尘暴，风力达 12 级，中卫、中宁和固原 11 级，一般 8~10 级，持续 10 小时之久，天昏地暗，处于绿洲中的能见度不足 20m。这场沙尘暴造成死亡 14 人，失踪 3 人，重伤 46 人；盐池、青铜峡、同心、贺兰 4 县（市）死亡大牲畜 58 头、失踪 27 头，羊 18584 只、失踪 973 只，成灾旱作农田 12 万多公顷。

1983 年，新疆布尔津，4 月 23—26 日大风，47km 道路被沙掩埋，2300 多公顷农作物受灾。

1983 年，新疆吐鲁番、托克逊、岳普湖、英吉沙、焉耆等地，4 月 25—28 日先后受 8 级以上大风危害。

1983年，青海德令哈，4月27日大风，部分地区伴有沙尘暴天气，最大风速30m/s以上。

1983年，甘肃金塔，5月18日发生强沙尘暴，最大风速35m/s以上，能见度0m。

1983年，新疆克拉玛依，11月27日发生沙尘暴和扬沙，最大风速40m/s，飞沙走石。

1984年，内蒙古杭锦旗，4月4日发生风速25m/s的黑风暴，造成重大损失。

1984年，新疆托克逊，4月18—19日、24—25日，3300hm^{2}农作物受灾，各种果树4667株、葡萄7347墩、8万余株树木受损，267头牲畜死亡。大风刮倒房屋4间、电杆50根，刮失2000多公顷农田的肥料、200吨煤炭，风沙掩埋了机井13眼，坎儿井13道，明渠40km，烧毁房屋29间，死亡多人。

1984年，新疆哈密，4月25日大风使700多公顷作物受灾，4580m坎儿井明渠、8550m小渠被沙掩埋，719头（只）牲畜死亡，铁路交通中断26小时。

1984年，新疆吐鲁番，4月28日12级大风，刮走数百公顷麦苗和棉花，倒塌房屋155间，26道坎儿井被风沙掩埋，七泉湖化工厂的元明粉被刮失，损失46万元。

1984年，新疆阿克陶，11月4日大风刮坏塑料大棚，价值2万元。102hm^{2}农田被沙埋，刮失棉花。

1985年，新疆托克逊，5月该县5次大风使1000公顷农作物受灾，刮坏树苗1.5万株、大树66株、房屋7间、围墙264米，沙埋房屋15间、坎儿井7道、水渠22千米、机井2眼，刮失锅炉煤约100吨。

1985年，青海冷湖，4月1日发生强沙尘暴（11时5分开始），持续7小时，最大风力一直处于9~10级，瞬间最大风速30m/s。

1986年，甘肃安西，3月14—16日刮11级大风，伴有沙暴，持续3天，重灾农田5800多公顷，经济损失200多万元。

1986年，甘肃安西、敦煌，5月18—20日大风和沙暴。大风持续38个小时，沙暴持续17个小时，能见度0级持续5小时。

1986年，新疆和田地区，5月18—19日出现强沙尘暴天气。

1986年，新疆哈密地区，5月18—19日大风3日，各种粮食、棉花、瓜菜、水果受灾面积1200多公顷，黄沙淤平干、支渠道30km，大风、火灾刮坏、烧毁房屋359间，刮走毡房37顶，死亡牲畜323头（只），损失驴车46辆、木材492根、粮食1吨余，伤1人，总计经济损失240万元。红柳沟的沙尘暴使铁路路基多处被沙埋，火车停运36小时。

1986年，新疆哈密、乌鲁木齐铁路2分局所辖大部，5月18—20日受10级以上风沙侵袭，多处出现沙害，铁路设施遭不同程度破坏，正线中断行车31小时，直接经济损失160万元。

1986年，新疆洛浦，5月18—19日大风，1200多公顷棉田受灾，其中500多公顷棉苗全部被沙埋。

1988年，新疆伊吾，4月15、18日淖毛湖大风，风沙填平渠道21km，80多公顷麦苗受损，

60多公顷棉苗被吹坏。

1989年，新疆喀什地区，4月19—20日大风，霜冻，使2500公顷棉花、230多公顷油料作物、60多公顷蔬菜受灾，疏附县1300多公顷冬麦被沙埋，刮倒树木3万多株，供电通信线路多处被刮断。

1989年，新疆布尔津，4月30日至5月2日大风，700多公顷冬小麦籽被刮出地面，其中20多公顷又被风沙深埋。

1989年，新疆哈密，5月1—2日哈密以东铁路遭风沙袭击，车站信号被损坏，部分铁轨被沙埋，线路中断6小时余。哈密市经东湖区刮9级以上大风，5个盐区3296个盐池被风沙覆盖，损失22.26吨盐，经济损失85万元。

1989年，甘肃张掖地区，4月19日局部有黑风。

1990年，新疆吐鲁番、托克逊等地，6月4—5日吐鲁番地区大风，2900hm²农作物受灾，沙埋坎儿井6道、水渠24km，刮倒电杆76根、树木2785株，刮坏电话线万余米，造成14户火灾，死1人，损失牲畜18头，烧毁变压器1个、水泵2个。托克逊县135hm²小麦、棉花、花生受灾，刮倒树572株，沙埋渠道4.8km，6户失火，烧毁变压器1个、高压线100m，死牲畜2头，总计损失16.6万元。

1990年，内蒙古中部，4月25日发生沙尘暴，情况类似于1983年4月27—29日发生的。

1993年5月5日，中国西北地区发生了有史以来罕见的特大沙尘暴（亦称黑风暴）。沙尘暴始于新疆北部，在宁夏的东部逐渐消亡，席卷了新疆的乌鲁木齐、吐鲁番、哈密、甘肃的酒泉、张掖、金昌、武威、景泰，内蒙古的额济纳旗、阿拉善右旗、巴彦浩特、磴口、吉兰泰、乌海市和宁夏的中卫、青铜峡、惠农、陶乐、银川等18个地区（市）的73个县（旗）。直接影响面积约110万km²，占我国陆地国土面积的11.5%。灾区人口1200万人。特大沙尘暴瞬时最大风速>37.9m/s(>12级)，一般为21m/s(8级)，能见度<50m。特大沙尘暴造成损失严重，仅新疆、甘肃、内蒙古、宁夏四省（自治区）共死亡85人，伤264人，毁坏房屋4412间，死亡和丢失牲畜12万头（只）；农作物受灾面积达40万hm²，埋没水渠2000多千米，一些地方交通受阻，电信中断。造成直接经济损失达5.5亿元。

1998年，北方及长江流域，4月16—18日特强沙尘暴数次袭击我国西部地区，由西到东直至长江下游，其影响范围之大是历史上罕见的。特强沙尘暴经过北京上空与降雨天气相遇，形成当地称为"泥雨"的天气。在古城南京，空中总悬浮颗粒物浓度比正常值高出8倍。内蒙古、北京、济南、南京等地出现浮尘天气。连续6天的沙尘暴造成直接经济损失（不包括土地的损失）超过10亿元。

2000年，内蒙古、北京周边地区，3月3日浮尘、局地扬沙；北京及周边地区，3月17—18日扬沙、浮尘、大风；内蒙古、陕西、北京周边地区，从3月22日晚至23日早晨，北京再次出现了扬沙天气，我国北方部分地区也出现了扬沙和沙尘暴。3月20日晚上北京开始刮起了大风，到3月21日中午风力逐渐加大，大风夹裹着尘土和细沙吹得人睁不开眼睛。3月22日内蒙古中西部、河西走廊地区还出现了较大的沙尘暴。沙尘暴产生原因主要是从西伯利亚来的强冷空气产生了大风，以及春季比较干旱。

2000年，3月23日早上西安开始出现泥雨天气。从4月4日傍晚开始，北京及周边地区出现了沙尘天气。从4月4日下午两点开始，乌兰巴托以南、兰州以北，嘉峪关以东、呼和浩特以西的广大范围风力达到6~7级，由于这些地区刚刚解冻，再加上植被较少，大风和不断上升的气流把大量沙尘带到了4000~5000m的高空。最厉害的地区，能见度不到1000m。4月5—7日，内蒙古、山西、河北及京津地区出现的风沙天气是2000年以来最为严重的一次，内蒙古、河北、辽宁西部、京津地区普遍出现了伴有扬沙或沙尘暴的5~7级阵风和8~10级的偏北大风。4月6日北京也出现了严重的扬沙、局部沙尘暴天气。

2000年，4月9日，一场强烈的风沙天气袭击西北、华北部分地区，早晨扬沙或沙尘暴天气，平均风力达到5~7级，局部地区达到8~9级。一些地区天地混浊，黄沙弥漫。上午冷空气东端前锋移动到东北西部和华北中部一带，河北中北部、北京、辽宁西部等地出现了扬沙或浮尘天气，风力5~7级。下午冷空气西端前锋移动到黄河上游至秦岭一带，受其影响，甘肃中部、内蒙古中西部、宁夏、陕西中北部、山西中南部、河北大部、京津地区、山东北部、辽宁西部出现了扬沙或沙尘暴天气，西北地区东部、华北、东北出现了5~7级偏北或偏南风，部分地区风力达到8~9级，虽然气象部门在4月7日、4月8日已经发出了预报，但强烈的风沙仍给这些地区造成了相当大的影响，一些人口密集的城市也不能幸免。气象专家根据下午5时的天气实况图说，兰州、宝鸡等城市出现了扬沙或沙尘暴天气。根据从风沙现场发回的报道，这些地区尘土和沙粒随风飞扬，狂风将街边树摇晃得东倒西歪，能见度很低，几十米外的建筑物和灯光已经模糊不清。一些地区出现了交通堵塞，一些广告牌在几次的大风作用下七零八落。许多建筑工地为了工人安全已经停止了施工。行走的人们戴上了纱巾、口罩、墨镜，在风沙中艰难前行。由于4月7日夜间内蒙古东部、河北北部等地出现了小雨雪，使得从西北来的大量沙尘凝聚、下沉，缓和了4月8日预计在北京地区出现的沙尘天气强度。北京4月8日下午只是出现了大风扬沙天气。据中国气象台气象专家预计，随着冷空气前锋的南移，4月8日晚上到4月9日，长江中下游以北大部分地区仍有5~7级偏北风，部分地区最大风力仍可达8~9级，黄淮地区并伴有扬沙或沙尘暴天气，渤海、黄海、东海有6~8级偏北大风，内蒙古东北部、东部大部以及西藏东部有小到中雪或雨夹雪，其中东北的局部地区有大雪或暴雪。

2000年，4月9日下午，泉城济南突然狂风大作，顷刻间天地一片昏暗，犹如黑夜。约有七八级的大风挟携着沙土迎面扑来，行人几乎站立不住。狂风将路边树上的枯枝卷下，地上一片狼藉。由于路上能见度只有5~6米远，汽车纷纷开亮车灯。继而雷声隆隆响起，天上淅淅沥沥下起小雨。据山东气象部门介绍，这种天气现象称为"沙暴"，几天前已在我国许多城市出现。事先，气象部门已经做了预报，但不少市民面对狂风飞沙、天昏地暗的景象依然有些惊慌。

5.1.8 2001年至今

2001年3月5日，陕西、内蒙古、甘肃、宁夏等省、区受蒙古气旋和冷空气的影响，冷空气前锋到达甘肃、宁夏和陕西，在陕西、内蒙古、甘肃、宁夏等省、区引起沙尘暴和扬沙天气，根据气象地面站点的实测数据，沙尘暴发生区域内风速为8~16m/s（5~7级），气温 3~15℃。

2001年3月13日，内蒙古中西部、宁夏中北部和甘肃东部受蒙古气旋和冷空气的影响，在内蒙古中西部、宁夏中北部和甘肃东部发生扬沙天气，从地面情况分析，风力为8~16m/s（5~7级），气温 3~11℃。

2001年4月6—7日，内蒙古中东部、辽宁西部、吉林西部、黑龙江西南部等地出现沙尘暴天气，内蒙古中部出现强沙尘暴，地面最大风速达20m/s，农作物和果树等经济林受影响。这次沙尘暴范围大，涉及143个县，面积82万平方千米，人口5234万人。

2001年4月6—8日，内蒙古中部和东部地区、河北北部，黑龙江、辽宁和吉林三省大部分地区，受强冷空气和蒙古气旋的共同影响，遭受沙尘暴袭击，局部地区有强沙尘暴，上述大部分地区伴有5~7级大风，气温下降6~12℃，局部地区降温幅度超过14℃。北京和天津地区遭受浮尘和扬沙尘天气侵袭，北京北部山区遭受沙尘暴侵袭，伴有5~6级大风。受影响的城市还包括沈阳、长春和哈尔滨等大城市。

2003年3月26日，内蒙古东部18个县（旗）、辽宁省北部中部36个县（市）、吉林省中部21个县（市）、黑龙江省西部11个县（市）出现了较大范围的沙尘天气。这次沙尘天气的风力是5~6级，个别地区达7级。温度下降10℃左右，但最低气温保持在零℃左右。

2003年4月8日14时，新疆的库车、阿克苏首先出现沙尘暴；托克逊县风力达到12级，最大风速可达28m/s；塔里木盆地库尔勒市、若羌出现沙尘暴，风力达6~8级，市内能见度只有500m左右；在塔中石油基地附近，地面能见度降低到不足500m，风速高达每秒24m，风力达到10级。

2003年4月8日，青海的西北部出现沙尘暴天气，其中茫崖出现黑风，最低能见度小于50m，最大风速为28m/s。受新疆东移强冷空气影响，9日凌晨开始，甘肃省河西地区出现了大范围的沙尘天气，风力一般6~7级，最大风速达8~10级，其中金塔、张掖出现沙尘暴天气，能见度在800~900m，金塔为强沙尘暴，最大风速达到了25m/s（10级），能见度300m，兰州为扬沙天气。

2003年4月9日，甘肃民勤出现强沙尘暴天气，能见度仅为150m，温度下降10℃。

2003年4月9日，内蒙古西部出现沙尘暴天气，最大风速达20m/s，最低能见度小于400m。

2003年4月9日8时之后，宁夏相继出现了沙尘天气，风速一般在12~16m/s，其中银川市达到沙尘暴，能见度小于1000m。

2004年，我国共发生了19次沙尘天气过程（见《2004年沙尘天气年鉴》），其中扬沙天气过程13次，沙尘暴天气过程5次，强沙尘暴天气过程1次。沙尘暴灾害发生的主要时间段为3—5月，其余时段沙尘天气明显偏少。具体沙尘天气月度次数分布如下：2月3次，3月7次，4月4次，5月5次。3月份的沙尘天气次数高于2000—2004年同期平均次数（4.6次）。2004年沙尘暴和强沙尘暴过程共有6次，比2000年（9次）、2001年（13次）和2002年（11次）明显偏少，仅比2003年（2次）多。3月9—11日和 3 月 26—28 日发生的沙尘天气过程为 2004 年影响最大的两次过程。

2005 年，我国共发生了 13 次沙尘天气过程，其中强沙尘暴天气过程 1 次、沙尘暴天气过程 6 次、扬沙天气过程 6 次。沙尘天气月度次数分布如下：2 月 1 次、3 月 1 次、4 月 6 次、5 月 2 次、6 月 1 次、7 月 1 次、11 月 1 次。沙尘天气灾害主要发生在春季，其中 4 月最为频繁。春季沙尘天气过程总次数为 9 次，少于 2000—2004 年 5 年的平均次数（13.6 次）。从强度上看，春季沙尘暴和强沙尘暴天气过程共 5 次，低于 2000—2004 年的同期平均值（8.2 次）。总体上讲，2005 年，我国沙尘天气的影响范围主要集中在北方地区，范围、次数和强度都小于近 5 年的同期水平，沙尘暴灾害程度相对常年较轻。

2005 年，东北亚地区主要有 2 个沙尘暴天气高发区域，一个位于中国新疆南部塔克拉玛干沙漠及其周边地区，另一个位于蒙古国东南部的干旱地区。其中塔克拉玛干沙漠沙尘暴天气发生的日数最多，大都超过 40 日，局部地区甚至超过 100 日。我国内蒙古西部地区沙尘暴天气发生的日数也比较高。中、南亚的印度北部及阿富汗也是沙尘暴高发区。蒙古国几乎全境都有沙尘暴天气出现，且与中国接壤的南部地区沙尘暴天气频发。

2006 年，我国共发生 19 次沙尘暴天气过程。春季，我国北方沙尘暴发生频率高，影响范围大，共出现了 18 次沙尘天气过程，其中强沙尘暴过程 5 次，沙尘暴过程 6 次，扬沙过程 7 次。受到社会广泛关注的几次重大沙尘暴天气过程有：3 月 9—12 日，2006 年第一次大的沙尘暴天气过程就影响到了北京；3 月 26—27 日，起源于蒙古国的强沙尘暴天气过程影响了我国北方大部分地区，并于 28 日影响到朝鲜半岛、日本列岛；4 月 5—7 日，起源于蒙古国西南和甘肃西部一带的强沙尘暴天气过程造成了北京地区持续的浮尘天气，并于 7 日夜间影响到朝鲜半岛、日本列岛；4 月 9—11 日，起源于蒙古国西部的强沙尘暴天气过程给新疆、甘肃、内蒙古等地带来了较严重的灾情；4 月 16—18 日，沙尘暴天气过程给北京带来了大量的降尘。综上 2006 年影响范围大、灾害严重的 5 次强沙尘暴过程，出现在 3 月 9—12 日、3 月 26—27 日、4 月 5—7 日、4 月 9—11 日和 4 月 16—18 日。

2007 年，我国共发生 19 次沙尘天气过程，其中强沙尘暴天气过程 1 次、沙尘暴天气过程 9 次、扬沙天气过程 9 次。沙尘天气月度次数分布如下：1 月 1 次、2 月 3 次、3 月 5 次、4 月 4 次、5 月 6 次。沙尘天气灾害主要发生在春季，共有 15 次，略高于 2000—2006 年平均次数（13.6 次）。从强度上看，2007 年春季的强沙尘暴过程只有 1 次，低于近 7 年春季的平均次数（2.3 次）；沙尘暴过程有 8 次，略高于近 7 年春季的平均次数（5.9 次），但影响范围较小，大多局限在西北和内蒙古的部分地区；扬沙过程 6 次。总体上看，2007 年我国沙尘天气主要集中在北方地区，大范围的强沙尘暴或沙尘暴过程比较少，沙尘暴灾害程度相对较轻。

2007 年，东北亚地区主要有两个沙尘天气高发区域，一个位于中国新疆南部的塔克拉玛干沙漠及周边地区，另一个位于蒙古国南部的干旱地区。其中塔克拉玛干沙漠沙尘天气发生的日数最多，大部分超过 40 天。我国内蒙古西部地区沙尘天气发生的日数也比较多。蒙古国几乎全境都有沙尘天气出现，且与中国接壤的南部地区沙尘暴频发，该地区也是我国沙尘暴天气的最主要沙源区。

2008年，全国共出现了13次沙尘天气过程，其中10次出现在春季。2008年春季我国北方沙尘日数较常年同期明显偏少，是1961年以来第二少的年份。5月26—28日的强沙尘暴天气是2008年影响范围最大、强度最强的一次沙尘天气过程。总的来看，2008年春季我国沙尘天气的主要特点是沙尘日数偏少、强度偏弱。

2009年，我国共出现了10次沙尘天气过程，其中7次出现在春季。2009年春季我国北方沙尘日数较常年同期显著偏少，与2005年并列为1961年以来最少的年份。4月23—25日的强沙尘暴天气是2009年影响范围最大、强度最强的一次沙尘天气过程。总体来看，2009年春季我国沙尘天气的主要特点是沙尘天气日数偏少、强度偏弱、影响偏轻。

2010年，我国共出现了19次沙尘天气过程，其中16次出现在春季。2010年春季我国北方沙尘次数是2000年以来第三多的年份。3月19—22日的强沙尘暴天气是2010年影响范围最广的一次沙尘天气过程。总的来看，2010年春季我国沙尘天气的主要特点是首发时间晚，发生时段集中；沙尘日数少；沙尘过程次数偏多，但强度偏弱。

2011年，我国共出现了8次沙尘天气过程，8次均出现在春季（3—5月）。2011年春季我国北方沙尘过程数较常年（1971—2000年）同期（19.2次）偏少11.2次，沙尘暴次数为2000年以来同期第二少；沙尘首发时间晚，是2001年以来最晚的一年；沙尘日数较常年同期明显偏少，为1960年以来同期第三少。

2012年，我国共出现了12次沙尘天气过程，10次出现在春季（3—5月）。2012年春季我国北方沙尘天气过程次数较常年同期明显偏少，沙尘暴次数为2000年以来同期第五少；沙尘天气首发时间晚，是2001年以来最晚的一年；沙尘天气日数较常年同期明显偏少，为1961年以来同期最少。

2013年，我国共出现了10次沙尘天气过程，6次出现在春季（3—5月）。2013年春季我国北方沙尘过程数较常年同期明显偏少，沙尘暴次数为2000年以来同期第一少；沙尘首发时间晚，比2000—2012年平均首发时间偏晚将近半个月；沙尘日数较常年同期明显偏少，为1961年以来同期第二少。

2014年，我国共出现7次沙尘天气过程，且均出现在春季（3—5月）。与常年同期相比，2014年春季我国北方沙尘过程数明显偏少，沙尘暴次数为2000年以来同期第三少；沙尘日数也明显偏少，为1961年以来同期第三少；沙尘首发时间晚，比2000—2013年平均首发时间偏晚36天。

2015年，我国共出现了14次沙尘天气过程，其中11次出现在春季（3—5月）。2015年我国沙尘首发时间接近2000—2014年平均值，但较2014年偏早26天；北方地区春季沙尘过程次数较常年同期偏少，但比2014年同期偏多，沙尘暴次数与2003年和2013年并列为2000年以来同期第一少；北方地区春季平均沙尘日数较常年同期明显偏少，为1961年以来历史同期第五少。

2015年，我国北方沙尘天气主要特征和过程：春季沙尘过程数较常年同期明显偏少，沙尘暴次数为2000年以来并列第一少。春季（3—5月），我国共出现11次沙尘天气过程（9次扬沙，1次沙尘暴，1次强沙尘暴），较常年同期（17次）明显偏少，接近

2000—2014 年同期平均（11.6 次），其中沙尘暴和强沙尘暴过程有 2 次，较 2000—2014 年同期平均次数（6.9 次）偏少 4.9 次，较 2014 年同期偏少 1 次，与 2003 年、2013 年并列为 2000 年以来历史同期最少。11 次沙尘天气过程中有 5 次出现在 3 月，3 次出现在 4 月，3 次出现在 5 月。

2016 年，我国共出现了 10 次沙尘天气过程，8 次出现在春季（3—5 月）。2016 年春季我国北方沙尘过程次数较常年同期偏少，沙尘暴次数为 2000 年以来同期第四少；沙尘首发时间接近常年，较 2015 年偏早 3 天；春季北方沙尘日数较常年同期明显偏少，为 1961 年以来同期第三少。

2017 年，我国共出现了 8 次沙尘天气过程，6 次出现在春季（3—5 月）。2017 年春季我国北方沙尘过程总次数与沙尘暴次数均为 2000 年以来同期最少；沙尘首发时间较常年偏早，较 2016 年偏早 24 天；沙日数较常年同期明显偏少，为 1961 年以来同期最少。

2018 年，我国共出现了 14 次沙尘天气过程，10 次出现在春季（3—5 月）。2018 年春季我国北方沙尘过程总次数接近 2000 年以来历史同期平均值（11.1 次）；沙尘首发时间较常年略偏早，较 2017 年偏晚 14 天；沙尘日数较常年同期明显偏少，为 1961 年以来同期第四少。

2019 年，我国共出现 12 次沙尘天气过程，10 次出现在春季（3—5 月）。2019 年春季我国北方沙尘过程总次数接近 2000 年以来历史同期平均值（11.0 次）；沙尘首发时间较常年偏晚，较 2018 年偏晚 39 天；沙尘日数较常年同期偏少。

2020 年，我国共出现 10 次沙尘天气过程，7 次出现在春季（3—5 月）。2020 年春季我国北方沙尘过程总次数较 2000 年以来历史同期平均（11.0 次）偏少；沙尘首发时间较常年偏早，较 2019 年偏早 34 天；沙尘日数较常年同期明显偏少，为 1961 年以来同期第 4 少。

2020 年，3 月 2 日受冷空气影响，出现沙尘天气。沙尘天气主要影响河北、山西、内蒙古、辽宁、陕西、宁夏、新疆 7 省（自治区）199 个县市。沙尘天气对农、林、牧业生产影响不大，但对相关区域民航、公路运输影响较大，同时导致空气质量下降。

2020 年，3 月 8—9 日上午甘肃酒泉、新疆且末发生沙尘暴，新疆鄯善、尉犁发生强沙尘暴，新疆库尔勒发生沙尘暴。主要影响内蒙古、陕西、甘肃、青海、宁夏、新疆 6 省（自治区）。

2020 年，5 月 28 日内蒙古额济纳旗部分地区出现沙尘暴，策克口岸地区出现短时特强沙尘暴，沙尘从额济纳旗北部向阿拉善右旗北部移动，形成沙"墙"。

2020 年，5 月 29 日内蒙古苏尼特左旗出现沙尘暴，能见度不足 1km。

2021 年，春季（3—5 月）我国共发生 9 次沙尘天气过程，影响范围涉及西北、华北、东北、华东、华中、西南等 21 省（自治区、直辖市）的 1209 个县（市、区、旗），受影响国土面积约 402 万 km^2，受影响人口 5.3 亿人。其中，扬沙 5 次，沙尘暴 2 次，强沙尘暴 2 次。按月份分，3 月份 3 次、4 月份 2 次、5 月份 4 次。总体呈现次数偏少、日数偏多、强度偏强、影响范围广、首发时间偏早等特征。

2022 年，春季（3—5 月）我国共发生 8 次沙尘天气过程，影响范围涉及我国北方及华东17个省（自治区、直辖市）的1054个县市，受影响国土面积约337万 km^2，受影响人口5亿人。其中，浮尘、扬沙天气7次，沙尘暴1次；按月份分，3月份2次、4月份3次、5月份3次。总体呈现次数偏少、强度偏弱的特征。

2023年，春季（3—5月）我国共发生13次沙尘天气过程，影响范围涉及西北、华北、东北、华东、华中、华南等23个省（自治区、直辖市）的1777个县（市、旗、区），受影响国土面积约508万 km^2，受影响人口9.4亿人。其中，浮尘、扬沙天气8次，沙尘暴3次，强沙尘暴2次；按月份分，3月份4次、4月份6次、5月份3次。

5.2 沙尘天气近年发生规律及其影响因素

本次分析的沙尘天气年鉴为2000年至2018年的沙尘天气年鉴资料，共19年的资料，从这19年的资料里收集到了逐年的沙尘天气过程纪要以及逐年的沙尘天气过程描述，并从中提取到了扬沙天气总数、沙尘暴天气总数、强沙尘暴天气总数、沙尘天气总数、沙尘天气最早发生时间、沙尘天气最晚发生时间、偏西路径型次数、偏北路径型次数、西北路径型次数、局地型次数、南疆盆地型次数、冷锋次数、气旋次数、地面高压次数、气旋次数、冷锋次数、低压、冷锋次数、高压、冷锋次数、冷锋、暖锋次数、冷锋、暖锋、气旋次数、低压、气旋和冷锋次数的逐年数据，对这些数据进行分类汇总，然后按年尺度进行拟合以及两两数据进行拟合，而后又对收集到的大气环流数据与沙尘天气年鉴资料提取的数据进行拟合，对拟合得到的图进行分析，其结果如下：

5.2.1 沙尘天气统计特征

对2000—2018年近20年的沙尘年鉴进行统计，在沙尘天气发生次数中，中国近20年共发生了259次沙尘天气，其中扬沙天气次数共144次，占总数的55.6%，沙尘暴天气次数有84次，占总数的32.43%，强沙尘暴次数共31次，占总数的11.97%（图5-1）。

在沙尘天气发生时间中，中国沙尘天气年最早发生时间范围为1月1日至3月20日，平均年最早发生时间为2月13日；中国沙尘天气年最晚发生时间范围为5月7日至12月28日，平均年最晚发生时间为10月3日。

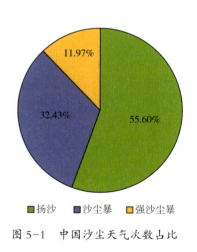

图5-1 中国沙尘天气次数占比

5.2.2 沙尘天气的时间变化特征

5.2.2.1 沙尘天气年际变化

从图5-2与表5-1可以看出，中国近20年的沙尘暴（图5-2b）、强沙尘暴（图5-2c）

和总沙尘天气（图 5-2d）的年际变化趋势分别以 3.965 次 /10a、1.368 次 /10a、4.263 次 /10a 的变化速率呈显著（通过 $\alpha=0.05$ 显著性检验）下降趋势，而扬沙（图 5-2a）天气次数未呈现出显著下降趋势，并且沙尘暴次数的下降速率要高于强沙尘暴。近 20 年来扬沙、沙尘暴、强沙尘暴、总沙尘天气日数的平均值分别为 7.58 次、4.42 次、1.63 次、13.63 次，在沙尘天气中，扬沙出现最多，强沙尘暴出现最少。

表 5-1　各沙尘天气时间变化显著性检验值（$\alpha=0.05$）

$\alpha=0.05$		$T(0.05/2)=1.64$	
沙尘天气	扬沙	沙尘暴	强沙尘暴	总沙尘天气
检验值 $|T|$	0.88	4.13	2.32	2.77

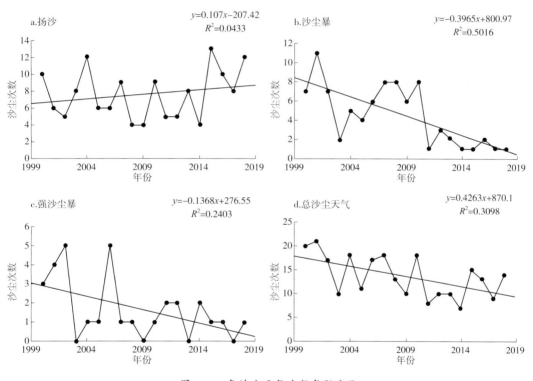

图 5-2　各沙尘天气次数年际变化

在近 20 年里，2001 年发生的沙尘天气次数最多，这是由于自 1986 年以来中国北方地区气温持续增高，并且在 1997—2000 年中国的北方地区发生了持续性的严重干旱。进入 2001 年春季以后，平均气温与常年同期相比，除局部地区偏低外，其余大部分地区接近常年或偏高，北方地区又持续少雨，这种高温少雨的干旱天气，对北方沙源区植物生长非常不利，裸露的地面为沙尘天气的形成提供了充足的物质条件。同时，受大气环流影响，蒙古气旋和冷锋频繁入侵中国西北部，这为沙尘天气的形成提供了充足的动力条件。高空低层和地面的持续增温和地面减压也为沙尘天气提供了有利的热力条件。

5.2.2.2 沙尘天气季节变化

从沙尘天气季节变化图可知（图5-3），中国近20年的沙尘天气有着明显的季节变化特征，其季节变化总体呈春季＞冬季＞秋季＞夏季的变化形势，占全年比例分别为79.38%、13.62%、5.45%、1.56%。可以看出，中国春季是沙尘天气多发季节，一是因为中国春季温度的逐渐升高，使得地表逐渐解冻，沙尘粒子容易被风吹起，为沙尘天气提供了物质条件；二是因为春季气旋运动比较活跃，动力条件上也容易出现沙尘天气。并且，各季节中发生的扬沙次数＞沙尘暴次数＞强沙尘暴次数。

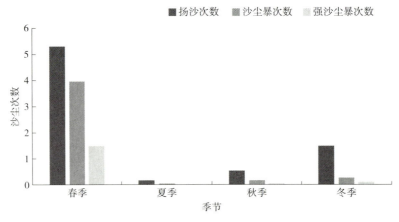

图5-3 沙尘天气季节变化

5.2.2.3 沙尘天气月变化

从沙尘天气月变化图可知（图5-4），中国总沙尘天气在4月发生的次数最多，3月、5月次之，发生的扬沙次数＞沙尘暴次数＞强沙尘暴次数，并且扬沙次数和沙尘暴次数远多于强沙尘暴次数；9月发生沙尘天气次数最少，扬沙次数、沙尘暴次数、强沙尘暴次数均为零。在4月份之前，中国沙尘天气次数呈极显著（通过$\alpha=0.01$显著性检验）的上升趋势，上升速度达1.47次/m，4月份之后呈显著（通过$\alpha=0.05$显著性检验）下降趋势，下降速度为0.37次/m。

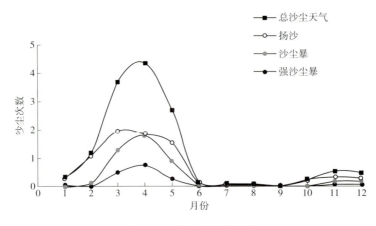

图5-4 沙尘天气月变化

5.2.3 沙尘天气的强度变化特征

5.2.3.1 沙尘区域面积变化特征

从图 5-5 和表 5-2 可以看出，中国近 20 年的扬沙、沙尘暴、强沙尘暴和总沙尘天气面积年际变化趋势分别以 4.47 万 m^3/a、8.37 万 m^3/a、3.70 万 m^3/a、7.66 万 m^3/a 的变化速率呈显著（通过 $\alpha=0.05$ 显著性检验）下降趋势，其中沙尘暴面积下降的速率明显高于扬沙和强沙尘暴，强沙尘暴面积的下降速率最慢。近 20 年来扬沙、沙尘暴、强沙尘暴、总沙尘天气面积平均值分别约占全国总面积的 37.5%、19.4%、9.8% 和 47.3%，在沙尘天气中，扬沙面积平均值最大，强沙尘暴面积平均值最小，并且扬沙面积：沙尘暴面积：强沙尘暴面积大约 =4:2:1，即扬沙面积约为沙尘暴面积的两倍，沙尘暴面积约为强沙尘暴面积的两倍。可以看出，近 20 年沙尘天气呈现出面积减少的趋势。这三类沙尘天气的最大面积均出现在 2001 年，分别约占中国总面积的 49.8%、34.5%、23.2%，这与上述内容中分析 2001 年沙尘天气次数最多相一致。

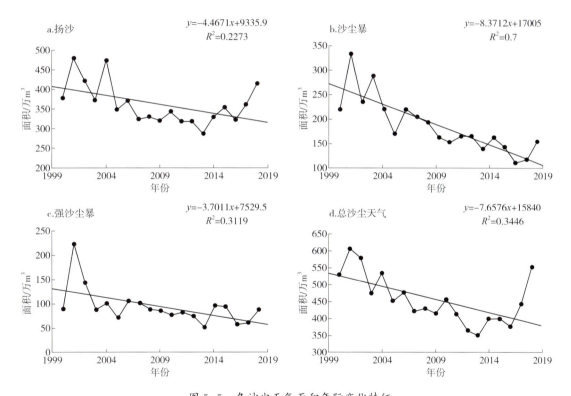

图 5-5　各沙尘天气面积年际变化特征

表 5-2　各沙尘天气面积年际变化显著性检验值（$\alpha=0.05$）

$\alpha=0.05$	\multicolumn{4}{c}{$T(0.05/2)=1.64$}		
沙尘天气	扬沙	沙尘暴	强沙尘暴	总沙尘天气
检验值 $|T|$	2.24	6.3	2.78	2.99

5.2.3.2 沙尘天气总站日数变化特征

由于沙尘天气多发生于春季,所以对中国春季沙尘天气总站日数进行分析。从图5-6和表5-3可以看出,中国近20年春季的扬沙、沙尘暴、强沙尘暴、总沙尘天气总站日数年际变化趋势分别以28.28站·天/a、11.56站·天/a、3.46站·天/a、44.98站·天/a的变化速率呈显著(通过$\alpha=0.05$显著性检验)下降趋势,其中扬沙天气总站日数下降的速率明显高于沙尘暴和强沙尘暴,强沙尘暴总站日数的下降速率最慢。近20年来春季的扬沙、沙尘暴、强沙尘暴、总沙尘天气总站日数平均值分别是709站·天、143站·天、40站·天和1486站·天,在沙尘天气中,扬沙总站日数平均值最大,强沙尘暴总站日数平均值最小。这三类沙尘天气春季最大总站日数也出现在2001年,分别是1489站·天、389站·天、130站·天,这也与上述内容中分析2001年沙尘天气次数最多相一致。

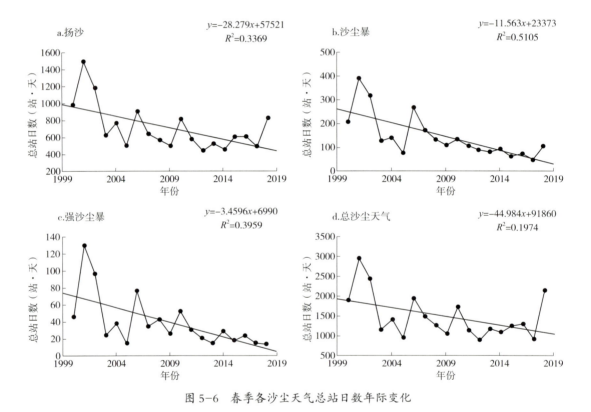

图5-6 春季各沙尘天气总站日数年际变化

表5-3 春季各沙尘天气总站日数年际变化显著性检验值($\alpha=0.05$)

$\alpha=0.05$	$T(0.05/2)=1.64$			
沙尘天气	扬沙	沙尘暴	强沙尘暴	总沙尘天气
检验值$|T|$	2.94	4.21	3.34	2.04

从沙尘天气面积年际变化和春季沙尘天气总站日数年际变化趋势可以看出,近20年沙尘天气呈现强度减小的趋势。

5.2.4 大气环流因子影响分析

沙尘天气的形成均存在一定的气候条件，与大气环流因子有着密切的关系，因此，选取较为常用的 5 种大气环流数据采用小波分析进行分析。从图 5-7 可以看出，北极涛动指数、太平洋—北美遥相关指数与沙尘天气发生总数在月尺度上存在 9—15 月的周期性，并且北极涛动指数在月份上大体呈现正相关（通过 $\alpha=0.05$ 显著性检验），太平洋—北美遥相关指数在月份上大体呈负相关（通过 $\alpha=0.05$ 显著性检验）。因此，北极涛动指数与太平洋—北美遥相关指数均可能对沙尘天气存在影响。

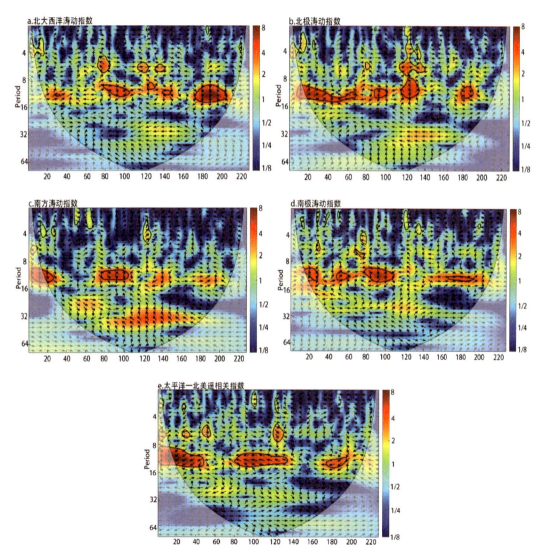

图 5-7　五种大气环流因子与沙尘天气交叉小波图

5.2.5 植被因子影响分析

沙尘天气的形成均存在一定的物质条件，裸露的地面使沙尘很容易被大风刮起，形成沙尘天气,因此植被覆盖的程度对沙尘天气的形成也存在一定的影响。根据上述分析可知,中国沙尘天气多发于春季,占全年比例的79.38%,因此对各沙尘监测站点区域春季的NDVI数据进行提取,并与沙尘监测站点的沙尘天气数据进行拟合,拟合结果如图5-8和表5-4所示,沙尘天气与NDVI呈负相关,并且在植物稀少的干旱区,沙尘天气与NDVI的相关性较弱,而在植物茂盛的亚湿润干旱区,沙尘天气与NDVI的相关性较强,由此表明植被对沙尘天气的影响存在明显的空间差异,并且植物越茂盛,沙尘天气越少,这也进一步说明了植树造林对沙尘天气具有抑制作用。

图 5-8 沙化站点分布

表 5-4 各站春季(3—5月)NDVI 与沙尘天气的相关系数

多伦站	宣化站	乌兰敖都站	呼伦贝尔站	策勒站	敦煌站
−0.414	−0.390	−0.389	−0.384	−0.331	−0.063

6 我国强风蚀区与沙尘天气传输特征

6.1 强风蚀区

从沙尘天气发生的结果看,沙尘天气从发生到结束,经历了起沙—传输—沙尘减少(增加)—结束的过程,中间会经历沙尘减少或增加的反复过程,而沙尘物质的不断补充则需要局地风力加大,也就是说在我国沙尘传输的路径区域存在着若干个风力增加的地区—强风蚀区。

研究表明,强风蚀区的形成与地形有关,而风力的强弱和危害性与气流下垫面的粗糙度成反比。地形对风速的影响表现在导风和屏蔽两方面,当气流方向与河谷或山地峡谷走向一致或交角不大时,河谷或峡谷就会起到导风作用,空气由开阔地区进入河谷或较大山地的隘口、峡谷时,气流的横截面积减小,由于空气质量不可能在这里堆积,于是气流就必须加速前进,从而使风速加大,形成强风。这种使气流速度加快的河谷或山地峡谷就构成了气流通道—强风蚀区,也就是人们常说的风口。

据气候资料,我国北方沙区有3个大气环流系统。其中西风环流基本活动于全区,对全区风沙活动方向有根本性影响;西伯利亚—蒙古高压与太平洋副热带高压的相对活动,造成东部地区的多风天气;青藏高原季风环流除影响柴达木地区的天气系统外,对西北地区气候干燥和沙漠化发展的加剧,有明显影响。三大大气环流的综合作用和特殊的地貌环境给我国北方沙区带来了干燥的大风天气,除塔里木盆地伽师强孜至民丰沙吾札克一线以东的塔克拉玛干沙漠东部、北部和中部盛行东北风外,其他地区主风向均为西北风。

正是受到东亚季风、北支西风以及青藏高原季风3个大气环流的影响,我国北方从东到西分布着四大沙地和八大沙漠,呈一条弧带状绵亘于西北、华北和东北的土地上,为沙尘天气的发生提供了丰富的沙物质。在有了足够数量的沙物质后,三大环流系统的综合作用和特殊的地貌环境给我国北方沙区带来了干燥的大风天气,气候因素与地面物质的结合形成了影响我国沙尘天气的强风蚀区。

6.1.1 强风蚀区空间分布格局

我国沙区风蚀区主要有34个,分布在我国北方的新疆、甘肃、青海、陕西、内蒙古等沙化土地重点省(自治区)。依据各风蚀区风速的大小、走向,自然地理条件和植被类型,沙化土地的现状及分布特点,将我国北方沙区分为7个强风蚀区。

6.1.1.1 古尔班通古特沙漠西北缘强风蚀区

该强风蚀区包括新疆的阿拉山口、哈巴河、老风口3个风口。主要影响新疆北部地区。该区域典型的特点就是风特别大,风口中心瞬时风速达到35m/s以上,年降水量较大,约为300mm,四季降水量比较均匀,植被覆盖度较高,绝大部分沙漠已固定或半固定,虽大风多,沙丘移动现象却较少见。主要的植物种类有沙蒿、戈壁针茅、木本旋花、胡杨、油柴柳、铃铛刺、额河木蓼、沙芦苇、沙葱、沙拐枣等。

6.1.1.2 天山东段—塔克拉玛干沙漠南缘强风蚀区

该强风蚀区包括新疆的达坂城、三塘湖、七角井、若羌、且末、安迪尔6个风口，主要影响南疆绿洲区，也是影响西北地区沙尘暴的主要沙尘源之一。该区极端干旱少雨，年降水量多在100mm以下，甚至只有几毫米。风大沙多，风口地区8级以上大风日数均在35天以上，风口中心风速可以达到35m/s。该区典型的特征是风沙活动剧烈，流动沙丘和戈壁面积大，沙漠边缘分布有少量的绿洲区，植被稀少，自然条件恶劣，生态环境极为脆弱，天然植被一经破坏很难恢复，人工植被只能在灌溉条件下生长。主要的植物种类有胡杨、灰杨、柽柳、管花肉苁蓉、骆驼刺、沙蒿、芦苇、梭梭、沙拐枣、白刺、甘草、欣麻等。

6.1.1.3 柴达木盆地西段强风蚀区

该强风蚀区包括青海的茫崖、格尔木、塔尔丁、乌图美仁等风口。该区气候既具有青藏高原的高寒特点，又具有温带荒漠的气候特征，降水稀少，且年变率大，降水多在100mm以下，属于我国极端干旱区域之一。风大沙多，每年8级以上大风一般在40天左右，大风吹起流沙，掩埋农田、道路、草场，吹散畜群，造成严重灾害。植被稀少，且分布不均，主要的植物种类有多花柽柳、长穗柽柳、罗布麻、盐爪爪、白刺、膜果麻黄、甘青铁线莲、盐地凤毛菊、柴达木沙拐枣、胡杨等。

6.1.1.4 河西走廊—阿拉善强风蚀区

该强风蚀区包括内蒙古和甘肃的红柳河、安西、民勤、景泰、呼鲁赤古特、拐子湖、巴彦毛道7个风口。主要影响地区为河西走廊、阿拉善高原以及河套地区。该区分别属于内蒙古自治区和甘肃省，属中温带大陆性干旱气候。云量少、光照足、气温低、生长季短，降水少，蒸发强烈是该区主要的气候特点。全区平均云量约在4成，年日照时数在3000以上，在全国仅次于青藏高原；年平均气温为6~8℃，全区生长期平均为150~170天；年降水量为40~200mm，各地差异较大，在分布上有东多西少，南多北少的特点。主要的植物种类有柽柳、沙枣、枸杞、花棒、柠条、白刺、沙冬青、泡泡刺、骆驼刺、麻黄、沙葱、甘草、黄花、盐爪爪、狭叶锦鸡儿、霸王、红沙、油蒿、沙竹及蒙古扁桃等。

6.1.1.5 鄂尔多斯—乌拉特强风蚀区

该强风蚀区包括内蒙古的满都拉、准格尔、呼勒盖尔、磴口、定边等6个风口，主要分布在库布齐、乌兰布和沙漠和毛乌素沙地。主要影响地区为华北和东部地区。该区分属于内蒙古自治区和陕西省，年降水量为200~300mm，沿中蒙边境一线降水量在200mm以下。该区虽然干旱多风，植被稀疏，但地表水和地下水资源相对丰富，天然及人工植被可在自然降水条件下生长恢复。主要的植物种类有沙柳、旱柳、白榆、杨柴、花棒、柠条、白刺、油蒿、沙竹、甘草、防风、麻黄、蒙古扁桃、樟子松、锦鸡儿、山荆子、稠李、西伯利亚杏、绣线菊、小红柳等。

6.1.1.6 浑善达克沙地东北部强风蚀区

该强风蚀区主要包括内蒙古的朱日和、东乌旗、锡林浩特、阿巴嘎4个风口，主要影响地区为华北北部和东北地区南部地区。该区年降水量多在200~300mm，且分布不均。

植被覆盖度较高，除具有沙地植被特点外，不同区域具有地带性植被特征，沙丘链多为固定、半固定沙地。虽然干旱多风，但地表水和地下水资源相对丰富，天然及人工植被可在自然降水条件下生长恢复。主要的植物种类有白榆、锦鸡儿、山荆子、稠李、西伯利亚杏、绣线菊、柠条、白刺、油蒿、沙竹、甘草、麻黄、蒙古扁桃、樟子松、油松、落叶松、杨树、柳树等。

6.1.1.7 内蒙古东部强风蚀区

该强风蚀区包括内蒙古的新巴尔虎、扎鲁特、翁牛特和通辽四个风口，主要影响地区为东北地区。该区自然条件较好，年降水量为200~400mm，植物生长良好，除草本和灌木外，还有乔木分布。主要植物有榆、樟子松、黄柳、白桦、柠条、灌木柳、羊茅、线叶菊、贝加尔针茅和蒿属植物以及禾草等。

6.1.2 强风蚀区空间分布特征

6.1.2.1 沙化土地及植被空间分布特征

强风蚀区空间分布区域与我国沙化土地的分布一致，其分布规律为沙化土地由西到东戈壁逐步减少，到贺兰山东麓基本消失。沙漠大部分分布于贺兰山以西的广大地区，从西到东呈不连续分布，且面积逐步缩小。沙地分布于贺兰山以东，以内蒙古自治区所占比例最大，集中分布于北京周边地区。从沙化土地类型分析，从西到东以流动沙地为主过渡到以半固定沙地为主，再向固定沙地过渡。西部半固定沙地和固定沙地虽然面积较大，但占沙化土地总面积的比例却较小，东部固定沙地占沙化土地比例却相当大。与沙化土地类型分布相一致，植被盖度也呈现出由东向西减少的趋势，植被种类由复杂趋向简单，由乔灌草复合型向单一植被类型过渡。

6.1.2.2 降水量空间分布特征

强风蚀区降水不仅少，而且极不稳定，降水量的年内变化和年际变化无任何规律性，局部干旱区域连续一年甚至多年滴雨不降。总体上降水量由东到西逐渐下降，以贺兰山为界，东部强风蚀区域受太平洋季风的影响，多年平均降水量在100mm以上。贺兰山以西区域远离海洋，雨量稀少，气候干燥，为显著的大陆性气候特征，降水量多在100mm以下（表6-1）。

表6-1 我国北方强风蚀区各地年降水量

地点	降水量（mm）	地点	降水量（mm）	地点	降水量（mm）
若羌	25	大柴旦	85	磴口	162.4
且末	18.6	格尔木	42	阿拉善左旗巴彦	89
托克逊	7.1	敦煌	36.8	二连浩特	140
巴里坤	203	安西	45.7	东乌珠穆沁旗	248
哈密	35	金塔	59.9	阿巴嘎	242
吐鲁番	15	酒泉	85.3	苏尼特右旗	211

（续）

地点	降水量（mm）	地点	降水量（mm）	地点	降水量（mm）
民风安得河	24	张掖	129	乌拉特后旗	202
哈巴河	170.5	武威	158.4	西乌珠穆沁旗	330
布尔津	118.9	民勤	115.2	新巴尔虎左旗	270
托里	203	额济纳	47	新巴尔虎右旗	250

6.1.2.3 风速及大风日数空间分布特征

受气压分布和大气环流的影响，强风蚀区风速在地域上分布呈现从北向南、从东到西逐渐缩小的特征，大风日数则呈现西部多东部少、北部多南部少的态势。

表6-2 强风蚀区风值表

分区	风口位置	年均风速（m/s）	大风日数（天）	分区	风口位置	年均风速（m/s）	大风日数（天）
新疆北部	阿拉山口	6.1	166	天山东段南疆沙漠边缘	三塘湖	4	135
	老风口	3.1	135		达坂城	5.8	133
	哈巴河	4.3	110		七角井	3.5	151
河西走廊及阿拉善高原	红柳河	4.1	128		若羌	3.2	54
	安西	3.7	80		且末	3.3	36
	民勤	3.2	42		安迪尔	3.1	38
	景泰	2.9	70	毛乌素沙地以北	磴口	4.1	42
	呼鲁赤古特	5.1	115		准格尔	3.6	32
	巴彦毛道	4.3	85		鄂托克	3.5	58
	拐子湖	4.3	106		定边	3.2	41
浑善达克以北	阿巴嘎	3.8	91		虎勒盖尔	5	154
	锡林浩特	4.3	72		朱日和	5	150
	东乌旗	4.6	86		满都拉	5	150
内蒙古东部	通辽	3.6	64	柴达木盆地西段	茫崖	4	104
	扎鲁特	3.8	73		塔尔丁	3.8	48
	新巴虎左旗	4.2	79		格尔木	3.6	76
	翁牛特	4.1	74		乌图美仁	3.9	45

6.1.2.4 沙尘天气空间分布特征

沙尘天气的形成与大气、地形和植被的关系十分密切。强冷空气是形成沙尘天气的唯一驱动力，在气流强大动力的驱动下，地面无植被覆盖时，气流携带大量地表粉尘细沙，悬浮在空中形成沙尘天气。

通过对我国北方沙尘天气多年活动路径分析可知，偏北路径与内蒙古东部强风蚀区和浑善达克沙地东北部强风蚀区分布一致；偏西路径和西北路径与古尔班通古特沙漠西北缘强风蚀区、河西走廊—阿拉善强风蚀区、鄂尔多斯—乌拉特强风蚀区一致，西部路径与天山东段—塔克拉玛干沙漠南缘强风蚀区、柴达木盆地西段强风蚀区分布一致；南疆盆地路径主要受塔克拉玛干沙漠南缘强风蚀区影响；局地路径则基本不受强风蚀区影响。

西部地区主要以流动沙地为主，沙区气候干燥，植被稀少，降水稀少，蒸发量大，地表多疏松的沙物质，在强风蚀区附近易受风力吹扬形成沙尘天气。东部风力虽大，但植被状况较好，风沙活动相对西部要少得多。

6.2 沙尘路径区与强风蚀区关系

我国沙尘天气路径分为偏北路径型、偏西路径型、西北路径型、南疆盆地型和局地型五类。

偏北路径型：沙尘天气起源于蒙古国或我国东北地区西部，受偏北气流引导沙尘主体自北向南移动，主要影响西北地区东部、华北大部和东北地区南部，有时还会影响到黄淮等地。

偏西路径型：沙尘天气起源于蒙古国、我国内蒙古自治区西部或新疆维吾尔自治区南部，受偏西气流引导沙尘主体向偏东方向移动，主要影响我国西北、华北，有时还影响到东北地区西部和南部。

西北路径型：沙尘天气一般起源于蒙古国或我国内蒙古西部，受西北气流引导沙尘主体自西北向东南方向移动，或先向东南方向移动，而后随气旋收缩北上转向东北方向移动，主要影响我国西北和华北，甚至还会影响到黄淮、江淮等地。

南疆盆地型：沙尘天气起源于新疆南部，并主要影响该地区。

局地型：局部地区有沙尘天气出现，但沙尘主体没有明显的移动。

五条沙尘路径受大气环流影响，在风力达到一定程度时，会对地表的沙尘物质产生吹蚀作用，大风裹挟着地面的沙尘物质并将其带到空中，这些沙尘随风漂移，中间既有部分沙尘沉降，也有地面新的沙尘被吹起，补充到浮尘中。沙尘在传输过程中，如果得不到地面沙尘物质的补充，沙尘天气对我国华北地区的危害就会大大降低，沙尘天气的覆盖范围就会大大缩小。影响我国的五条沙尘路径，并不是固定不变的，每次沙尘天气在每条路径对我国的影响范围也是随着天气状况、下垫面物质和地形地貌的变化而不同，只是沙尘移动路径总的趋势是相近或相似的（图6-1）。

在影响沙尘天气的天气系统中，中国主要的沙尘天气影响系统包括冷锋、蒙古气旋、热低压、地面高压等，而多数沙尘天气过程往往是2个以上的天气系统联合造成的。其中最主要影响中国沙尘天气的天气系统是冷锋和蒙古气旋，其各自及联合的天气系统占总次数的89.58%。

偏北路径主要对应浑善达克沙地东北部强风蚀区的全部风口和内蒙古东部强风蚀区部分风口。

偏西路径主要对应古尔班通古特沙漠西北缘强风蚀区、天山东段—塔克拉玛干沙漠

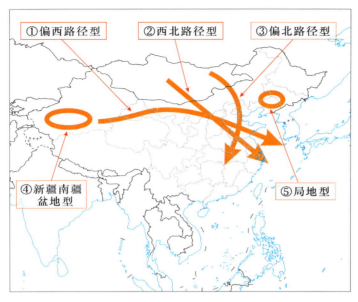

图 6-1 我国典型沙尘天气路径示意图

南缘强风蚀区、柴达木盆地西段强风蚀区的全部风口和河西走廊—阿拉善强风蚀区的部分风口。

西北路径主要对应河西走廊—阿拉善强风蚀区的部分风口和鄂尔多斯—乌拉特强风蚀区的全部风口。

南疆盆地路径主要对应天山东段—塔克拉玛干沙漠南缘强风蚀区的部分风口。

局地型路径主要对应浑善达克沙地东北部强风蚀区的部分风口和内蒙古东部强风蚀区的全部风口。

上述沙尘路径和强风蚀区与我国今后十年沙化土地治理的重点区域吻合。黄河"几字弯"攻坚战所在区域，处于沙尘偏西路径和西北路径上，是影响京津及我国东部地区境内主要沙尘策源地。科尔沁沙地、浑善达克沙地歼灭战所在区域，处于偏北路径和局地型沙尘天气的影响范围内，是影响京津地区境内主要沙尘策源地。河西走廊—塔克拉玛干沙漠边缘阻击战所在区域，处于偏西路径、西北路径和南疆盆地路径上，是影响我国东部和新疆南部的境内主要沙尘策源地。

6.3 我国沙尘天气传输特征

6.3.1 沙尘传输路径的年际变化特征

6.3.1.1 全年沙尘事件路径分析

依据沙尘时空演变规律的已有研究结果结合历史观测数据分析得知，我国北方地区的沙尘天气活动具有明显的年代际变化特征，在20世纪60—70年代波动上升，80—90年代波动减少，2000年之后又急剧上升，直至2011年起沙尘天气过程才显著减少，其年发生频率由前期（2000—2010年）的15.7次/年锐减至11.3次/年。尽管过程数量上呈现较大的波动性，但中高强度的事件频率总体呈下降趋势，其中沙尘暴天气的出现频次相较20世纪明显减少。在此基础上，为进一步了解沙尘活动的空间分布特性，基于上文提到的路径分型对近22年发生的沙尘事件进行判识，发现我国北方地区的沙尘传输特征正在随着气候的周期性变化以及生态环境的良性改善而悄然改变。

总体来看，2000—2021年五种典型传输路径中以西北路径型所占比例最高，可达38.0%；其次为偏西路径型和偏北路径型，分别占到33.3%和15.2%；局地型沙尘天气过程出现频次较少，为8.8%；南疆盆地型占比最低，仅为4.7%。纵观逐年的路径比例分布可知，偏西路径型沙尘天气在2001年、2007年、2013—2014年、2016年、2018年、2020—2021年中发生得最为频繁，而2008年和2015年以偏北路径型为主，此外各年则均以西北路径为沙尘传输的主要路径。但值得关注的是，从2014年开始西北路径型沙尘过程发生频率较前期出现了大幅下降，近几年影响我国的沙尘天气多来源于偏西、偏北两路，这一特征表明我国沙尘移动的主导路径有所调整。特别是在2016年、2018年以及近两年（2020—2021年），可能受东亚大气环流年代际变化和生态环境改善的共同影响，偏西路径型沙尘天气频现，占比可达30.0%~61.5%，远高于其他路径型，成为近年来我国北方地区沙尘天气的主要传输路径之一（图6-2）。

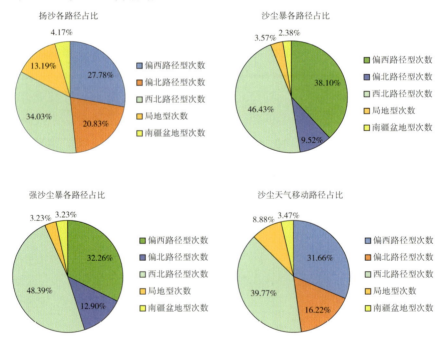

图6-2 各沙尘天气移动路径占比图

6.3.1.2 春季沙尘事件路径分析

整体而言，我国北方地区的沙尘活动季节差异悬殊，总体呈现冬春高、夏秋低的分布特征。从月尺度变化来看，沙尘的活跃期主要集中在 2—5 月份，该时段发生的事件累计频数已超过了近 22 年总过程数量的 85%，并且其中约有 90% 以上的沙尘天气出现在春季（3—5 月），发生频次显著高于其他季节。许多先前的相关研究也曾指出东亚地区的尘暴事件多发于春季，因此后文将着重讨论春季沙尘过程的传输路径特征。

就 2000—2021 年间各路径事件的发生比例而言，西北路径出现最多（89 次、38.5%），偏西路径次之（76 次、32.9%），偏北路径较少（42 次、18.2%），南疆盆地型最少（10 次、4.3%），其余为局地型（14 次、6.1%）。为了进一步探究春季北方沙尘移动路径的年际变化，在此将研究期大致以 7 年为间隔（2000—2006 年、2007—2013 年、2014—2021 年）来统计各时段主要输送通道的累计频次变化规律。结果发现，西北路径型在 21 世纪初期占据主导传输地位（51.6%），随后呈现明显的下降趋势，阶段降幅率分别达到 12.8% 和 17.7%。偏西路径型沙尘天气的比例却在不断增加，由最初的 22.6% 升至 40.8%，平均阶段涨幅为 9.1%。偏北路径型在 2013 年以前占比差异较小，但值得注意的是，2014 之后其阶段占比从 15% 左右迅速攀升至 25.4%，增长显著。南疆盆地型和局地型沙尘事件的发生比例基本保持稳定，近 8 年有轻微增加的趋势，但由于前期基数较小，最大阶段占比仍均不足 10%。

对比上述 3 个阶段的传输特点可知，不同时期沙尘过程的主要移动路径略有区别。2000—2006 年以西北路径为主，2007—2013 年为过渡期、逐渐表现为西北路径和偏西路径齐高的分布特征，2014—2021 年则调整为以偏西路径为春季沙尘天气的主导传输路径（图 6-3）。

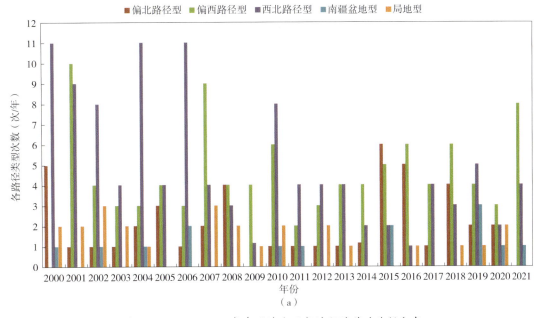

图 6-3　2000—2021 年我国沙尘天气过程的移动路径分布
（a）全年

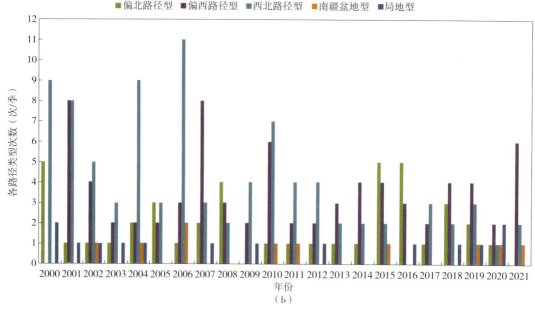

图 6-3 2000—2021 年我国沙尘天气过程的移动路径分布（续）

(b) 春季

6.3.2 不同时间尺度沙尘传输路径特征

此外，从不同的时间尺度进行分析，沙尘的主要传输轨迹呈现些许差异（表 6-3）。在近十年的沙尘事件中偏西路径型出现频次最高，共计 47 次，占据了总数量的 40.5%，西北路沙尘出现频率为第二位，发生了 31 次，占比 26.7%，其次为偏北路传输通道，约占总过程数量（116 次）的 19.8%，局地型沙尘和南疆盆地型沙尘发生频次较少，均不足 10 次，分别占 6.9% 和 6.0%；针对近五年（2017—2021 年）的沙尘事件，偏北路径型沙尘共计出现 9 次，占总数的 14.8%，偏西路径沙尘出现 25 次，占总数的 41.0%，西北路径沙尘出现 18 次，南疆盆地型和局地型合计出现 9 次。近三年（2019—2021 年）的沙尘事件仍以偏西路径、西北路径和偏北路径为主要传输通道，分别发生了 15、11 和 4 次，对应比例为 39.5%、28.9% 和 10.5%，南疆盆地型沙尘发生次数与近五年持平（5 次），所占比例较历史同期显著升高（13.2%），是近十年同期的两倍之多。相比其他路径，2019—2021 年局地型沙尘天气过程仅发生了 3 次，占比不足 8%。反观 2021 年的 13 次沙尘过程，其活动轨迹的分布特征明显不同于往年同期，约有 61.5% 的沙尘天气过程是沿偏西路径向下游地区输送，其中最具代表性的为 2021 年 3 月 13—18 日发生的强沙尘暴过程。此次过程发生于欧亚范围内经纬向环流转换期间伴随冷锋过境而产生，受强烈发展的蒙古气旋影响及其后部冷空气影响，蒙古国中南部及我国西北地区、华北大部、东北地区中西部、黄淮、江淮北部等地出现了连续多日的大范围扬沙或浮尘，其中新疆南疆、甘肃中部、内蒙古西部和甘肃西部部分地区出现沙尘暴或强沙尘暴，影响面积超过 380 万 km^2，堪称我国近十年最强沙尘天气过程。本次过程的主要起沙区位于蒙古国中南部，在气旋东移过程中南侧形成的大风区途径新疆东部及内蒙古中西部时沙源得到了补充加强，随后沙尘主体在西北气流的引导下自西向东逐渐影响我国北方地区。总体路径可以判识为典型的偏西路径型沙尘天气，但追溯不同地区的气团来源可以发现，影响呼和浩特和北京的沙尘传输通道主要为北偏东路径，影响银川的沙尘传输通道为西北路和北路，综合来看研究区域虽受多通道传输叠加影响，但主体贡献仍为起沙最早的蒙古国南部戈壁沙漠。通过上述分析可知，2021 年出现的绝大部分沙尘过程为偏西路径型，尽管沿西北路径移动的沙尘比例相较近年同期也有小幅增长（增至 30.8%），但其增长速率远低于前者。同时，与上述两条路径形成较大反差的是，2021 年研究样本中并未出现偏北路径型和局地型沙尘事件，这一现象的出现可能与沙漠、戈壁的地理分布和强冷空气移动路径的改变密切相关，提示我们需要对东亚环流形势的演变以及下垫面条件的变化等因素予以更多的关注。

春季过程的路径概况如表 6-4 所示，可以看到近 10 年、近 5 年、近 3 年以及近 1 年累计发生的偏西路径型沙尘比例呈现依次递增态势，分别为 40.0%、41.9%、44.4% 和 66.7%，均显著高于近 22 年同期（32.9%）；而偏北路径事件比例表现为近似直线的下滑趋势，各阶段的累计占比分别为 23.5%、16.3%、11.1% 和 0%。尤其是 2019—2021 年的春季，该路径的发生比重已低于近 22 年同期水平（18.2%）；西北来向的沙尘活动比例在上述各研究时段波动较小，处于 22.2%~25.6%；南疆盆地型沙尘事件略有增加，近 3 年已累计占比 11.1%，分别较近 10 年、近 5 年同期高 6.4% 和 4.1%，同时对于不同时段该路径在春季过程中的占比也明显高于在全年事件中的比值；相比南疆盆地型事件比例的增加，局地型沙尘事件呈现先增后减的变化趋势，近 10 年累计占比 7.1%，近 5 年为 9.3%，近 3 年达到峰值（11.1%），但在 2021 年该路径频次出现了大幅减少，各级强度的沙尘过程均未涉及。

表 6-3 近十年不同路径沙尘天气过程的累加次数（次）

	偏北路径型	偏西路径型	西北路径型	南疆盆地型	局地型
近十年（2012—2021 年）	23	47	31	7	8
近五年（2017—2021 年）	9	25	18	5	4
近三年（2019—2021 年）	4	15	11	5	3
近一年（2021 年）	0	8	4	1	0

表 6-4　春季不同时间尺度的各路径沙尘天气过程的累加次数（次）

	偏北路径型	偏西路径型	西北路径型	南疆盆地型	局地型
近十年（2012—2021 年）	20	34	21	4	6
近五年（2017—2021 年）	7	18	11	3	4
近三年（2019—2021 年）	3	12	6	3	3
近一年（2021 年）	0	6	2	1	0

6.3.3　不同强度沙尘天气过程的传输路径分布特征

2000—2021 年我国共出现 297 次大范围沙尘天气过程，其中扬沙天气过程占比 56.2%，沙尘暴过程占比 32.0%，其余为强沙尘暴天气过程（11.8%）。从强度来看扬沙是目前影响我国北方地区的最主要沙尘天气，特别是自 2015 年起扬沙过程数量较历史同期显著增长，连续七年占总比均超过了 60%，由此认为在当前沙尘暴天气日益减少的背景下亟需对低强度事件的分布特征加以关注。但由于对于沙尘移动路径现有的研究大多是针对研究期间发生的所有沙尘过程，较少依据过程强度对样本进行分类统计，仅有的一些也是针对强沙尘天气进行分析，因此，本节将按照过程强度等级对近 22 年的沙尘事件进行划分，进而得到不同强度沙尘天气的空间活动差异特征。

6.3.3.1　扬沙天气过程的传输特征

沙尘粒子的转运轨迹与造成沙尘天气的冷空气移动密切相关，东亚地区的沙尘移动路径主要有西北路径、偏西路径和偏北路径 3 种。关注扬沙天气过程的移动路径年际变化趋势（图 6-4），可以看出沙尘事件强度越弱，西北路径出现的频率越高（34.1%），其次为偏西路径（29.9%），3 种典型传输路径中以偏北路径型占比最低（19.2%）。总体来看，扬沙天气过程的传输特征与总沙尘天气的路径分布较为一致，这主要是由于每年轻度沙尘事件发生得最为频繁，其累计数量已占据了近年来沙尘总过程的一半之多，因而导致二者的主体趋势较为相似。其中，2005 年、2008 年、2014 年和 2017 年为 4 个突变年份，根据该时间节点可将其余年份划分为 5 个时段（S1—S5），2000—2004 年（S1）期间西北路径作为扬沙天气的主要移动路径，表现出高频高震荡的阶段特点，2005 年呈现显著的下降趋势，由前期的平均占比 51.2% 突降至 16.7%，年降幅率可达 41.6%，随后在 2006—2007 年（S2）保持了较大的波动，2008 年占比减至最小（0），全年未发生西北传输型扬沙天气过程。2009—2013 年（S3）为此路径的第二高发阶段，频次比例（40.9%）接近 21 世纪初期（S1）水平，但在 2014 年再现突降趋势，负变幅高达 50.0%。第四阶段（2015—2016 年、S4）为低频期，年际变化差异较小。2017 年增加态势明显，为近十年西北路径型占比最高年份，约有 1/2 的扬沙天气过程来源于此路径。2018 年至今（S5）为平稳过渡阶段，西北路径的轻度沙尘天气较上一阶段略有减少，

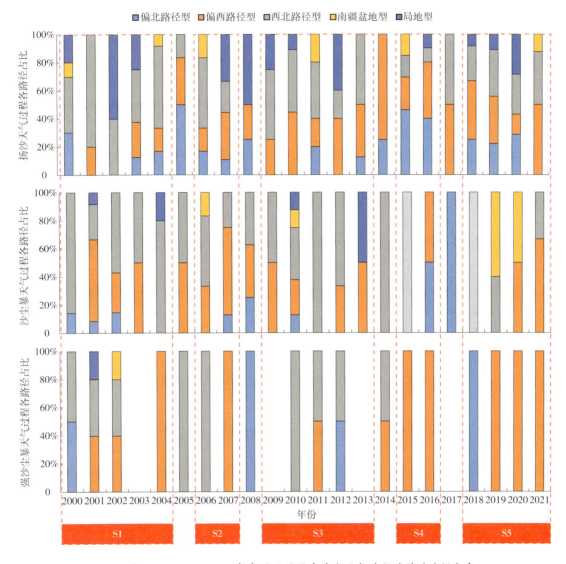

图 6-4 2000—2021 年我国不同强度沙尘天气过程的移动路径分布

年频率为 28%~38%；偏西路径沙尘事件的变化趋势总体呈现平稳上升的态势，其中 S1 阶段占比最低，仅为 12.3%，2000 年和 2002 年尤为特殊，均未出现偏西路径移动的扬沙过程。随后在 S2—S3 阶段该路径的比例表现为小幅波动上升，且年际变化中增幅多高于降幅，直至 2014 年达到峰值比例 75.0%。S4—S5 阶段的平均占比与前两阶段总体持平，但值得关注的是自 2017 年之后该路径比例呈现持续下降趋势，在 2020 年达到近 18 年最低值（14.3%），2021 年大幅反弹至 50.0%；研究期间偏北路径型呈现较大的波动性，高发期主要集中在 S4 阶段（43.1%），在 S2、S5 阶段虽有发生但平均比例不足 20%，而 S1、S3 两个阶段的发生频率更是显著低于其他时段。统计发现近 22 年中约有 1/3 的研究年份尚未出现偏北路径型的扬沙事件。相较于上述 3 种沙尘的常见活动轨迹，局地型扬沙天气总体呈现较低的频次比例，为 12.6%，S1—S5 各阶段占比分别为 21.0%、16.7%、15.2%、5.0% 和 12.0%。对比上文提及的近年来发生的总沙尘事件中该类型比例（8.8%），可以初步判定局地型沙尘事件的过程强度普遍偏低，不易引发沙尘暴类的高影响天气。此外，南疆盆地型沙尘过程近10年的平均比重仅为3.7%，近三年虽有小幅上升，但仍不足5%，远不及其余四种路径类型，这可能与不同沙源地对沉降区的影响高度差异有关。有学者研究发现塔克拉玛干沙漠的粉尘只有达到4000m以上时才能被搬运出本地，在西风引导下影响下游地区；柴达木盆地的粉尘对研究区的影响高度为4000~5000m；腾格里沙漠和巴丹吉林沙漠对研究区的影响高度为500~1000m。由于河西地带的两大沙漠地势较为平坦，在蒙古高压驱动的冷空气袭击下，局地更易形成极端大风区，由此可以认为中部沙漠是我国主要的沙尘暴高发区，产生的沙尘粒子可以远距离输送至汾渭平原甚至华北等地，从而对下游地区造成环境灾害。

在2019—2021年我国北方地区累计出现的24次扬沙天气过程中，偏西路径和西北路径占据主导传输地位，比例均为33.3%，相较近五年（2017—2021年）同期分别低5.3%和0.7%。偏北路径型、局地型和南疆盆地型扬沙事件的比例依次为16.7%、12.5%和4.2%，略高于近五年同期水平（15.9%、9.1%和2.3%）。对比近十年同期，偏北路径的降幅最大，达8%，其次为偏西路径，减少了2.5%，其余3种典型路径的比例增长了0.5%~6.1%不等，其中以西北路径型沙尘增加最为显著。

6.3.3.2 沙尘暴及以上强度沙尘天气过程的传输特征

近些年沙尘暴发生次数较少，有学者对中国沙尘暴的时空分布规律、源地、移动路径及研究方法和手段进行了系统总结，认为中国沙尘暴的移动路径主要有3条：西北路、西路和北路，其中西北路的沙尘暴天气最多，占总发生次数的76.9%。有研究利用CALIPSO卫星遥感资料结合HYSPLIT后向轨迹分析了2009年、2010年和2011年4月下旬西北地区的3次典型沙尘暴过程的气流输送轨迹，判定上述过程均为西北路径的沙尘暴，差异在于混合型沙尘天气主要朝东移动，而纯冷锋型沙尘天气主要朝东南方向移动。

经过本节对历史观测数据的大量分析，认为不同于扬沙天气拥有3类主要移动路径，沙尘暴过程则多通过偏西和西北两条通道传输，同时事件的强度与偏北路径所占比例呈现负相关性。具体来看，针对近22年的沙尘暴天气过程，西北路径型的输送比例最高，为43.2%；其次为偏西路径型，占比36.8%；偏北路径型沙尘暴（9.5%）和南疆盆地型沙尘暴（6.3%）的出现比例较为接近，均不足10%；局地型沙尘暴比重最低，仅为4.2%。针对强沙尘暴事件，西北路径和偏西路径的出现比例相当，分别为42.8%和40.0%，远高于其他3种轨迹类型；偏北路径的输送比例相比其在沙尘暴过程中的占比有小幅增加，升至11.4%；而新疆南疆盆地发生的小尺度区域性强沙尘暴过程仅占2.9%，局地型占2.9%。进一步探究（强）沙尘暴主要移动路径的年际变化规律，可以将其具体分为3个阶段：2000—2010年为第一阶段，西北路沙尘和西路沙尘虽总体表现出"双高"的传输特征，但西北路径已呈现下滑趋势，由2005年之前的逐年占比50%以上降至后期的30%~50%，西路沙尘暴则在波动中小幅增加；第二阶段2011—2014年为大幅震荡期，西北来向的事件比例呈现深"V"型双峰分布，2011年和2014年的沙尘暴过程全部来源于此路径，而与之形成鲜明对比的是，2013年该通道未曾出现过强沙尘事件。与此相反，偏西路径为"倒 V"型分布，2012 和 2013 年的传输频率分别为 33.3%、50.0%；自 2015 年起为第三阶段，西北路沙尘暴几乎消失，沙尘暴的首要输送通道逐渐转为偏西路径，为近三年强沙尘暴过程的唯一传输途径（图 6-5）。

对比不同时间尺度的强沙尘过程的移动路径分布可以发现，在近三年累计发生的 10 次沙尘暴过程中，南疆盆地类型的发生比例最高，占 40%，偏西路径和西北路径各占 30%。这一现象定量印证了已有研究结论，塔里木盆地是东亚地区的沙尘高发区，盆地西南部的和田地区在每年春季更是屡遭沙尘暴天气的危害。有学者曾基于 2010—2014 年的多次强沙尘过程探究得到了新疆和田地区春季沙尘有西北、北部、东北、西部和西南 5 条传输路径，其中东北路径发生最为频繁。本节将近三年沙尘暴的传输特征与近五年、近十年同期进行对比，发现近两年强沙尘天气的移动路径种类正在慢慢缩减，已由早年

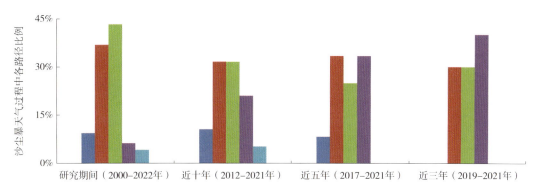

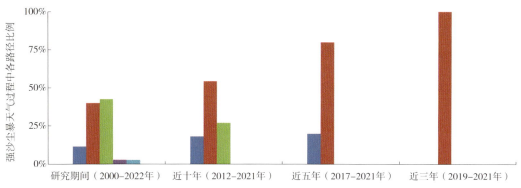

图 6-5　不同时间尺度我国沙尘天气过程的移动路径分布

的 5 类逐渐调整为现在的西北、偏西和南疆盆地型 3 类，并且以南疆盆地型和偏西路径型事件居多。聚焦强沙尘暴过程，近些年西北来向的极端沙尘天气已发生得越来越少，近五年主要通过偏西路径和偏北路径传输，分别占比 80% 和 20%。在近三年强沙尘暴事件中，偏西路径的输送比例更是不容忽视（100%）。

6.3.4 不同传输路径沙尘气溶胶的空间特征差异

由上文分析可知，西北路径、偏西路径和偏北路径为我国沙尘天气的主要传输通道。利用 CALIPSO 卫星资料对上述不同路径来向的沙尘天气的气溶胶空间分布特征进行对比研究，结果表明：在沙尘爆发阶段，粒子的垂直分布高度普遍在 3km 以上；在沙尘减弱阶段，地面观测现象通常为扬沙或浮尘天气，沙尘粒子集中在 0~2km 的高度范围。在西北和偏西路径类型的事件中，沙尘气溶胶的垂直分布高度更高；相比于西北路沙尘天气，偏西路径的污染性沙尘粒子有所增多；不同的沙尘源区和移动路径导致了沙尘成分也有所差异。

6.4 近年来华北地区沙尘天气传输特征分析

6.4.1 沙尘传输路径的年际变化特征

2021 年华北地区共出现了 9 次大范围的沙尘天气过程，其中约有 7 次发生在春季。从过程强度来看，沙尘暴以上强度的灾害性天气（2 次为沙尘暴过程，2 次为强沙尘暴过程）占了总次数的 44.4%，且各过程均发生在 3—5 月期间；其余 5 次强度稍弱，为扬沙天气过程。相较于往年，高强度沙尘天气发生频次呈现显著增多趋势。从沙尘系统的移动路径分布可知（图 6-6），近三年以西北路径型传输的沙尘天气占主导地位，其发生频次接近全年沙尘总次数的一半；此外，偏西路径型沙尘也呈增多态势。其中，2020 年

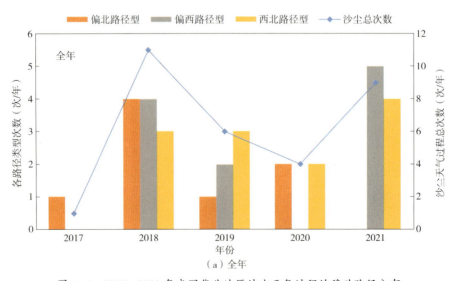

图 6-6 2017—2021 年我国华北地区沙尘天气过程的移动路径分布

图 6-6　2017—2021 年我国华北地区沙尘天气过程的移动路径分布（续）

前，春季沙尘天气尤以偏北和西北路径型为主，但 2021 年偏西路径型显著增加，占比高达 70% 以上。

通过分析上述沙尘天气的路径类型比例分布可知（图 6-7），近三年（2019—2021年）和近五年（2017—2021年）均呈现西北路径型 > 偏西路径型 > 偏北路径型，西北路径型已成为近几年华北地区沙尘发生的最主要的传输路径；但 2021 年，可能受冷空气系统移动影响，偏西路径型突增，占比高达 50% 以上，西北路径型接近往年同期平均，占 44.4%，而偏北路径型的沙尘天气截至目前尚未发生。聚焦春季，沙尘路径分布与全年平

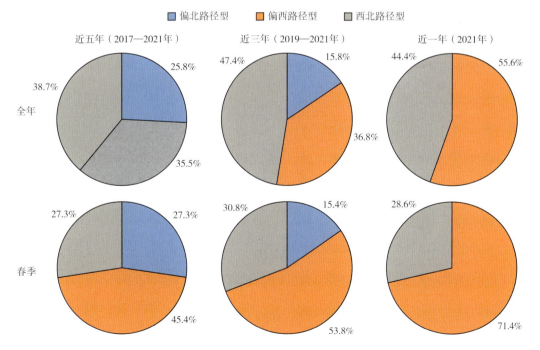

图 6-7　不同时间尺度的华北地区沙尘传输路径比例分布

均略有不同，转为偏西路径型＞西北路径型＞偏北路径型，2021年春季偏西路径型沙尘天气发生比例远高于历史同期，高达71.4%。总体来看，不论是全年还是春季，都表现出偏西路径型大幅增加、偏北路径型趋于减少的态势。

6.4.2 不同强度沙尘天气过程的传输路径分布特征

由于我国沙尘天气的主导路径正在发生改变，导致不同强度沙尘天气的路径分布也有所调整。分析高强度沙尘天气可知，2017—2020年强沙尘事件发生次数较少，平均为1~2次/年，2021年显著增加，高达4次。逐年来看，2017年仅发生了1次沙尘暴天气，属于偏北路径型；2018年发生了沙尘暴过程和强沙尘暴过程各1次，分别为偏北路径型和偏西路径型；2019年出现的沙尘暴天气（1次）为西北路径型；2020年则以扬沙浮尘天气为主，没有发生沙尘暴及以上强度的污染事件。而2021年相较往年同期出现了明显跃升，华北地区强沙尘天气过程频现，发生了1次偏西路径型沙尘暴过程和1次西北路径型沙尘暴过程，此外，还出现了2次强沙尘暴过程，均源于偏西路径型。由此我们得知，近年来华北地区高强度沙尘天气的引导气流也在变化，由2018年之前的多为偏北路径型逐渐转为现在的偏西、西北路径型为主，尤其以2021年为例，3/4的高强度沙尘天气为偏西路径型。现阶段，偏北路径型容易使华北地区形成扬沙级别的低强度沙尘天气过程（图6-8）。

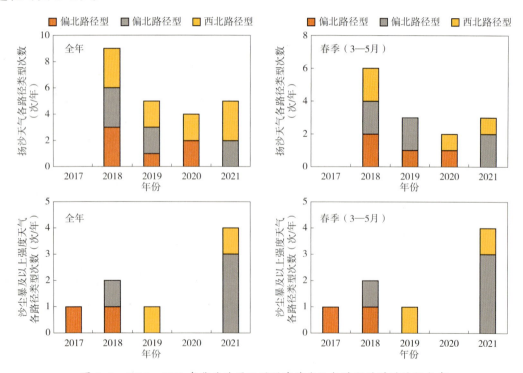

图6-8　2017—2021年华北地区不同强度沙尘天气过程的移动路径分布

6.4.3 影响北京地区的沙尘天气过程的路径分布特征

北京地处中国西北部沙尘暴源地的下风方向，屡遭外来沙尘天气的侵扰，不仅造成了大气环境质量的恶化，也给人体健康和交通运输等带来了严重的负面影响，引起社会各界的广泛关注。由此，众多学者基于不同方法研究了影响北京沙尘天气的源地和移动路径。多项研究表明，进入北京的冷空气和沙尘主要有偏西、西北和偏北3条移动路径，蒙古气旋冷锋是北京产生沙尘天气的最主要天气系统，影响北京的沙尘质点主要来源于我国内蒙古以及中蒙边境地区，并且北京沙尘发生次数与沙尘源区春季大气降水量有比较显著的负相关关系。也有研究认为，北京除了受上述3条直接输送的沙尘路径影响外，沙尘回流也是一类对空气质量影响较大的沙尘天气，这类污染过程主要是由于沙尘在上游沙源地起沙后先直接输送，穿过北京，然后停留在渤海湾和朝鲜半岛区域，在渤海弱高压系统作用下，又回流至北京所致，属于二次影响。有研究分析过沙尘由偏北路径输送北京并移至下游后，由南风造成沙尘向北回流再次传输至北京的个例。

现有研究成果中对北京地区的3条典型沙尘移动路径定义如下，其和前文提及的沙尘天气路径划分标准，总体上较为一致。

（1）北路：源区（蒙古东南部）→内蒙古乌兰察布→锡林郭勒盟西部的二连浩特市、阿巴嘎旗→浑善达克沙地西部→朱日和→张家口→北京；

（2）西北路：源区（蒙古中南部）→内蒙古阿拉善盟的中蒙边境→额济纳旗→河西走廊→毛乌素沙地、乌兰布和沙漠→呼和浩特→张家口→北京；

（3）西路：源区（南疆塔里木盆地塔克拉玛干沙漠边缘）→敦煌→酒泉→张掖→民勤→盐池→鄂托克旗→大同→北京。

根据已有统计结果，1980—2005年北京共出现外来传输型沙尘天气过程62次，其中北路有17次，占总数的27.4%；西北路有25次，占总数的40.3%；西北路和北路共同出现15次，占总数的24.2%；西北路和西路共同出现4次，占总数的6.5%；而西路仅有1次，占总数的1.6%。由上述分析得知长达26年的研究期间，影响北京地区的沙尘天气的主要传输通道为西北路和北路，其中以西北路更为主要，即沙尘天气过程中有明显的气旋活动由沙尘源地沿北路和西北路传输经过北京地区。

此处再对比本节针对近些年的统计结果，2017—2021年北京地区累计发生外来型沙尘天气过程共计18次，其中以西北路传输型出现次数最多、有7次，偏北路传输型次之、有6次，偏西路的沙尘活动频次最少（5次），分别占近5年沙尘总数的38.9%、33.3%和27.8%。根据上述各路径的分布情况，可以初步判定近年来影响北京地区的沙尘主体输送通道仍以西北路为主、偏北路为辅，总体路径特征较20世纪末、21世纪初尚无较大改变。但由于2021年北京地区的沙尘天气发生得尤为频繁，因此重点分析一下此年度沙尘天气过程的移动特征，可以发现在影响北京地区的6次沙尘事件中偏西路径型和西北路径型各占1/2。并且，2021年3月出现了两次强沙尘暴天气过程，导致北京及周边区域出现了大范围高强度的重污染事件，其传输类型均属于偏西路径。由此可以得出定论：在过去一年中偏西路径已经占据主导，未来几年影响北京甚至华北地区的沙尘输送特征或将改变。究其原因，这可能与毛乌素、浑善达克和科尔沁等部分沙源地的下垫面条件发生了较大改变有关，地表环境的改善使得影响华北等地的沙尘活动的频次及强度整体呈现减弱趋势。

7 沙尘与颗粒物轨迹分析及潜在源区识别

7.1 沙尘暴轨迹分析及潜在源区识别

HYSPLIT4（hybrid single-particle Lagrangian integrated trajectory，混合单粒子拉格朗日综合轨迹模式）轨迹模式是由美国国家海洋大气管理局（NOAA）与澳大利亚气象局（BOM）联合研发的用于计算气团轨迹，以及分析复杂输运、扩散、化学转化和沉积模拟的综合模式系统。该模式可用于描述污染物和有害物质的大气传输、扩散和沉积的各种模拟，包括跟踪和预测放射性物质、野火烟雾、沙尘、各种固定及移动排放源的污染物、过敏原和火山灰的释放，是在大气科学研究中应用最广泛的大气传输和扩散模型之一。该模式是欧拉和拉格朗日混合的扩散模式，其平流和扩散计算采用拉格朗日方法，以跟踪气流所携带的粒子的移动方向，浓度计算采用欧拉方法，气流垂直方向高度的计算则是利用气象数据中的位势高度数据，将其插值到遵循模式内部坐标系的地形数据中，以计算气流相对地面高度。

7.1.1 沙尘暴轨迹分析

通过 HYSPLIT 轨迹模式对近三年的沙尘暴过程进行气流轨迹分析，这里分析的是 500m 高空的后向 72 小时的气流运动轨迹。结果如下：

2019 年 3 月 19 日—21 日，新疆南疆盆地、内蒙古中西部、甘肃北部、青海西北部、东北西部等地出现扬沙和浮尘天气，新疆南疆盆地的部分地区出现强沙尘暴（图 7-1）。

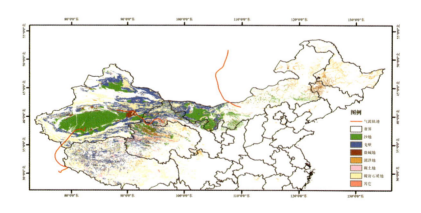

图 7-1 2019 年 3 月 19 日—21 日沙尘天气气流轨迹图

2019 年 5 月 11 日—13 日，内蒙古大部、甘肃中西部、宁夏、陕西北部、山西北部、河北北部、北京、天津、辽宁、吉林等地出现扬沙和浮尘天气，内蒙古中西部、甘肃中部的部分地区出现沙尘暴（图 7-2）。

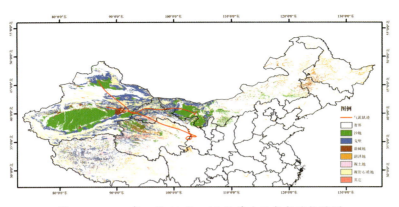

图 7-2　2019 年 5 月 11 日—13 日沙尘天气气流轨迹图

2019 年 5 月 14 日—16 日，内蒙古中东部、甘肃中西部、宁夏、山西北部、河北北部、辽宁西部、黑龙江西南部、吉林西部等地的部分地区出现扬沙和浮尘天气，内蒙古、甘肃中部的部分地区出现沙尘暴（图 7-3）。

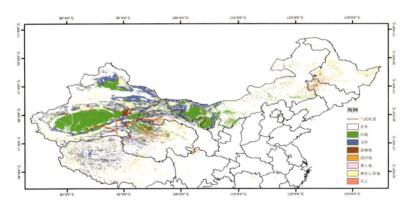

图 7-3　2019 年 5 月 14 日—16 日沙尘天气气流轨迹图

2020 年 3 月 8 日—10 日，新疆南疆盆地和东疆、青海北部、甘肃东部、内蒙古中西部、宁夏、陕西北部等地出现扬沙或浮尘天气，其中南疆盆地局地发生沙尘暴，尉犁、鄯善等地出现强沙尘暴（图 7-4）。

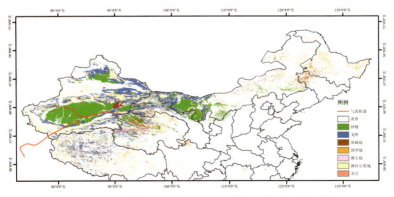

图 7-4　2020 年 3 月 8 日—10 日沙尘天气气流轨迹图

2020年4月9日—11日，新疆南疆盆地、新疆东部、北疆部分地区以及甘肃河西走廊、内蒙古西部等地出现扬沙、浮尘天气过程，其中新疆南疆盆地及甘肃西部局地发生沙尘暴（图7-5）。

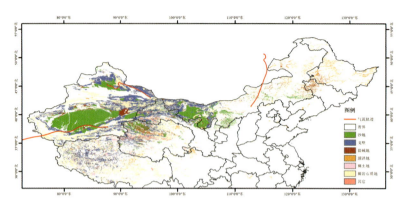

图7-5　2020年4月9日—11日沙尘天气气流轨迹图

2021年3月13日—18日发生强沙尘暴，影响范围为新疆东部和南疆、甘肃大部、青海东北部及柴达木盆地、内蒙古大部、宁夏、陕西、山西、北京、天津、河北、黑龙江中西部、吉林中西部、辽宁中部、山东、河南、江苏中北部、安徽中北部、湖北西部等地出现大范围扬沙浮尘天气，其中，内蒙古中西部、甘肃西部、宁夏、陕西北部、山西北部、河北北部、北京、天津等地出现了沙尘暴，内蒙古中西部、宁夏、陕西北部、山西北部、河北北部、北京等地部分地区还出现了强沙尘暴（图7-6）。

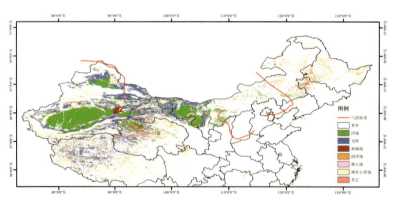

图7-6　2021年3月13日—18日沙尘天气气流轨迹图

通过HYSPLIT沙尘轨迹聚类分析，可以很直观的看出各沙尘暴发生时的轨迹，对后续的源区识别有很大的帮助。

7.1.2　2021年3月15日—16日沙尘天气影响范围

2021年3月15日2时：全国沙尘面积15.8860km^2，大部分都在内蒙古地区，主要集中在内蒙古西部，还有部分位于内蒙古中部与河北省交界的地区（图7-7）。

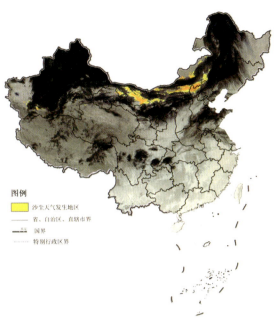

图7-7 3月15日2时静止气象卫星沙尘监测图像

2021年3月15日3时：全国沙尘面积21.4938万 km^2，主要分布在内蒙古西部、河北北部，河北北部面积在不断增加（图7-8）。

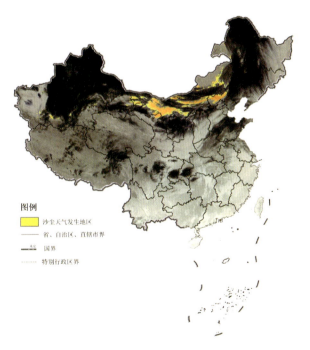

图7-8 3月15日3时静止气象卫星沙尘监测图像

2021年3月15日4时：全国沙尘面积28.1347万 km^2，主要分布在内蒙古西部、内蒙古中部、河北中部、北京、天津等地区（图7-9）。

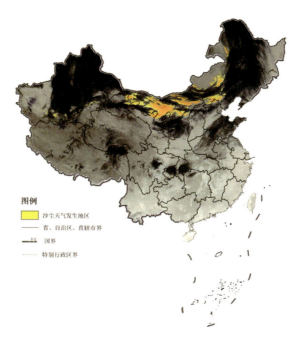

图 7-9　3 月 15 日 4 时静止气象卫星沙尘监测图像

2021 年 3 月 15 日 5 时：全国沙尘面积 29.8746 万 km^2，主要分布在内蒙古中西部、宁夏北部、河北中部、北京、天津等地区（图 7-10）。

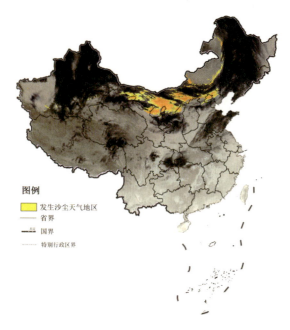

图 7-10　3 月 15 日 5 时静止气象卫星沙尘监测图像

2021 年 3 月 15 日 6 时：全国沙尘面积 43.6748 万 km^2，主要分布在内蒙古中西部、宁夏北部、河北中部、甘肃中部、陕西北部、山西北部和北京和天津的部分地区（图 7-11）。

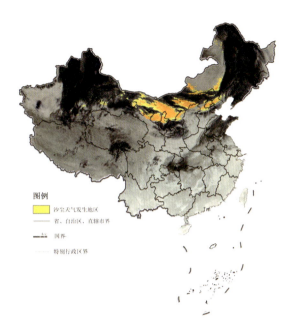

图7-11 3月15日6时静止气象卫星沙尘监测图像

2021年3月15日8时：全国沙尘面积44.8155万km^2，主要分布在内蒙古西部、宁夏中北部、甘肃中部、陕西北部、山西北部、河北中部、天津及辽宁的部分地区（图7-12）。

图7-12 3月15日8时静止气象卫星沙尘监测图像

2021年3月15日10时：全国沙尘面积53.3424万km^2，主要分布在内蒙古西部、宁夏大部、甘肃中部、陕西北部、山西北部、河北中部、天津及辽宁的部分地区；还有新疆东部，甘肃西部的部分地区（图7-13）。

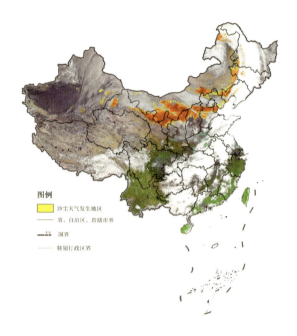

图 7-13　3 月 15 日 10 时静止气象卫星沙尘监测图像

2021 年 3 月 15 日 12 时：全国沙尘面积 71.8855 万 km^2，主要分布在内蒙古西部、甘肃中部、宁夏大部、陕西北部、山西北部、河北中部、天津及辽宁的部分地区；还有新疆东部，甘肃西部、辽宁中部和吉林西部的部分地区（图 7-14）。

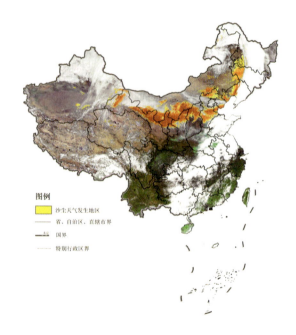

图 7-14　3 月 15 日 12 时静止气象卫星沙尘监测图像

2021 年 3 月 15 日 14 时：全国沙尘面积 84.2373 万 km^2，除了 12 时涉及的地区外，还扩散到了黑龙江的部分地区（图 7-15）。

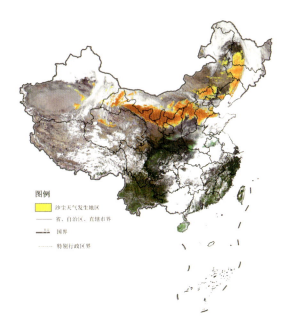

图 7-15　3 月 15 日 14 时静止气象卫星沙尘监测图像

2021 年 3 月 15 日 16 时：全国沙尘面积 100.2546 万 km^2，影响范围包括新疆东部、甘肃中部、内蒙古中西部、宁夏大部、陕西北部、山西北部、河北中部、北京、天津的部分地区，辽宁吉林和黑龙江的部分地区（图 7-16）。

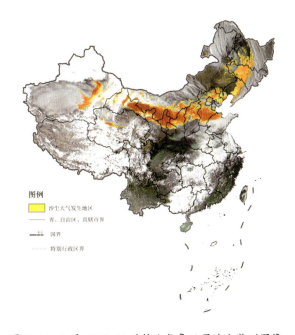

图 7-16　3 月 15 日 16 时静止气象卫星沙尘监测图像

2021 年 3 月 15 日 18 时：全国沙尘面积 97.9207 万 km^2，其中黑龙江的沙尘面积有所扩大，另外山东西北部也有部分地区遇到了沙尘天气（图 7-17）。

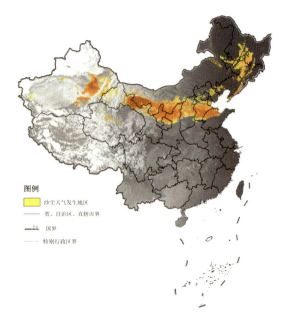

图 7-17　3 月 15 日 18 时静止气象卫星沙尘监测图像

2021 年 3 月 15 日 22 时：全国沙尘面积 97.7211 万 km^2，分布在新疆东部、甘肃中西部、内蒙古西部、宁夏大部、陕西北部、山西中部、河北中部、天津南部、山东中部、北部以及吉林和黑龙江的部分地区（图 7-18）。

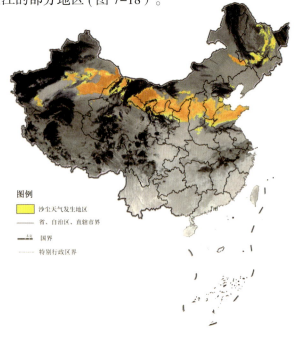

图 7-18　3 月 16 日 6 时静止气象卫星沙尘监测图像

2021 年 3 月 16 日 0 时：全国沙尘面积 116.1383 万 km^2，分布在新疆东部、甘肃中西部、内蒙古西部、宁夏大部、陕西北部、山西北部、河北南部、山东大部以及吉林和黑龙江的部分地区（图 7-19）。

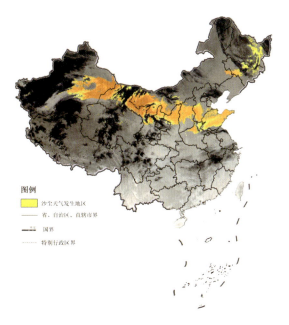

图 7-19 3月16日0时静止气象卫星沙尘监测图像

2021年3月16日2时：全国沙尘面积112.5312万 km²，分布在新疆东部、甘肃中西部、内蒙古西部、宁夏大部、陕西北部、山西中部、河北南部、河南北部、山东大部等地区，沙尘面积扩大，逐渐东移（图7-20）。

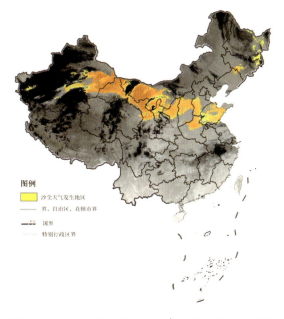

图 7-20 3月16日2时静止气象卫星沙尘监测图像

2021年3月16日4时：全国沙尘面积90.7744万 km²，分布在新疆东部、甘肃中西部、内蒙古西部、宁夏大部、陕西北部、山西北部、河北南部、河南北部和山东中西部的部分地区（图7-21）。

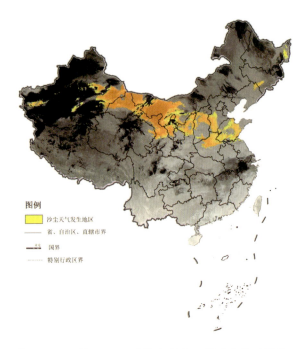

图 7-21　3 月 16 日 4 时静止气象卫星沙尘监测图像

2021 年 3 月 16 日 6 时：全国沙尘面积 90.65 万 km^2，分布在甘肃北部、内蒙古西部、宁夏大部、陕西北部、山西北部、河北、河南以及山东的部分地区（图 7-22）。

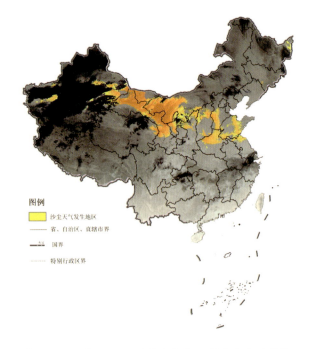

图 7-22　3 月 16 日 6 时静止气象卫星沙尘监测图像

2021 年 3 月 16 日 8 时：全国沙尘面积 86.95 万 km^2，分布在甘肃北部、内蒙古西部、宁夏中北部、陕西北部、山西北部、河北、河南以及山东的部分地区（图 7-23）。

图 7-23　3 月 16 日 8 时静止气象卫星沙尘监测图像

2021 年 3 月 16 日 10 时：全国沙尘面积 80.86 万 km^2，分布在甘肃北部、内蒙古西部、宁夏中北部、陕西北部、河南北部、山东以及江西的部分地区（图 7-24）。

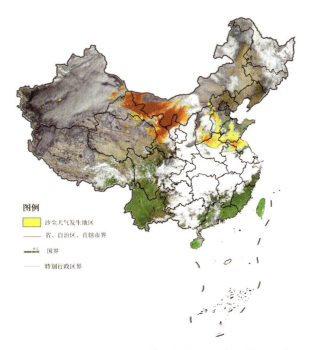

图 7-24　3 月 16 日 10 时静止气象卫星沙尘监测图像

2021 年 3 月 16 日 12 时：全国沙尘面积 61.77 万 km^2，分布在甘肃东部、内蒙古西部、宁夏中北部等地区（图 7-25）。

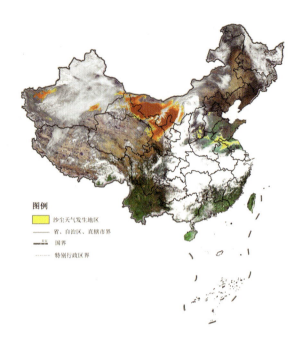

图 7-25 3 月 16 日 12 时静止气象卫星沙尘监测图像

2021 年 3 月 16 日 14 时：全国沙尘面积 61.73 万 km^2，分布在甘肃东部、内蒙古西部、宁夏大部以及蒙古国等地区（图 7-26）。

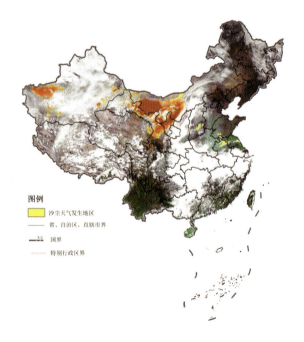

图 7-26 3 月 16 日 14 时静止气象卫星沙尘监测图像

2021 年 3 月 16 日 16 时：全国沙尘面积 61.2 万 km^2，分布在甘肃东部、内蒙古西部、宁夏大部以及蒙古国的部分地区，同时，新疆西部也有部分地区发生了沙尘暴天气（图 7-27）。

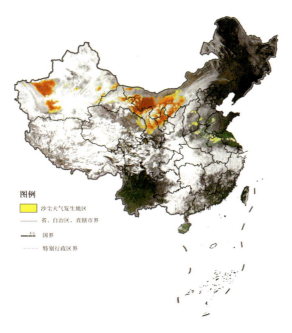

图 7-27　3 月 16 日 16 时静止气象卫星沙尘监测图像

2021 年 3 月 16 日 18 时：全国沙尘面积 70.1 万 km²，分布在甘肃东部、内蒙古西部、宁夏大部以及蒙古国的部分地区，同时，新疆西部和河南北部也有部分地区发生了沙尘暴天气（图 7-28）。

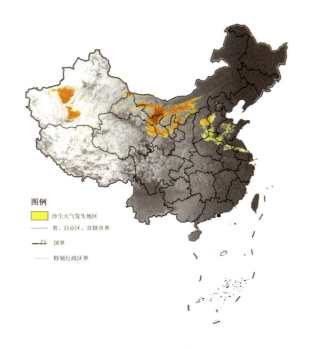

图 7-28　3 月 16 日 18 时静止气象卫星沙尘监测图像

2021 年 3 月 16 日 23 时 30 分：全国沙尘面积 71.2 万 km²，分布在新疆中部、甘肃东部、内蒙古西部、宁夏北部、山西北部、河北中部以及山东的部分地区（图 7-29）。

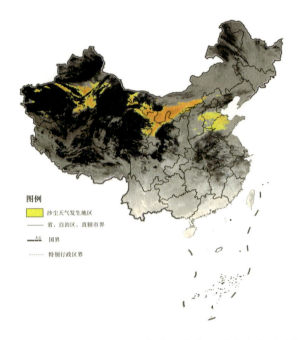

图 7-29　3 月 16 日 23 时 30 分静止气象卫星沙尘监测图像

根据沙尘影响面积变化情况所做的折线图如下，从图中我们可以看到，在 3 月 15 日一天的时间中，沙尘影响面积在不断增大，在 3 月 16 日 0 时达到最大 116.13 万 km²，之后沙尘影响面积在振荡下降，3 月 16 日 16 时沙尘面积下降到 61 万 km²，之后稍有上升，最终在 3 月 16 日 18 时达到一个偏稳定的状态（图 7-30）。

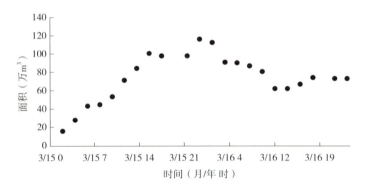

图 7-30　3·15 特大沙尘暴面积变化

7.1.3　潜在沙尘暴源区识别

7.1.3.1　潜在沙尘源区识别

潜在源区主要是依据研究区下垫面情况和气候情况来识别，通过查阅文献，结合前人的研究，采用表面反射率数据、内蒙古气象站数据、NDVI 数据、土地利用类型，进一步研究研究区的潜在沙尘源区,其步骤如下所示。

(1) 潜在沙尘源区分级指标体系构建:基于土地利用类型、土壤湿度、植被覆盖度和土壤气候侵蚀力等数据,采用 ArcGIS 软件,结合前人研究,建立研究区潜在沙尘源区多指标分级体系。

(2) 潜在沙尘源区分级指标获取:利用表面反射率数据、土地利用数据、NDVI 数据和气象站数据,结合研究区实际情况,得到沙尘源区分级指标。

(3) 研究区潜在沙尘源区空间识别和分级研究:利用研究区土地利用数据、土壤含水量、植被覆盖度数据和土壤气候侵蚀力数据,依据研究区的潜在沙尘源区多指标分级体系,对研究区的潜在沙尘源区进行识别和分级研究。

其中指标分级是通过查阅文献,得到如表 7-1 所示的指标分级情况。

表 7-1 指标分级情况

指 标	潜在沙尘源区	非沙尘源区
土地利用	荒漠、沙地、荒漠草原、裸露耕地	留在耕地、未退化草原
土壤含水率	<15%	>15%
植被覆盖率	<40%	>40%
风蚀气候侵蚀力	<50	>50

根据指标分级满足情况,先将潜在沙尘源区与非沙尘源区进行区分,再将沙尘源区进行分区,当 4 个分级指标均满足潜在沙尘源区条件时,为重度潜在沙尘源区,当 3 个指标满足时,为中度潜在沙尘源区,当两个指标满足时,为轻度潜在沙尘源区。

记荒漠、沙地、荒漠草原、裸露耕地为条件 1,土壤含水率 <15% 为条件 2,植被覆盖率 <40% 为条件 3,风蚀气候侵蚀力 >50 为条件 4,则分级情况如表 7-2 所示。

表 7-2 潜在源区分级情况

级 别	满足条件
重度	条件 1、2、3、4
中度	条件 1、2、3　　条件 1、2、4 条件 1、3、4　　条件 2、3、4
轻度	条件 1、2　　条件 1、3　　条件 1、4 条件 2、3　　条件 2、4　　条件 3、4

7.1.3.2 指标提取

全球陆面数据同化系统(GLDAS)是由美国航空航天局(NASA)与美国国家海洋大气局(NOAA)共同发布的基于卫星、陆面模式和地面观测数据的全球陆面同化数据,数据集发布于美国宇航局戈达德地球科学数据和信息服务中心,该数据集通过反演分析,能够提供 28km 的空间分辨率，得到的土壤含水量数据如图 7-31 所示。

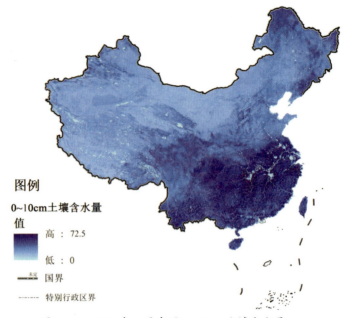

图 7-31　2021 年 1 月中国 0~10cm 土壤含水量

通过重复以上步骤，就得到了 2000—2020 年月土壤水含量，这样就可以在后续工作中分析土壤水与沙尘天气的关系，并分析土壤水与沙尘天气的响应关系和敏感性。

表面反射率数据中含有 7 个反射波段，根据土壤水的特性，相关学者提出了一种利用表面反射率计算土壤水指数的方法，即 $SWCI=(b_6-b_7)/(b_6+b_7)$，其中 b_6 是第 6 个表面反射波段，b_7 是第 7 个表面反射波段，通过 ArcGIS 软件计算，得到如图 7-32 所示的土壤水指数图，空间分辨率为 500m，优于 GLDAS 计算得到的土壤含水量数据，其中值越接近 1，则土壤含水量越大，值越接近 -1，则土壤含水量越小。

图 7-32　SWCI 数据

将该指数归一化，得到土壤含水率 $f=(SWCI-SWCI_{min})/(SWCI_{min}+SWCI_{max})$，式中 $SWCI$ 为范围中某一像元的土壤水指数，$SWCI_{min}$ 为范围内像元中最小土壤水指数，$SWCI_{max}$ 为范围内像元中最大土壤水指数，归一化后可以更直观地了解到土壤含水情况（图 7-33）。

图 7-33 SWCI 归一化数据

7.1.3.3 潜在沙尘暴源区识别

根据 2018 年土地利用数据,结合指标分级情况,识别 2018 年土地利用数据中的旱地、疏林地、中覆盖度草地、低覆盖度草地、沙地、裸土地为潜在沙尘源区(图 7-34)。

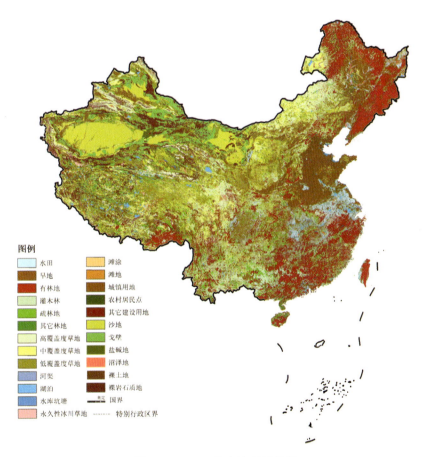

图 7-34 2018 年土地利用数据

根据 2018 年土壤水数据,结合指标分级情况,识别出小于 15% 的部分为潜在沙尘源区(图 7-35)。

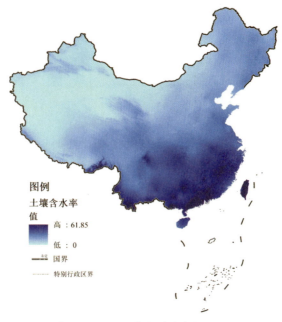

图 7-35 2018 年土壤水数据

根据 2018 年 NDVI 数据，结合指标分级情况与植被覆盖率的定义，识别出小于 40% 的部分为潜在沙尘源区（图 7-36）。

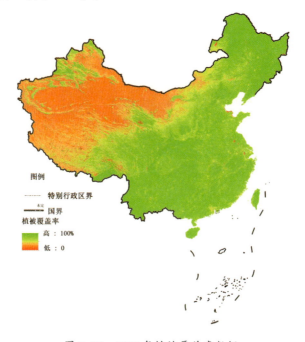

图 7-36 2018 年植被覆盖率数据

由于得出风蚀气候侵蚀力需要进行大量计算，所以先采用植被、土壤水、土地利用数据对我国的潜在沙尘源区进行简单的分区，结果如图 7-37 所示，可以看出，我国潜在沙尘源区大部分都在新疆和内蒙古，并且离北京最近的潜在沙尘源区在锡林郭勒盟地区的浑善达克沙地和陕西附近的毛乌素沙地。

图 7-37　基于下垫面条件的潜在沙尘源区识别情况

7.2　典型城市大气颗粒物输送路径及潜在源区分析

基于 HYSPLIT 模型，结合全球资料同化数据，计算了北京市 2015 年 3 月—2023 年 2 月逐时 72 小时后向气流轨迹，利用聚类分析研究了到达北京市气流轨迹的主要路径。结合各站点 $PM_{2.5}$、PM_{10} 逐时浓度监测数据，通过潜在源贡献因子分析法（PSCF）和浓度权重轨迹分析法（CWT）计算了北京市空气颗粒物潜在来源区域。

7.2.1　北京市空气颗粒物概况

从图 7-38 的月份分布来看，$PM_{2.5}$ 与 PM_{10} 的月平均浓度变化基本一致，均为 1—2 月份、3—8 月、11—12 月呈下降趋势；2—3 月、8—11 月呈上升趋势。$PM_{2.5}$ 和 PM_{10} 浓度最大值均出现在 3 月，分别为 67.57 $\mu g/m^3$ 和 112.23 $\mu g/m^3$，分别达到了环境空气质量标准 $PM_{2.5}$（75 $\mu g/m^3$）和 PM_{10}（150 $\mu g/m^3$）的 24 小时平均二级浓度限值；浓度最小值均出现在 8 月，分别为 32.28 $\mu g/m^3$ 和 48.94 $\mu g/m^3$，分别达到了环境空气质量标准 $PM_{2.5}$（35 $\mu g/m^3$）和 PM_{10}（50 $\mu g/m^3$）的 24 小时平均一级浓度限值，空气质量较好。

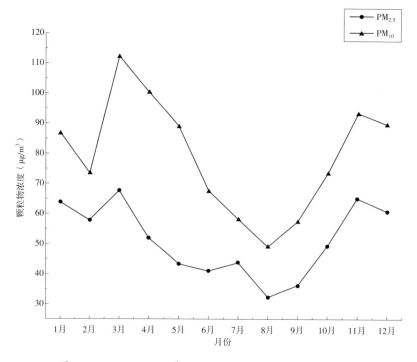

图 7-38　2015—2022 年不同月份 $PM_{2.5}$ 和 PM_{10} 的平均值

从图 7-39 中可以看出，北京市不同季节 $PM_{2.5}$ 和 PM_{10} 的平均浓度差异较大，且变化趋势亦有不同。$PM_{2.5}$ 和 PM_{10} 浓度最低的季节均为夏季，分别为 38.94 μg/m³ 和 58.19 μg/m³。$PM_{2.5}$ 浓度最高的季节出现在冬季，为 60.77 μg/m³，超出夏季浓度 56.06%。PM_{10} 浓度最高的季节出现在春季，为 100.52 μg/m³，超出夏季浓度的 72.74%。颗粒物浓度与气象条件有很大关系。夏季大气上下层温差较大，空气对流强烈，易于污染物的扩散，污染物浓度较低。

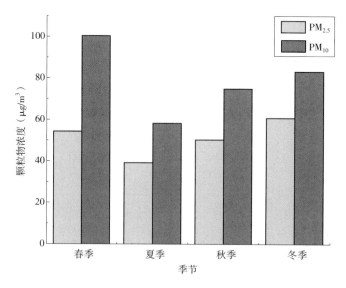

图 7-39　2015—2022 年不同季节 $PM_{2.5}$ 和 PM_{10} 的平均值

7.2.2 PM$_{2.5}$与PM$_{10}$的线性关系

从图7-39可以看出,春季的PM$_{10}$值远远高出其他季节,且春季的PM$_{2.5}$值也是最高的。夏季的PM$_{10}$浓度与PM$_{2.5}$浓度均为最低。秋季与冬季的PM$_{10}$浓度与PM$_{2.5}$浓度接近。

通过分析PM$_{2.5}$和PM$_{10}$的相关性可以大致了解二者的同源性,随着季节的变化,相关性有较大差异(图7-40)。秋季PM$_{2.5}$和PM$_{10}$的相关性最好,R^2在0.9以上;其次为夏季,R^2为0.83;春季PM$_{2.5}$和PM$_{10}$的相关性为0.78,冬季二者的相关性最小,为0.64。利用PM$_{2.5}$与PM$_{10}$的比值可以初步进行不同尺寸大气颗粒物的来源识别。当PM$_{2.5}$/PM$_{10}$小于0.2时,认为存在自然界强沙尘影响;当PM$_{2.5}$/PM$_{10}$大于0.6时,认为存在人为源污染影响。PM$_{2.5}$与PM$_{10}$的主要来源有扬尘源、工业源、燃煤源、机动车尾气源等。冬季PM$_{2.5}$/PM$_{10}$大于0.6,说明受人为因素影响较大。相较于PM$_{10}$,PM$_{2.5}$质量浓度更易受二次源影响。

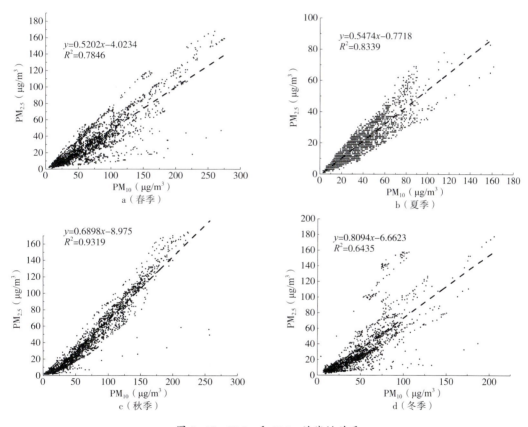

图7-40 PM$_{2.5}$和PM$_{10}$的线性关系

7.2.3 后向轨迹分布特征

对北京市2015年3月—2022年2月的后向72小时轨迹进行逐小时模拟,聚类分析后,春、夏、秋、冬、全年分别聚为了5、4、4、4四类。

春季到达北京的气流被分为了五类,来自西北方向的气流占比最大,合计占比达到了 58.70%。其次为来自西南方向和南偏西方向的气流，占比分别为 16.67% 和 14.40%，来自北偏东方向的气流占比最低，仅为 10.24%。来自北偏西方向的气流中颗粒物浓度最高，主要经过了蒙古国中东部、内蒙古中部和河北西北部地区；来自北偏东方向的气流中颗粒物浓度最低，主要经过了内蒙古中东部地区（图 7-41）。

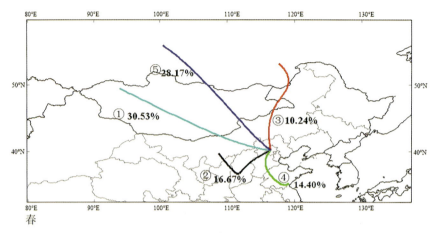

图 7-41　北京市春季后向气流轨迹聚类

夏季气流来源方向较为发散，聚为了四类。其中来自偏南方向的气流占比最大，为 35.05%，来自偏北方向的气流占比最小，仅为 14.31%。颗粒物浓度最高的为来自偏南方向的气流，最低的为来自偏东方向的气流（图 7-42）。

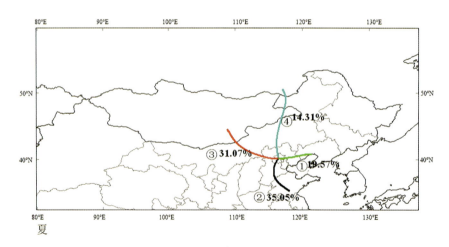

图 7-42　北京市夏季后向气流轨迹聚类

秋季气流聚为了四类，来自西北方向的气流合计占比达到了 62%，来自西南方向和东北方向的气流占比分别为 26.83% 和 11.17%。其中来自北偏西方向的气流颗粒物浓度最高，来自东北方向的气流颗粒物浓度最低（图 7-43）。

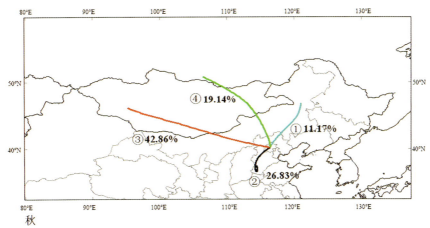

图 7-43 北京市秋季后向气流轨迹聚类

冬季气流聚为了四类，来自西北方向气流合计占比为 71.92%，且运动距离最远；来自西南方向和偏北方向的气流占比分别为 18.78% 和 9.30%。来自北偏西方向的气流颗粒物浓度最高，来自偏北方向的气流颗粒物浓度最低（图 7-44）。

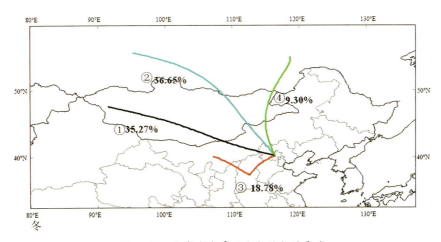

图 7-44 北京市冬季后向气流轨迹聚类

对全年到达北京的气流进行聚类，最终聚为了四类。其中来自偏西方向的气流占比最高，占比达到了 34.52%；其次为西北方向，占比为 29.82%。来自北偏东和南偏西方向的气流占比较低，分别为 19.86% 和 15.80%。来自西北方向的气流运动速度快，单位时间内运动距离长，气流中携带的颗粒物浓度也是最高，主要经过了蒙古国北部和中部、内蒙古中部以及河北西北部地区。来自南偏西方向的气流运动速度最慢，运动距离最短，主要经过了山东西部、河北南部的部分地区，且气流带有回旋特征。来自北偏东方向的气流中携带的颗粒物污染浓度最低，主要经过了蒙古国东部、内蒙古中东部的部分地区（图 7-45）。

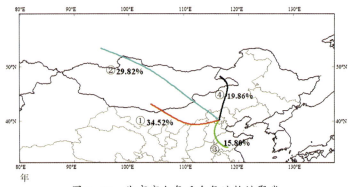

图 7-45　北京市全年后向气流轨迹聚类

7.2.4　污染源区分析

7.2.4.1　潜在源区分析

在轨迹经过的区域，根据经纬度建立了 0.5°×0.5° 的网格，利用潜在源贡献函数方法（PSCF）叠加分析研究时段内北京市春季和冬季 $PM_{2.5}$ 和 PM_{10} 的潜在污染源区，结果如图 7-46 和图 7-47 所示。这里仅分析颗粒物污染较为严重的春季和冬季，普遍认为权重潜在源贡献因子（WPSCF）值高于 0.5 的地区为主要潜在源区。

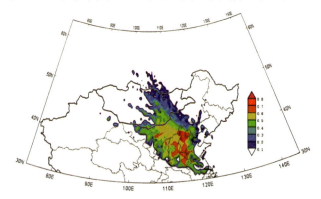

图 7-46　北京市春季 $PM_{2.5}$ 的 WPSCF 分析结果

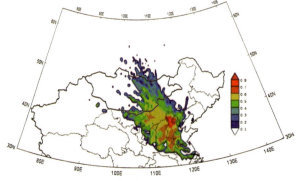

图 7-47　北京市春季 PM_{10} 的 WPSCF 分析结果

北京市春季 $PM_{2.5}$ 的潜在源区主要分布在北京市的西部。WPSCF 值高于 0.7 的地区主要分布在北京以西的河北省中部地区，WPSCF 值高于 0.6 的地区还有山西省东部、河北省与河南省交界处以及山东西部地区，WPSCF 值高于 0.5 的地区主要有山西省北部和内蒙古中部地区。北京市春季 PM_{10} 的潜在源区分布与 $PM_{2.5}$ 的潜在源区分布基本一致，主要有北京以西和北京以南的地区。

北京市冬季 $PM_{2.5}$ 的潜在源区分布面积较春季偏小，WPSCF 值高于 0.5 的地区主要有河北省中部、山西省北部以及山西省与内蒙古交界处（图 7-48）；冬季 PM_{10} 的潜在源区主要有北京西部与河北省交界处、内蒙古中部、以及内蒙古与山西省和河北省交界处（图 7-49）。

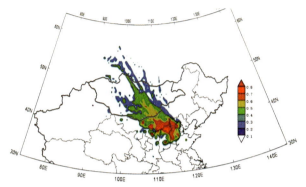

图 7-48　北京市冬季 $PM_{2.5}$ 的 WPSCF 分析结果

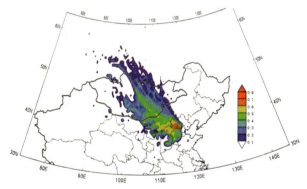

图 7-49　北京市冬季 PM_{10} 的 WPSCF 分析结果

7.2.4.2　区域贡献分析

北京市春季 $PM_{2.5}$ 的浓度权重轨迹分布较潜在源区分布范围更为分散，在河北中南部、山西大部、陕西北部、河南西部和北部、山东西部均有分布（图 7-50）；春季 PM_{10} 的浓度权重轨迹分布主要有河北中部、山西南部、河北西部以及河南中部地区（图 7-51）。

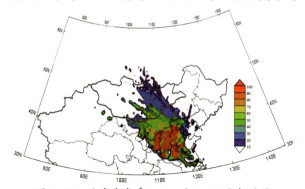

图 7-50　北京市春季 $PM_{2.5}$ 的 CWT 分析结果

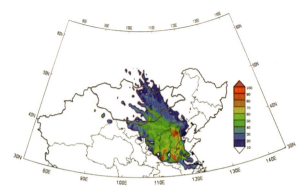

图 7-51 北京市春季 PM_{10} 的 CWT 分析结果

北京市冬季 $PM_{2.5}$ 的浓度权重轨迹仅在山西中部和内蒙古中部的部分地区有零星分布（图 7-52）；冬季 PM_{10} 的浓度权重轨迹分布与潜在源区分布有较好的一致性，在内蒙古中部以及河北省与内蒙古交界处有少量分布（图 7-53）。

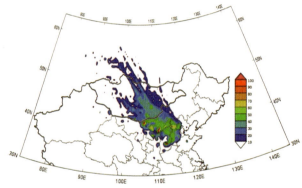

图 7-52 北京市冬季 $PM_{2.5}$ 的 CWT 分析结果

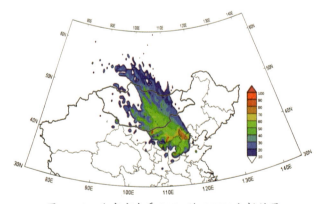

图 7-53 北京市冬季 PM_{10} 的 CWT 分析结果

8 基于地面物质组成沙尘溯源分析

8.1 模型简介

基于质量守恒原则，采用线性混合模型估算潜在沉积物源相对于沉积物细分的贡献。

$$\sum_{s=1}^{m} P_s \times S_{s,i} = C_i$$

$$\sum_{s=1}^{m} P_s = 1, \quad 0 \leq P_s \leq 1$$

式中，P_s 为某个粒径组中 S 潜在物源区对沉积区的泥沙贡献百分数；$S_{s,i}$ 和 C_i 分别是 S 源和 i 汇指纹因子浓度的平均值；m 为潜在物源区的数量。

该模型假设目标沉积物样品中指纹特性的浓度由源样品中这些特性的浓度以及源材料对目标沉积物的贡献决定，并且源比例保持了参数空间中所有示踪剂的质量平衡。

线性混合方程适用于每一个指纹因子。因此，可以为多个指纹因子建立多个线性方程组。对于 m 个潜在物源区，需要（$m-1$）个指纹因子，如果指纹因子数量大于（$m-1$）时，方程往往有多个解，此方程称为超定方程，需要通过优化求解。

$$f = \sum_{i=1}^{n} \left(\frac{C_i - \sum_{s=1}^{m} P_s \times S_{s,i}}{C_i} \right)^2$$

优化求解即目标函数是通过最小化相对误差的平方和来解决的，式中 n 为最优复合指纹因子组合中指纹因子的数量。

混合模型通常分为"频率"和"贝叶斯"。频率模型使用最广泛，但贝叶斯方法近年来受到更多关注。MixSIAR（v3.1.10）用于在"R"软件环境（版本 4.1.1）中运行贝叶斯模型。

MixSIAR 使用贝叶斯模型和马尔可夫链蒙特卡罗（MCMC）模型拟合。作为后验分布给出的估计参数表示感兴趣参数的真实概率密度。MixSIAR 通过 JAGS 模型函数集成了以前发表的不同混合模型的进展，该函数构建了 JAGS 贝叶斯回归模型文件，但与以前的贝叶斯模型（如 MixSIR 和 SIAR）不同，MixSIAR 分层拟合源数据。MixSIAR 具体使用多元正态分布来模拟源和汇之间指纹因子的变化，并使用狄利克雷分布来模拟汇中每个来源的比例。MCMC 算法用于从模型参数的后验分布中采样，后验分布是给定数据和先前知识时参数的概率分布，生成的后验样本可用于估计感兴趣参数的均值、标准差和可信区间。通过使用等距对数比变换，满足后验分布的非负和单位总和的要求。

贝叶斯模型的主要优点之一是可以整合先验信息，可以通过信息丰富的先验分布包含来自其他数据源的信息。一旦建立了来源比例贡献的信息先验，MixSIAR 就可以在模型规范过程中接受先验作为输入。

本节中，首先考虑每个指纹因子浓度值的真实分布，依照该指纹因子的实际分布进行随机抽样。其次，对每个潜在物源区和沉积区中指纹因子浓度值分布进行最合适概率分布的拟合，并且在随机样本的生成过程中，也把各潜在物源区和沉积区中每组指纹因子的相互关系考虑在内。

在建模之前，所有示踪剂都经过对数变换，以强制指纹分布具有更高程度的正态性。这样做是因为 MixSIAR 假设源示踪器值是正态分布的，并且删除非正态分布示踪剂可能会降低模型的准确性。与其他变换相比，对数变换能为模型数据的输入提供更高程度的正态性。

8.2 我国主要沙漠沙地化学组成及微量元素分布

研究收集了 8 个面积较大的沙漠和 4 大面积较大的沙地的样品，8 大沙漠为古尔班通古特沙漠、巴丹吉林沙漠、腾格里沙漠、乌兰布和沙漠、库布齐沙漠、柴达木盆地沙漠、库木塔格沙漠；4 大沙地分别是科尔沁沙地、毛乌素沙地、浑善达克沙地、呼伦贝尔沙地。位置分布信息见表 8-1 和图 8-1。

表 8-1 我国主要沙漠沙地面积

沙漠名称	纬度	经度	面积（km^2）
塔克拉玛干沙漠	36°15.46′~42°03.27′N	76°14.08′~90°04.20′E	346904.97
库姆塔格沙漠	39°08.33′~40°40.48′N	90°31.43′~94°53.45′E	20763.56
柴达木盆地沙漠	35°50.43′~38°52.54′N	90°10.58′~98°34.42′E	13499.58
古尔班通古特沙漠	44°08.32′~48°25.26′N	82°38.19′~91°41.39′E	49883.74
巴丹吉林沙漠	39°20.04′~42°15.15′N	99°23.49′~104°27.42′E	49083.76
腾格里沙漠	37°26.24′~40°02.02′N	102°25.51′~105°43.04′E	39071.07
乌兰布和沙漠	39°07.14′~40°54.39′N	105°33.12′~107°01.40′E	9760.4
库布齐沙漠	39°34.37′~40°48.48′N	107°03.12′~111°23.10′E	12983.83
毛乌素沙地	37°25.23′~39°43.19′N	107°07.18′~110°35.22′E	38022.5
浑善达克沙地	42°52.85′~44°11.02′N	111°42.24′~117°46.49′E	33331.63
呼伦贝尔沙地	47°22.73′~49°34.02′N	117°6.92′~120°38.23′E	7773.05
科尔沁沙地	42°33.25′~45°44.33′N	117°48.19′~124°29.02′E	35077.07

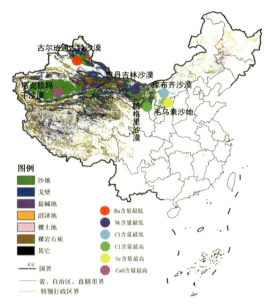

图 8-1 我国主要沙漠沙地位置分布图

现有样品一共 502 个,包括毛乌素沙地、浑善达克沙地、科尔沁沙地、呼伦贝尔沙地、塔克拉玛干沙漠、古尔班通古特沙漠、乌兰布和沙漠、巴丹吉林沙漠、腾格里沙漠、柴达木盆地沙漠、库布齐沙漠(表 8-2、图 8-2)。

表 8-2 已收集沙漠、沙地样品

名称	个数	名称	个数	名称	个数
科尔沁沙地	1	塔克拉玛干沙漠	8	巴丹吉林沙漠	30
毛乌素沙地	79	古尔班通古特沙漠	8	乌兰布和沙漠	16
呼伦贝尔沙地	1	柴达木盆地沙漠	2	腾格里沙漠	33
浑善达克沙地	29	库布齐沙漠	295		

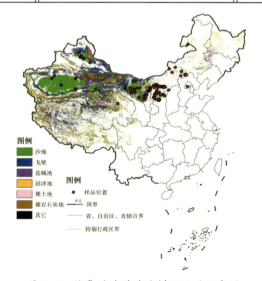

图 8-2 收集的沙漠沙地样品位置示意图

8.2.1 主要物质基本特征

样品检测包含半定量检测和全量元素检测，半定量测试包括：Na_2O、MgO、Al_2O_3、SiO_2、P_2O_5、SO_3、K_2O、CaO、TiO_2、MnO、Fe_2O_3、Cl 12 个指标，微量元素包括 Ba、Sr、Zr、Rb、V、Cr、Co、Ni、Cu、Zn、Pb、As、Y、Nb 14 个指标（图 8-3）。

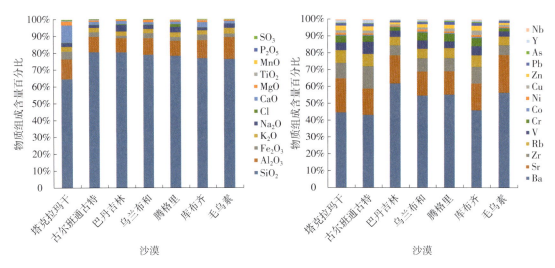

图 8-3　各沙漠物质组成含量百分比

各沙漠物质含量百分比均值如图 8-3 所示，可以看出，各沙漠中物质含量最高的都是 SiO_2，除塔克拉玛干沙漠以外，其余地区 SiO_2 含量都在 75% 以上，巴丹吉林沙漠和古尔班通古特沙漠 SiO_2 含量都在 80% 左右，塔克拉玛干沙漠 SiO_2 含量较其他地区偏低，在 65% 左右，但塔克拉玛干沙漠的 CaO 含量是其他地区的 3~6 倍，达到了 10%。不同沙漠含量第二的物质都是 Al_2O_3，普遍在 10% 左右，毛乌素沙地 Al_2O_3 含量最高，达到了 13.05%；腾格里沙漠 Al_2O_3 含量最低，为 8.780%。在已检测的微量元素指标中，含量最高的都是 Ba，腾格里沙漠 Ba 含量最高，达到了 614.17mg/kg；古尔班通古特沙漠 Ba 含量最低，为 391mg/kg。不同沙漠中微量元素含量第二高的都是 Sr，含量最高的是毛乌素沙地 Sr 含量最高，为 329.93mg/kg；古尔班沙漠 Sr 含量最低，为 140.27mg/kg。在图 8-4 中，样点的大小代表某一物质含量的高低。从中我们可以找到塔克拉玛干沙漠的特征物质为 CaO，含量较其他地区低很多，在 60%~70%；古尔班通古特沙漠的特征元素为 Ba，含量在 400mg/kg 左右，低于其他地区。毛乌素沙地的 Sr 含量明显高于其他地区，超过了 300mg/kg；腾格里沙漠的 Cl 含量明显高于其他地区，达到了 1.6g/kg，库布齐沙漠与毛乌素沙地的 Cl 含量在 0.01g/kg 左右，明显低于其他地区，巴丹吉林的 Nb 含量明显低于其他地区。

在腾格里、乌兰布和和巴丹吉林沙漠采集了 50cm 的样品，对不同深度的样品物质含量进行分析，发现不同采样深度下其物质组成存在显著差异，但是变化规律表现不明显。腾格里沙漠 50cm 深的样品 Na_2O 含量比表层砂样的含量高出 50%，Y 含量比表层砂样高出 28.5%；巴丹吉林沙漠 50cm 深砂样中 Al_2O_3 含量比表层砂样低 14%，Ba 含量比表层砂样低 44.4%，Sr 含量比表层砂样低 51%。可见，在同一沙漠中不同深度的物质组成差异较大。

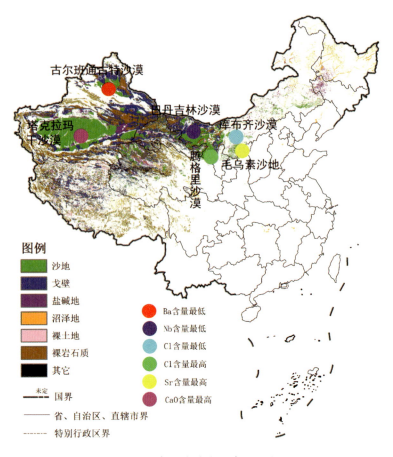

图 8-4 部分沙漠沙地特征物质

8.2.2 物质组成空间分布

所采样品包括 6 个沙漠 1 个沙地，自西向东分别是塔克拉玛干沙漠、古尔班通古特沙漠、巴丹吉林沙漠、乌兰布和沙漠、腾格里沙漠、库布齐沙漠和毛乌素沙地。通过单因素方差分析 ANOVA 对各组成物质进行差异性检验，结果表明化学成分中 MgO、Al_2O_3、SiO_2、P_2O_5、SO_3、K_2O、CaO、TiO_2、MnO、Fe_2O_3 等含量在不同的沙漠中均存在显著差异（$P<0.05$）。微量元素中 Ba、Sr、Rb、V、Cr、Co、Ni、Cu、Pb、Y、Nb 等含量在不同沙漠中差异性显著（$P<0.05$）。根据各个指标自西向东的空间变化规律，将各物质组成指标进行分类，总结具有相似变化趋势的指标，结果见图 8-5，Al_2O_3 和 Fe_2O_3 在空间上分布特征基本保持一致，自西向东表现出类似平缓的"W"走向。MgO 和 TiO_2 含量所占的百分比自西向东表现出逐渐减少趋势。MnO 和 P_2O_5 百分比含量自西向东变化趋势一致，类似扇形折线走向。Cl 和 Na_2O 变化趋势一致，同样是类似扇形折线走向。微量元素中 Ba 和 Sr 变化趋势一致。结果说明沙漠自西向东其物质组成具有明显的变化规律，但是其空间分布受什么因素影响，还需进一步研究。

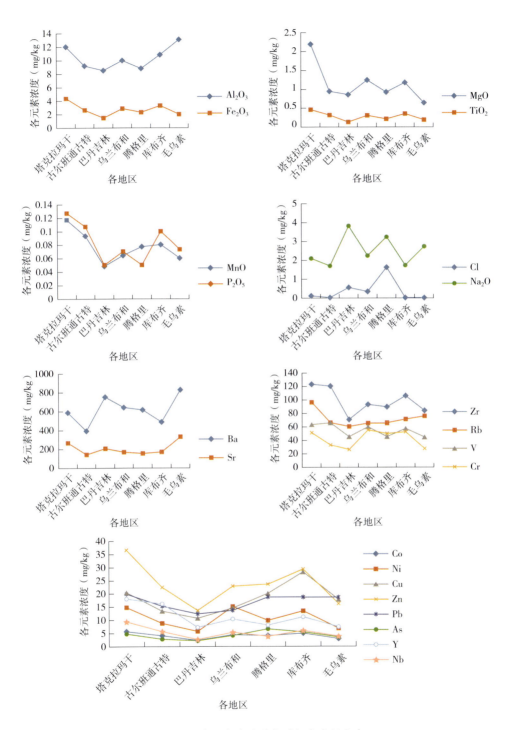

图 8-5 自西向东沙漠物质组成空间分布

8.2.3 物质组成相关性分析

对沙漠物质组成中化学成分和微量元素进行相关性分析,结果见表 8-3,从表中可以看出：部分微量元素和化学成分之间存在显著或者极显著的相关性。尤其是 Zn 和 Nb 这两种元素受化学成分影响显著。而 Ba、Cr、Cu、Pb、As 和 Cl 等元素与其他指标之间的相关性不显著，说明这几种元素不受到其他成分的影响，因此可以考虑作为物质来源识别因子。

表 8-3　微量元素和化学成分的相关性

指标名称	Ba	Sr	Zr	Rb	V	Cr	Co	Ni	Cu	Zn	Pb	As	Y	Nb
SiO_2	-0.014	-0.519	-0.524	-0.976**	-0.312	-0.373	-0.638	-0.516	-0.398	-0.770*	-0.663	-0.303	-0.584	-0.821*
Al_2O_3	0.307	0.828*	0.237	0.738	0.057	0.029	0.243	0.221	0.419	0.304	0.626	0.075	0.173	0.440
Fe_2O_3	-0.501	0.027	0.835*	0.792*	0.736	0.705	0.956**	0.852*	0.556	0.974**	0.571	0.431	0.806*	0.978**
K_2O	0.396	0.815*	0.127	0.608	-0.175	-0.303	-0.051	-0.211	0.029	0.037	0.582	-0.013	0.109	0.185
Na_2O	0.723	0.169	-0.852*	-0.378	-0.852*	-0.434	-0.727	-0.627	-0.450	-0.633	-0.337	-0.143	-0.721	-0.712
Cl	0.155	-0.363	-0.410	-0.351	-0.530	0.200	-0.147	-0.153	-0.060	-0.152	0.011	0.524	-0.446	-0.426
CaO	-0.162	0.347	0.618	0.917**	0.461	0.362	0.676	0.530	0.327	0.812*	0.528	0.200	0.718	0.874*
MgO	-0.295	0.092	0.655	0.791*	0.615	0.601	0.811*	0.756*	0.298	0.878**	0.375	0.278	0.750	0.914**
TiO_2	-0.615	-0.058	0.904**	0.719	0.846*	0.655	0.946**	0.833*	0.493	0.939**	0.485	0.329	0.873*	0.978**
MnO	-0.636	-0.037	0.933**	0.748	0.714	0.450	0.838*	0.558	0.395	0.887**	0.614	0.348	0.912**	0.903**
P_2O_5	-0.599	0.117	0.924**	0.727	0.823*	0.266	0.731	0.521	0.380	0.769*	0.463	0.020	0.915**	0.904**
SO_3	-0.056	0.250	0.459	0.802*	0.240	0.405	0.591	0.435	0.208	0.720	0.537	0.388	0.556	0.699

注：* 为在 0.05 水平（双侧）上显著相关；** 为在 0.01 水平（双侧）上显著相关。

8.3　降尘国内来源识别

2021 年 3 月 15 日沙尘暴发生以后，采集了沙尘暴沿途北京市、河北省、辽宁省、内蒙古自治区、甘肃省、山西省和陕西省的降尘样品，用以分析降尘来源。采集地点和采集时间如表 8-4 所示：

表 8-4　降尘取样时空分布

地点	取样时间	东经（°）	北纬（°）
北京市	2021.3.26	39.91	116.39
河北省张家口市	2021.3.28	40.55	115.02
河北省张家口市	2021.4.16	40.55	115.02
辽宁省阜新市	2021.3.29	42.71	122.49
辽宁省阜新市	2021.5.11	42.71	122.49

(续)

地点	取样时间	东经(°)	北纬(°)
辽宁省阜新市	2021.3.15	42.71	122.49
辽宁省阜新市	2021.3.29	42.71	122.49
内蒙古通辽市	2021.3.16	42.85	120.65
内蒙古包头	2021.3.26	40.69	109.82
内蒙古鄂尔多斯	2021.3.15	40.12	110.03
内蒙古鄂尔多斯	2021.3.26	40.12	110.03
内蒙古呼和浩特	2021.3.26	40.81	111.69
内蒙古乌兰察布	2021.3.26	41.85	113.14
内蒙古阿拉善盟	2021.3.15	38.49	105.58
甘肃兰州市	2021.3.22	36.06	103.78
甘肃武威	2021.3.24	37.93	102.63
山西忻州	2021.3.20	39.58	111.45
陕西延安	2021.3.18	36.63	109.47

对采集的降尘样品进行了检测,包含半定量检测和全量元素检测,半定量测试包括:Na_2O、MgO、Al_2O_3、SiO_2、P_2O_5、SO_3、K_2O、CaO、TiO_2、MnO、Fe_2O_3、Cl 12个指标,微量元素包括Ba、Sr、Zr、Rb、V、Cr、Co、Ni、Cu、Zn、Pb、As、Y、Nb 14个指标。

8.3.1 指纹因子的筛选

8.3.1.1 使用范围测试与KW-H检验筛选指纹因子

一共检测了114个样品。将这检测的样品根据地理位置进行分类,一共可以分为:毛乌素沙地(25个样品)、浑善达克沙地(23个样品)、库布齐沙漠(35个样品)、巴丹吉林沙漠(10个样品)、腾格里沙漠(13个样品)、乌兰布和沙漠(8个样品),一共6类源。

首先,对示踪剂进行正态性检验,因为这是在贝叶斯模型中使用示踪剂的先决条件,结果表明所有测量的示踪剂都具有正态分布。

计算出各个指纹因子的最小值、最大值、平均值等,表8-5展现了空间沉积物源的示踪剂浓度并且与在甘肃省敦煌市收集的降尘样品进行了比较(之后从29个不同地区采集的降尘均要通过此范围测试,本节仅以甘肃省敦煌市的降尘为例)。范围测试试验结果表明,MgO、SiO_2、P_2O_5、SO_3、CaO、TiO_2、MnO、Fe_2O_3、Cl、V、Cr、Co、Ni、Y、Nb、As为非保守性。

表 8-5 将最小至最大范围测试应用于与降尘的潜在指纹特性的结果

示踪因子	源样品		沉积物	范围测试
	最小值（mg/kg）	最大值（mg/kg）	均值（mg/kg）	
Na_2O	1.66	4.58	2.9	通过
MgO	0.3	1.99	5.11	未通过
Al_2O_3	6.67	13.49	11.39	通过
SiO_2	68.95	86.65	54.96	未通过
P_2O_5	0.02	0.22	0.23	未通过
SO_3	0.01	0.21	2.51	未通过
K_2O	1.71	3.16	2.14	通过
CaO	0.48	8.26	13.09	未通过
TiO_2	0.11	0.63	0.78	未通过
MnO	0.02	0.08	0.11	未通过
Fe_2O_3	0.79	3.48	5.21	未通过
SrO	0.01	0.05	0.04	通过
ZrO_2	0.01	0.05	0.04	通过
BaO	0.02	0.09	0.06	通过
Cl	0.01	1.01	1.36	未通过
Ba	425	951	480	通过
Sr	99.8	375	257	通过
Zr	64.6	319	227	通过
Rb	54.8	107	74.8	通过
V	11.6	65.2	76.2	未通过
Cr	14.8	57.6	69.7	未通过
Co	1.83	8.93	13.5	未通过
Ni	4.06	28.1	34.1	未通过
Cu	4.91	56.8	35.7	通过
Pb	9.66	306	18.7	通过
Zn	12.6	299	83.6	通过
Y	5.62	20.9	24.6	未通过
Nb	2.43	11.5	12.4	未通过
As	1.41	7.24	10.4	未通过

其次，除了标准测试外，还使用更严格的测试检查示踪剂，其中降尘样品均值应落在相应的源均值内，而不是其全部范围。这种更严格的范围测试很有用，因为与源样品相比，沉积物样品示踪剂浓度通常表现出有限的变化，这意味着示踪剂很容易通过标准范围测试程序。将降尘均值与相应的空间源均值进行比较，结果显示 MgO、SiO_2、P_2O_5、

SO_3、CaO、TiO_2、MnO、Fe_2O_3、Cl、V、Cr、Co、Ni、Y、Nb、As 为非保守性外，所有剩余示踪剂都是保守的（表6-3）。

表 8-6　将源地平均值范围测试应用于与降尘的潜在指纹特性的结果

示踪因子	A（25）(mg/kg)	B（23）(mg/kg)	C（35）(mg/kg)	D（10）(mg/kg)	E（13）(mg/kg)	F（8）(mg/kg)	范围测试
Na_2O	3.43	2.28	2.33	2.64	2.43	2.75	通过
MgO	0.87	0.77	1.35	1.37	1.08	1.23	未通过
Al_2O_3	10.69	9.37	10.13	8.88	9.51	9.60	通过
SiO_2	77.94	81.06	76.36	79.54	80.87	80.17	未通过
P_2O_5	0.08	0.08	0.11	0.08	0.05	0.07	未通过
SO_3	0.03	0.06	0.04	0.05	0.03	0.03	未通过
K_2O	2.24	2.63	2.08	2.06	2.45	2.21	通过
CaO	2.35	1.61	4.25	2.32	1.25	1.30	未通过
TiO_2	0.30	0.32	0.42	0.27	0.25	0.29	未通过
MnO	0.03	0.03	0.05	0.05	0.05	0.05	未通过
Fe_2O_3	1.70	1.64	2.57	2.08	1.92	2.00	未通过
SrO	0.03	0.02	0.03	0.02	0.02	0.02	通过
ZrO_2	0.02	0.03	0.03	0.02	0.02	0.02	通过
BaO	0.05	0.04	0.04	0.05	0.05	0.06	通过
Cl	0.91	0.33	0.39	0.76	0.01	0.83	未通过
Ba	626.72	562.78	495.26	564.80	638.92	647.00	通过
Sr	243.84	156.34	178.83	145.00	137.46	161.13	通过
Zr	132.75	163.69	160.15	92.99	98.38	88.40	通过
Rb	68.09	84.39	72.46	61.72	74.72	66.63	通过
V	30.83	31.28	43.79	35.22	33.52	35.14	未通过
Cr	25.87	23.51	38.48	35.73	35.28	35.39	未通过
Co	4.10	4.28	6.58	5.38	4.91	5.09	未通过
Ni	8.85	9.84	16.54	17.86	15.73	15.96	未通过
Cu	8.07	11.12	12.96	16.37	11.50	11.84	通过
Pb	13.58	14.22	14.28	43.59	14.70	13.03	通过
Zn	22.55	27.91	34.81	54.57	26.25	27.16	通过
Y	10.86	12.22	14.55	11.59	10.19	10.73	未通过
Nb	5.57	6.52	7.63	5.33	5.29	5.62	未通过
As	4.32	4.17	5.97	4.35	3.48	3.95	未通过

注：A（25）、B（23）、C（35）、D（10）、E（13）、F（8）分别代表毛乌素沙地、浑善达克沙地、库布齐沙漠、巴丹吉林沙漠、腾格里沙漠、乌兰布和沙漠采集的样品。

保留剩余的示踪剂，并使用 KW–H 试验进行测试。表 8-7 显示了应用 KW–H 测试的结果，结果表明绝大部分示踪剂在六种潜在沉积物源之间表现出统计学上的显着差异（$P<0.05$）。那些无法区分潜在来源的示踪剂（Pb）被丢弃在进一步分析中。

表 8-7　源地示踪因子的 Kruskal–Wallis H 检验的结果

示踪因子	H value	p-value	示踪因子	H value	p-value
Na_2O	50.76	0.00	Ba	9.05	0.01
MgO	77.13	0.00	Sr	45.45	0.00
Al_2O_3	8.93	0.01	Zr	37.18	0.00
SiO_2	13.76	0.00	Rb	31.38	0.00
P_2O_5	52.26	0.00	V	35.62	0.00
SO_3	27.70	0.00	Cr	9.38	0.01
K_2O	20.57	0.00	Co	12.83	0.00
CaO	76.19	0.00	Ni	1.80	0.41
TiO_2	14.65	0.00	Cu	49.44	0.00
MnO	36.68	0.00	Pb	0.50	0.78
Fe_2O_3	65.36	0.00	Zn	33.92	0.00
SrO	19.04	0.00	Y	27.08	0.00
ZrO_2	37.46	0.00	Nb	61.60	0.00
BaO	32.80	0.00	As	—	—
Cl	18.13	0.00			

8.3.1.2　使用 DFA 判别检验筛选指纹因子

DFA 的基础是提供一组允许区分源组的权重。然后，可以将权重用于未分配到组的个体，以提供他们属于每个可能的源组的概率。使用不同的检验，包括特征值、典型相关、威尔克斯 λ 和平方马氏，以确定判别函数是否具有统计学显著性。沉积物源群的成员是因变量，而测得的示踪剂是自变量。

将 KW–H 测试选择的示踪剂输入逐步 DFA（表 8-8）。第一个函数的最大特征值（230.65）对应于组均值最大扩散方向的特征向量。第一个函数的 Wilk,λ 值（0.0002），表明潜在沉积物源之间总方差的 99.9% 是由这些示踪剂解释的。典型相关值为 0.99，表明判别分数与各个源组之间存在很强的相关性。马氏距离的平方表明，入围的示踪剂很好地分离了沉积物源。向后的逐步 DFA 产生分类矩阵，将 95% 以上的源样本分配给正确的组。

表 8-8 逐步 DFA 参数结果

DFA 参数	结果
方程一	—
特征值	230.65
Wilks' lambda	0
典型相关	1
p-value	0
方程 2	—
特征值	19.25
Wilks' lambda	0.05
典型相关	0.97
p-value	0
马氏距离平方	—
毛乌素沙地 * 浑善达克沙地	16.96
浑善达克沙地 * 库布齐沙漠	25.62
库布齐沙漠 * 巴丹吉林沙漠	10.47
腾格里沙漠 * 乌兰布和沙漠	27.38
马氏距离平方 -value	—
毛乌素沙地 * 浑善达克沙地	32.15
浑善达克沙地 * 库布齐沙漠	41.7
库布齐沙漠 * 巴丹吉林沙漠	12.05
腾格里沙漠 * 乌兰布和沙漠	9.58
沉积物源样本分类正确率 (%)	—
毛乌素沙地	97
浑善达克沙地	100
库布齐沙漠	95
巴丹吉林沙漠	98
腾格里沙漠	96
乌兰布和沙漠	97

使用 Wilks' λ 逐步选择表明，由多种示踪剂组成的复合特征在 DFA 模型的基础上提供了显著的判别力（表 8-9）。

DFA 内不同的测试结果表明，Al 和 Gr 的判别力是完美的（表 8-9）。部分威尔克斯 λ 表示各自示踪剂对单个源组之间的区别的独特贡献。部分威尔克斯 λ 越小，对整体歧视的贡献就越大。部分威尔克斯的 λ 值表明，Sr 对总体判别的贡献最大，Al_2O_3 次之，Ba 第三。

表 8-9　步进 DFA 的最终结果

示踪因子	Wilks' lambda	Partial Lambda	F-remove	p-value	Toler
Na_2O	0.01	0.99	0.16	0.98	0.86
Al_2O_3	0.02	0.51	18.64	0.00	0.12
K_2O	0.02	0.75	6.53	0.00	0.09
SrO	0.01	0.90	2.21	0.06	0.21
ZrO_2	0.01	0.88	2.68	0.03	0.13
BaO	0.01	0.82	4.37	0.00	0.34
Ba	0.02	0.56	15.00	0.00	0.08
Sr	0.03	0.47	21.77	0.00	0.09
Zr	0.01	0.91	1.88	0.10	0.13
Rb	0.02	0.71	7.80	0.00	0.17
Cu	0.01	0.96	0.71	0.62	0.29
Zn	0.01	0.95	1.06	0.39	0.30

使用向后 DFA 计算的第一和第二判别函数的散点图证实，为表征不同潜在沉积物源而收集的样品得到了很好的分离（图 8-6）。

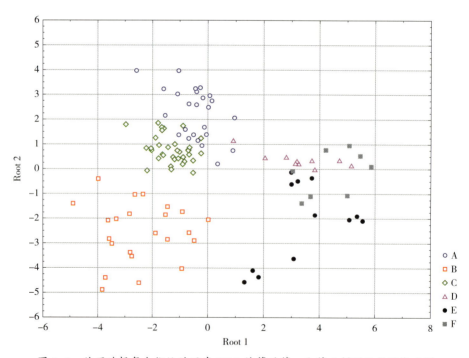

图 8-6　使用选择复合指纹的逐步 DFA 计算的第一和第二判别函数的散点图

8.3.1.3　使用 PCCA 方法筛选指纹因子

主成分和分类分析（PCCA），PCCA 除了可以减少原始变量空间的维度外，还可以用作分类技术，从而可以突出显示变量和个案之间的关系。为此，变量和个案绘制在主分量轴生成的空间中。这种技术的工作方式与主成分分析（PCA）非常相似，但有一个关键的区别；在分析之前，必须将单个样本分配给源组。然后，该测试计算可变权重，该权重将最大化源组之间的差异，而不是像 PCA 那样的个体之间的差异。PCCA 生成的权重允许识别源组之间差异最大的变量，并丢弃相同的变量。

PCCA 中仅包括那些使用 KW–H 的潜在沉积物来源之间存在显着差异的示踪剂。保留特征值为 >1 的主成分并进行可变最大值旋转，以最大限度地减少每台 PC 上具有高负载的示踪剂数量。在特定 PC 下，每个示踪剂都被赋予一个重量或 PC 负载，代表该示踪剂对 PC 组成的贡献。每台 PC 仅保留高权重示踪剂。高权重示踪剂负载定义为绝对值在最高示踪剂负载的 10% 以内。当在单个 PC 下保留多个示踪剂时，使用多变量相关系数来确定示踪剂是否可以被视为冗余，从而从最终的示踪剂集（即复合指纹）中消除。如果与高权重示踪剂不相关（即假设相关系数 <0.60），则每个示踪剂都被认为是重要的，因此保留在最终的复合特征中。在相关性良好的示踪剂中，选择 PC 负载量（绝对值）最高的示踪剂作为最终的复合指纹。选择复合特征后，使用单因素方差分析（F 检验）和 Tukey HSD 事后检验（$P<0.05$）对每个样品的 PC 评分进行最终检查，以确定潜在沉积物源之间的显着差异。

KW–H 确定为具有统计学意义的示踪剂也使用 PCCA 对两种粒径部分进行了测试。进一步探索了所有示踪剂作为减少示踪剂数量和多重共线性问题的替代方法。

PCCA 结果表明，特征值 >1 的前 6 个主成分占 3 个空间源组示踪剂值变化的 90% 以上（表 8-7）。与最大特征值（5.48）相对应的 PC 约占总变异的 26%。与第二个特征值（4.73）相对应的第二个 PC 约占总方差的 22%。与第三个特征值（2.34）相对应的第三个 PC 约占总方差的 11%。与第四个特征值（1.6）相对应的第四个 PC 约占总方差的 7.7%。与第五个特征值（1.39）相对应的 PC 约占总方差的 6.6%，与第六个特征值（1.07）相对应的最小的 PC 约占总方差的 3.6%。

PC1 下的高权重示踪剂，其绝对值在最高示踪剂（Al 为 0.92 值）负荷的 10% 以内（所选示踪剂的负荷应 >0.83）的只有 Al。在 PC2 下，绝对值在最高示踪剂（Pb 为 0.71 值）10% 以内的高加权示踪剂（所选示踪剂的负载应该 >0.64）的是 Cu、Pb、PB210。因为 Pb 与 Cu 强相关（$r>0.75$），Pb 与 PB210 也强相关（$r>0.74$），因此最终复合特征仅保留 Pb。在 PC3 下，绝对值在最高示踪剂（^{232}TH 为 0.79 值）10% 以内的高加权示踪剂（所选示踪剂的负载应该 >0.71）的是 ^{232}TH。在 PC4 下，绝对值在最高示踪剂（Cd 为 0.46 值）10% 以内的高加权示踪剂（所选示踪剂的负载应该 >0.42）的是 Fe、Cd。两者被保留用于最终的复合签名，因为它们没有很强的相关性。在 PC5 下，绝对值在最高示踪剂（TP 为 0.47 值）10% 以内的高加权示踪剂（所选示踪剂的负载应该 >0.43）的是 TP、NO$_3$。两者同样都被保留用于最终的复合签名，因为它们没有很强的相关性。在 PC6 下，绝对值在最高示踪剂（NH$_4$N 为 0.65 值）10% 以内的高加权示踪剂（所选示踪剂的负载应该 >0.59）的是 Zn。

使用所得的成分分数系数矩阵计算 PC 分数，并使用单因素方差分析（F 检验）和 Tukey HSD 事后检验（$P<0.05$）来检验沉积物来源之间的显著差异。结果显示，前四个

PC 的得分随沉积物来源的不同而有明显的差异。因此，与 PC5、PC6 相关的示踪剂被排除在综合特征中（表 8-11、表 8-12）。

表 8-10 主成分和分类分析（PCCA）变量的因子坐标和相关矩阵的特征值

示踪因子	主成分 1	主成分 2	主成分 3	主成分 4	主成分 5	主成分 6
Na_2O	−0.33	0.55	0.29	0.29	−0.23	−0.29
Al_2O_3	−0.92	0.07	0.02	0.11	0.1	−0.16
K_2O	0.81	−0.34	−0.14	−0.27	0.09	0.2
SrO	0.56	−0.04	0	−0.43	−0.15	0.34
ZrO_2	0.12	0.29	0.24	0.29	−0.41	0.14
BaO	−0.55	−0.42	−0.3	−0.26	0.39	−0.15
Ba	−0.43	−0.65	0.55	−0.08	0	0.18
Sr	0.58	−0.53	−0.18	−0.05	0.16	0.07
Zr	−0.38	−0.55	0.23	0.24	−0.33	0.23
Rb	0.68	0.37	0.34	0.05	−0.31	0.11
Cu	0.46	−0.56	−0.19	0.46	−0.13	−0.19
Pb	0.69	−0.46	−0.24	0.35	0.04	−0.2
Zn	0.6	−0.49	−0.3	0.41	0.02	−0.21
特征值	5.48	4.73	2.34	1.63	1.4	1.07
总方差（%）	26.1	22.53	11.15	7.74	6.65	5.11
累计方差（%）	26.1	48.63	59.78	67.52	74.17	79.28

表 8-11 六种来源的平均成分得分

地区	主成分 1	主成分 2	主成分 3	主成分 4	主成分 5	主成分 6
毛乌素沙地	−0.67	−0.14	−0.14	−0.06	0.23	−0.11
浑善达克沙地	0.52	0.99	0.71	0.67	−0.9	0
库布齐沙漠	1.73	−0.71	−0.38	−0.61	0.29	0.37
巴丹吉林沙漠	0.7	1.1	−0.23	0.02	−0.08	0.1
腾格里沙漠	−0.77	−2.1	1.48	−0.39	0.22	1.2
乌兰布和沙漠	−1.79	0.2	−1.38	0.53	−0.01	−0.3

表 8-12 方差分析结果

方差分析	主成分 1	主成分 2	主成分 3	主成分 4	主成分 5	主成分 6
F-value	322.05	22.93	8.5	9.88	14.24	1.58
p-value	0	0	0	0	0.11	0.21

与 PCCA 选择的示踪剂相关的前两个 PC 的变量因子坐标图，如图 8-7 所示。选定的示踪剂（即复合指纹）清楚地区分了 6 种潜在的沉积物来源。

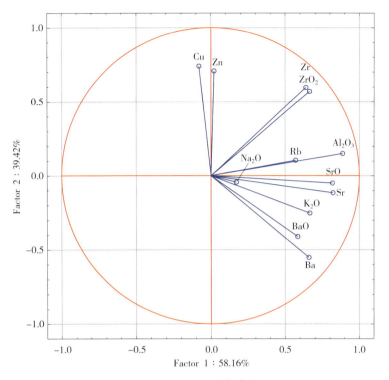

图 8-7　使用 PCCA 选择复合指纹

8.3.1.4　使用 GC&RT 方法筛选指纹因子

在第一步中，使用 KW-H 来评估单个示踪剂的鉴别效率。在第二步中，使用 KW-H，那些在潜在的空间资源之间表现出统计学意义上的差异的示踪迹被输入分类树分析中。分类树分析是数据挖掘中使用的主要技术之一。分类树是用来预测案例在分类因变量中的成员资格，从他们对一个或多个预测变量（即示踪剂）的测量结果来预测。因此，这种方法与判别函数分析有很多共同之处，分类树分析确定了一组逻辑上的如果—那么条件（而不是判别函数分析中估计的线性方程）来对案例进行分类。

分类树很容易以图形方式显示有助于使它们更容易解释。有两个关键工具来解释分类树分析的结果：最终的树和示踪剂的重要性。最终的树的图形序列（boosted）可以成为检查最终分类模型的重要性的有用方法。示踪剂的重要性被计算为所有树上的示踪剂统计量的相对（按比例）平均值。

示踪剂统计量在所有树上的相对（缩放）平均值。示踪剂重要性的柱状图重要性的柱状图提供了对预测群体有重大贡献的变量洞察力。对预测群体成员的主要贡献。

在数据挖掘过程中，通过 KW-H 的属性被输入一般分类和回归树模型（GC&RT）中。图 8-8 显示了在考虑 v-fold 交叉验证（CV 成本）分析的基础上，根据子流域属性（追踪器）选择的两棵最终树。这里，每棵最终树都是具有最小 CV 成本（0.108）的每棵最终的树都是最不复杂的树（终端节点数量最少）。每棵最终树将空间源划分为多个终端节点（即采样的 6 个不同地类）。

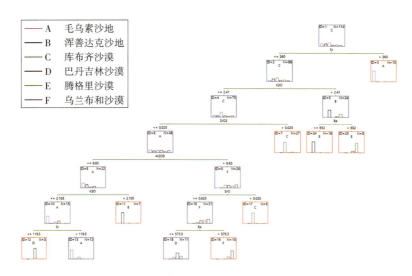

图 8-8 使用 GC&RT 对两个粒径的空间沉积物源分类

对于结合地球化学示踪剂和红外线的签名，节点上每一类的案例直方图显示，最终结果呈现为对各个源地的判别正确率均大于 90%。

通过 KW-H 检验的示踪剂，被输入一般分类和回归树模型中。图 8-8 显示了使用 V 折交叉验证（CV 成本）测试使用示踪剂浓度生成的树木。

图 8-9 显示了基于流域空间源作为因变量和示踪剂属性作为预测因子的预测因子重要性的条形图。对于每个示踪剂，其重要性显示了所有树和节点上的平方之和预测的相对平均值，其中最大值为 1。因此，示踪物重要性值揭示了示踪剂与空间沉积物源之间的相关程度。

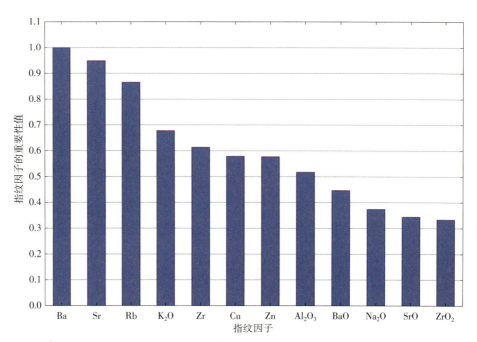

图 8-9 使用 GCTM 对两个粒径示踪剂的重要性评价

在这种情况下,示踪剂 Ba、Sr 和 Rb(重要性值 >0.7)是部分特定复合特征中最重要的预测因子。

将上述指纹因子筛选方法应用于在每个地区收集的降尘中可以得到其对应的复合指纹因子,见表 8-13。

表 8-13 所有地区筛选出的指纹因子

地区	日期	指纹因子							
北京市	2021.3.26	Na_2O	Al_2O_3	K_2O	SrO	BaO	Cl	Ba	Sr	Zr
		Rb	Pb	—	—	—	—	—	—	
河北省张家口市	2021.3.28	Na_2O	K_2O	CaO	SrO	ZrO_2	Cl	Sr	Zr	Rb
河北省张家口市	2021.4.16	Na_2O	K_2O	CaO	SrO	ZrO_2	BaO	Cl	Ba	Sr
		Zn	Zr	Rb	Cu	—	—	—	—	
辽宁省阜新市	2021.3.29	Na_2O	MgO	Al_2O_3	SiO_2	P_2O_5	SO_3	K_2O	CaO	TiO_2
		BaO	Cl	Ba	Sr	Zr	Rb	V	Cr	Co
		MnO	Fe_2O_3	SrO	ZrO_2	Ni	Cu	Zn	Y	
辽宁省阜新市	2021.3.15	Na_2O	P_2O_5	SO_3	K_2O	TiO_2	MnO	Fe_2O_3	SrO	ZrO_2
		Rb	V	Cr	Co	Ni	Cu	As	Zn	Y
		BaO	Cl	Ba	Zr	Nb				
辽宁省阜新市	2021.5.11	Na_2O	K_2O	CaO	SrO	ZrO_2	BaO	Cl	Ba	Sr
		Zn	Zr	Rb	Cu	—	—	—	—	
辽宁省阜新市	2021.3.15	DSO_3	DK_2O	DCaO	$DTiO_2$	DMnO	DFe_2O_3	DSrO	$DZrO_2$	DBaO
		DRb	DV	DCr	DCo	DNi	DCu	DZn	DY	DNb
		DCl	DBa	DSr	DZr	DAs				
辽宁省阜新市	2021.3.29	Na_2O	MgO	Al_2O_3	SiO_2	P_2O_5	SO_3	K_2O	CaO	MnO
		Ba	Sr	Rb	V	Cr	Cu	Pb	Zn	Cl
		Fe_2O_3	SrO	BaO						
内蒙古通辽市	2021.3.16	Na_2O	MgO	Al_2O_3	SiO_2	P_2O_5	K_2O	CaO	MnO	Fe_2O_3
		Sr	Rb	V	Cu	Pb	Zn	SrO	BaO	Cl
内蒙古包头	2021.3.25	Na_2O	Al_2O_3	K_2O	CaO	SrO	BaO	Cl	Ba	Sr
		Zn	As	Rb	Ni	Cu	—	—	—	
内蒙古鄂尔多斯	2021.3.15	Na_2O	K_2O	CaO	SrO	ZrO_2	BaO	Cl	Ba	Sr
		Zn	Zr	Rb	Cu	—	—	—	—	
内蒙古鄂尔多斯	2021.3.26	Na_2O	Al_2O_3	K_2O	SrO	ZrO_2	BaO	Cl	Ba	Sr
		Pb	Zn	Zr	Rb	Ni	Cu	—	—	
内蒙古呼和浩特	2021.3.26	Na_2O	K_2O	CaO	SrO	ZrO_2	BaO	Cl	Ba	Sr
		Zn	Zr	Rb	Cu	Pb	—	—	—	

(续)

地区	日期	指纹因子								
内蒙古乌兰察布	2021.3.26	Na_2O	K_2O	CaO	SrO	ZrO_2	BaO	Cl	Ba	Sr
		Zn	Zr	Rb	Cu	Pb	—	—	—	—
内蒙古阿拉善盟	2021.3.15	Na_2O	Al_2O_3	K_2O	CaO	SrO	ZrO_2	BaO	Ba	Sr
		Zn	Zr	Rb	Cu	—	—	—	—	—
甘肃省兰州市	2021.3.22	Na_2O	K_2O	SrO	ZrO_2	BaO	Cl	Ba	Sr	Zr
		Rb	Pb	Zn	—	—	—	—	—	—
甘肃省武威市	2021.3.24	Na_2O	K_2O	CaO	SrO	ZrO_2	BaO	Cl	Ba	Sr
		Zr	Rb	Pb	Zn	—	—	—	—	—
山西忻州	2021.3.20	Na_2O	Al_2O_3	P_2O_5	SO_3	K_2O	MnO	SrO	ZrO_2	BaO
		Rb	V	Cr	Co	Ni	Cu	Pb	Zn	Y
		Cl	Ba	Sr	Zr	Nb	—	—	—	—
陕西省延安市	2021.3.18	Na_2O	K_2O	SrO	ZrO_2	BaO	Cl	Ba	Sr	Zr
		Rb	Cu	Zn	—	—	—	—	—	—

综上所述，对目前所检测的指标使用范围测试、KW-H检验、DFA判别、PCCA主成分与分类分析方法、GC&RT方法筛选指纹因子，为每个降尘收集地区都筛选出了最佳的复合指纹因子，这些复合指纹因子均能准确辨别降尘源地。

8.3.2 降尘来源贡献计算

选取样品数量超过10个毛乌素沙地、浑善达克沙地、库布齐沙漠、巴丹吉林沙漠、腾格里沙漠、乌兰布和沙漠作为降尘的来源，六个来源对所有地区的降尘贡献如表8-14所示。

表8-14 6个来源对所有地区的降尘贡献

地区	取样日期	毛乌素沙地	浑善达克沙地	库布齐沙漠	巴丹吉林沙漠	腾格里沙漠	乌兰布和沙漠
北京市	2021.3.26	3%	67%	3%	22%	3%	2%
河北省张家口市	2021.3.28	3%	86%	5%	2%	2%	2%
河北省张家口市	2021.4.16	16%	56%	4%	19%	3%	2%
辽宁省阜新市	2021.3.29	3%	82%	4%	5%	3%	3%
辽宁省阜新市	2021.3.15	2%	67%	2%	3%	24%	2%
辽宁省阜新市	2021.5.11	3%	68%	3%	22%	2%	2%
辽宁省阜新市	2021.3.15	5%	74%	4%	9%	4%	4%
辽宁省阜新市	2021.3.29	3%	67%	7%	17%	3%	3%
内蒙古通辽市	2021.3.16	3%	59%	4%	30%	2%	2%
内蒙古包头	2021.3.26	3%	—	4%	85%	4%	4%
内蒙古鄂尔多斯	2021.3.15	42%		6%	44%	4%	4%

（续）

地区	取样日期	毛乌素沙地	浑善达克沙地	库布齐沙漠	巴丹吉林沙漠	腾格里沙漠	乌兰布和沙漠
内蒙古鄂尔多斯	2021.3.26	29%	—	7%	54%	6%	4%
内蒙古呼和浩特	2021.3.26	4%	—	3%	87%	3%	3%
内蒙古乌兰察布	2021.3.26	5%	—	5%	82%	4%	4%
内蒙古阿拉善盟	2021.3.15	—	—	14%	66%	10%	10%
甘肃兰州市	2021.3.22	—	—	—	86%	7%	7%
甘肃武威	2021.3.24	—	—	—	86%	7%	7%
山西忻州	2021.3.20	3%	—	3%	90%	2%	2%
陕西延安	2021.3.18	6%	—	5%	81%	4%	4%

8.3.3 降尘源地分析

各地区降尘来源柱状堆积图如图 8-10 所示。通过图可以看出，对于北京市来说，浑善达克沙地及巴丹吉林沙漠对降尘的贡献起主导作用；巴丹吉林沙漠对内蒙古阿拉善盟等地区的降尘贡献最大；浑善达克沙地对北京市、河北省张家口市、辽宁省阜新市、内蒙古通辽市等地区的降尘贡献最大，巴丹吉林沙漠对甘肃省、内蒙古中东部、山西和陕西北部等地区的降尘贡献偏大。总的来说，浑善达克沙地及巴丹吉林沙漠对所有调查区域的降尘来源贡献比最大，其次是毛乌素沙地，它对降尘也有着较大的贡献率，库布齐沙漠、腾格里沙漠、乌兰布和沙漠对所有调查区域的影响较弱。

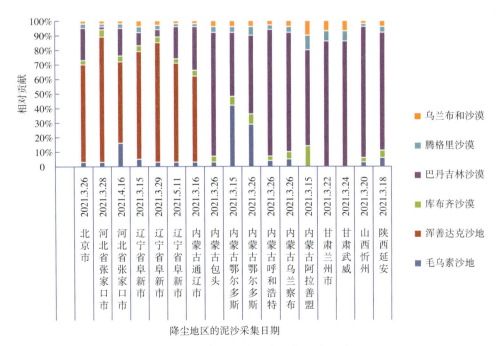

图 8-10　各地区降尘来源柱状堆积图

将收集的降尘归属地划分为各自省份，通过图 8-11 可知，对于北京市来说，浑善达克沙地及巴丹吉林沙漠两地是主要的降尘来源，其中浑善达克沙地对降尘的贡献起主导作用，分别为 67% 和 22%；对于甘肃省而言，巴丹吉林沙漠是降尘的主要来源，占 86%；浑善达克沙地是河北省的降尘主要来源地，分别占 71%；对辽宁省而言，浑善达克沙地是降尘最主要的来源，占 72%；对于内蒙古来说，巴丹吉林沙漠、浑善达克沙地、毛乌素沙地三地是主要的降尘来源地，其中巴丹吉林沙漠是最主要的降尘源，分别占据了 64%、59%、17%；巴丹吉林沙漠是山西省最主要的降尘来源地，占据了 90%；巴丹吉林沙漠是陕西北部降尘来源的主要区域，两地贡献相近，分别占 81%。

由此可以得到，浑善达克沙地是北京市、河北省、辽宁省等地最主要的降尘来源地，同时也对内蒙古、山西、新疆、陕西有较大的降尘贡献；毛乌素沙地对内蒙古的降尘贡献较大；巴丹吉林沙漠是内蒙古、山西、陕西等地的降尘主要来源地，同时也是北京市、甘肃省的较大降尘来源地。

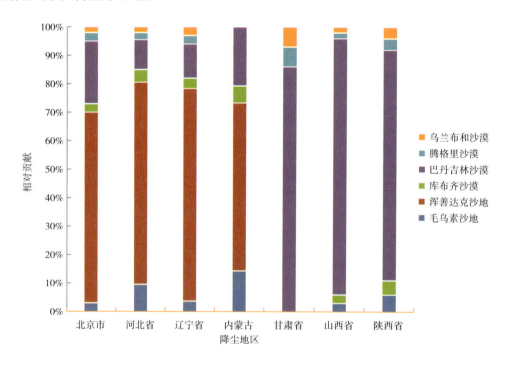

图 8-11　各省份降尘来源柱状堆积图

8.3.4　降尘来源时间变化

在部分城市地区进行了多个时间点的收集，并进行分析。6 个降尘源地对辽宁省阜新市的贡献值变化不同，在时间 2021.3.29 至 2021.5.11 浑善达克沙地是辽宁省阜新市最主要的降尘来源，且在 2021.3.29 达到峰值，腾格里沙漠在 2021.3.15 时是辽宁省阜新市降尘的第一大贡献源地。说明浑善达克沙地是该市最大、最稳定的降尘来源地，巴丹吉林沙漠对该市的降尘来源贡献第二且逐渐增多。

河北省张家口市的降尘来源随着时间的变化波动较大，主要集中在巴丹吉林沙漠、浑善达克沙地、毛乌素沙地，随着时间变化，在 2021.3.28 至 2021.4.16，巴丹吉林沙漠在2021.3.28的贡献值最低,却又在2021.4.16提升至第二贡献率值,毛乌素沙地则是在2021.3.28降尘贡献率最低,在2021.4.16降尘贡献率提升到接近巴丹吉林沙漠的降尘贡献率,对于浑善达克沙地,成为河北省张家口市的降尘最大贡献源,并保持稳定。其余三个降尘来源地保持稳定。说明河北省张家口市的降尘主要来源不确定,巴丹吉林沙漠、浑善达克沙地、毛乌素沙地之间均对该市降尘有较大贡献。

内蒙古鄂尔多斯的降尘来源相对稳定,主要集中在巴丹吉林沙漠、毛乌素沙地,且二者贡献值接近,其中毛乌素沙地的降尘贡献值相对波动更大。巴丹吉林沙漠的贡献值随时间变化保持稳定(图8-12)。

从整体上看,浑善达克沙地及巴丹吉林沙漠对所有调查区域的降尘来源贡献比最大,二者分别占总体的三分之一,其次是毛乌素沙地,它对降尘也有着较大的贡献率,占总体的19%,库布齐沙漠、腾格里沙漠、乌兰布和沙漠对所有调查区域的影响较弱,占总体的影响均低于10%。随着时间的变化降尘来源整体保持稳定。

划分省份来看,浑善达克沙地是北京市、河北省、辽宁省等地最主要的降尘来源地;巴丹吉林沙漠是内蒙古鄂尔多斯的降尘主要来源地;巴丹吉林沙漠是内蒙古、山西、陕西等地的降尘主要来源地,同时也是北京市、甘肃省的较大降尘来源地。

受采样过程影响,部分地区采样是在沙尘暴初期,也有部分降尘样品是在沙尘暴后期采集,且不是采用传统的积沙仪采样,降尘来源分析结果存在一定误差,但降尘的分析结果与沙尘轨迹分析结果一致,均证实了浑善达克沙地和巴丹吉林沙漠是2021.3.15沙尘暴国内来源的主要源地,库布齐沙漠和毛乌素沙地对本次沙尘天气过程贡献小。

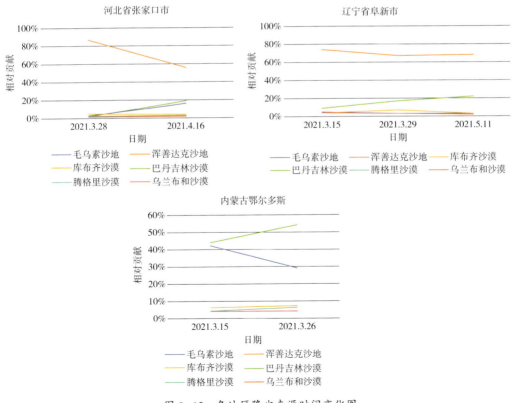

图8-12 各地区降尘来源时间变化图

9 基于数值模式沙尘溯源分析

9.1 沙尘溯源模型与方法

9.1.1 沙尘溯源方法简介

沙尘天气的溯源是一个受到普遍关注的科学问题，对沙尘天气的预报，以及防沙、治沙都至关重要，甚至对古气候学的研究也有十分重要的意义。遥感观测是研究沙尘起沙、传输和沉降的重要手段。目前沙尘溯源的方法主要有三类：一是基于观测的地球化学分析方法；二是基于卫星遥感的沙尘路径监测；三是基于数值模式的溯源分析。

基于观测的地球化学分析方法，是利用不同沙尘源区沙尘粒子的不同理化性质对沙尘进行溯源。目前针对沙尘粒子的不同理化性质主要有4种不同方法。①不同地区有不同的重矿特征，可以通过沙尘样品重的重矿特征进行溯源分析，但是一些研究指出中国大部分沙源地不具备特有的重矿特征，因此该方法无法进行精确溯源。②不同沙源地存在不同的元素组合，因此可以采用各个元素的富集系数对沙尘样品进行溯源分析。③不同沙源地存在不同的稀土元素特征，可以根据沙尘样本中的稀土元素特征进行溯源分析。④利用同位素地球化学示踪，我国沙漠区域自东向西一些元素的同位素特征存在较大差异，因此可以通过沙尘样本中的同位素含量特征进行溯源分析。以上4种方法均存在不同的局限性，目前研究中往往采用多种方法配合，以进行精确的溯源分析。

基于卫星遥感的沙尘路径监测，是利用卫星遥感影像全流程的监测沙尘天气过程，以判断沙尘主要传输路径。目前，MODIS、CALIPSO、风云卫星系列观测等卫星遥感产品都被用于研究沙尘天气的来源和传输。另外，在利用卫星监测时配合使用后向轨迹分析等方法，可以较为直观的分析沙尘的传输路径。但是，沙尘天气过程复杂多变，沙尘粒子在一次过程中同时存在着沉降和起沙。因此，依靠遥感观测难以对沙尘天气过程进行精确溯源，但是可以对沙尘的传输路径有很好的监测作用。

基于数值模式的沙尘溯源分析，是基于沙尘模式对不同沙尘源区起沙、沙尘传输和沉降过程进行全流程示踪，以对沙尘天气过程进行定量化传输分析。全流程示踪的方法是在数值模式中对不同沙源地的起沙加入标记变量，被标记的沙尘粒子变量在数值模式中与沙尘粒子同时进行传输、扩散和沉降，从而实现对所有沙源地的沙尘粒子进行全流程跟踪。该方法依赖于沙尘数值模式的模拟效果，在沙尘数值模式模拟效果较好的情况下，基于沙尘源示踪的方法可以进行精准溯源。

9.1.2 基于数值模式沙尘溯源方法

基于数值模式的沙尘溯源方法是基于源示踪技术。源示踪技术被广泛应用于大气污染物的来源分析。沙尘源示踪技术是在模拟过程中加入活性示踪物对目标污染物进行追踪，以统计不同沙源地的沙尘排放对于沙尘浓度的贡献。示踪物 X_j 对沙尘源区 j 排放的沙尘粒子进行示踪，沙尘粒子的总浓度为所有源区 j 排放的和。X_j 的浓度随着沙尘浓度的物理化学变化而变化，然后通过示踪物 X_j 的浓度计算 j 对于目标区域沙尘浓度的贡献。

沙尘数值模式是该方法的基础。目前，沙尘数值模式被广泛应用于沙尘天气的预报、模拟分析及研究沙尘的气候效应等。国内外有很多研究团队致力于沙尘数值模式的发展和应用。沙尘数值模式的关键在于起沙方案参数化。起沙方案一般包含3个重要的参数：临界起沙摩擦速度、水平跃移沙尘通量和垂直起沙通量。

临界起沙摩擦速度是使地表沙尘粒子运动的最小摩擦速度。它由土壤湿度、地表粗糙度、土壤粒径、大气密度等参数决定。

$$u_{*t} = 0.129 \sqrt{\frac{D_p}{\rho_{air}}\left(\rho_p g + \frac{0.006g}{s^2}{D_p^{\frac{5}{2}}}\right)} \times \left(1 - \frac{\ln\frac{z_o}{z_{os}}}{\ln\left(0.35\left(\frac{10cm}{z_{os}}\right)^{0.8}\right)}\right)^{-1} \times f(\omega)$$

$$\times \begin{cases} \dfrac{1}{\sqrt{1.928\,B^{0.092}-1}} & B<10 \\ (1-0.0858\,e^{-0.617(B-10)}) & B \geqslant 10 \end{cases} \tag{1}$$

$$B = \frac{u_{*t} D_p}{v} \tag{2}$$

$$f(\omega) = \sqrt{1+1.21\left(\max\left(0,\left(\omega-\left(0.0014\phi_{clay}^2+0.17\phi_{clay}\right)\right)\right)\right)^{0.68}} \tag{3}$$

式中，u_{*t} 为临界起沙摩擦速度；D_p 为颗粒物，ρ_p 为颗粒物密度；ρ_{air} 为空气的密度；B 为雷诺数，初始值为 $1331 D_p^{1.56}+0.38$；v 为空气动力黏度（取 $0.157 \cdot 10^{-4} m^2/s$）；$z_o$ 为地表粗糙度；z_{os} 为地表粗糙度调整度；ω 为土壤湿度；$f(\omega)$ 为土壤湿度的影响参数化方法；ϕ_{clay} 为土壤含黏土率；g 为重力加速度。

土壤湿度的影响根据不同地区的观测结果存在较大差异。但是土壤湿度对临界起沙摩擦速度的影响整体表现为土壤湿度越大临界起沙摩擦速度越大。在不同地表性质下其他参数存在较大差异。例如，针对新疆塔克拉玛干沙漠的结果显示土壤湿度对临界起沙摩擦速度的影响为：

$$f(\omega) = \sqrt{1+0.45\left(\max\left(0,\left(\omega-1.5\right)\right)\right)^{0.61}} \tag{4}$$

水平跃移沙尘通量（Q）是表征沙粒跃移强度的量，为单位时间、单位宽度从地表到积分高度处所形成的平面内的沙粒质量，即沙粒跃移强度沿高度的积分。研究发现平均跃移高度大约为0.63m。水平跃移沙尘通量的参数化法方案多与摩擦速度和临界起沙摩擦速度有关，最为常用的为Owen方程[式（5）]。此外，随着沙尘粒径谱分布加入沙尘模式中，在Owen方程基础上提出了基于粒径谱的水平跃移沙尘通量[式（6）]，可以计算不同粒径的水平跃移沙尘通量。

$$Q = \frac{c\rho_{\text{air}} u_*^3}{g}\left(1+\frac{u_{*t}}{u_*}\right)^2\left(1-\frac{u_{*t}^2}{u_*^2}\right) \tag{5}$$

$$Q(D_p) = \frac{c\rho_{\text{air}} u_*^3}{g}\left(1+\frac{u_{*t(D_p)}}{u_*}\right)^2\left(1-\frac{u_{*t(D_p)}^2}{u_*^2}\right)\text{Srel}(D_p) \tag{6}$$

垂直起沙通量（F）是单位时间、单位面积内最终释放到大气中的沙尘通量，一般认为垂直起沙通量与水平跃移起沙通量直接相关。目前提出的方案较多，复杂程度不一。式（7）为半经验的起沙参数化方案，垂直起沙通量与水平跃移起沙通量的比例由土壤中黏土含量决定，此外还有一些参数化方案由一些经验系数决定。式（8）为基于沙粒撞击产生的凹坑体积的起沙参数化方案，该方案认为垂直起沙通量与水平跃移起沙通量的比例由土壤的可侵蚀性和塑性压力决定，该方案引入了一个重要的量为土壤塑性压力。式（9）为基于黏合能量概念的起沙参数化方案，该方案认为垂直起沙通量与水平跃移起沙通量的比例由黏合能量和尘粒释放时具有的初始动能决定，但是黏合能量无法测量，一般基于观测进行简化推算。式（10）为基于土壤可侵蚀性的方案，该方案引入了标准化临界起沙摩擦速度和易侵蚀土壤的标准化临界起沙摩擦速度，以表征土壤可侵蚀性对起沙的影响。式（11）为在土壤粒子尺度基础上建立的分粒径的起沙方案，方案中考虑了不同粒径的起沙通量差异。

$$F = 100 \times Q \times 10^{0.134f_c - 6.0} \quad (f_c < 20) \tag{7}$$

式中，f_c 为土壤中的黏土含量。

$$F = \frac{C_\alpha g f_s \rho_b}{2p}\left(0.24 + C_\beta u_* \sqrt{\frac{\rho_p}{p}}\right)Q \tag{8}$$

式中，C_α 和 C_β 为常量；p 为土壤表面塑性压力（N/m²）；f_s 为土壤中沙粒含量；ρ_b 和 ρ_p 为土壤体积浓度和土壤粒子浓度。

$$F = \alpha_e \frac{m_d g Q}{\varphi + \varphi_k} \tag{9}$$

式中，α_e 为表示跃移撞击能量中用于破坏粒子间黏性力所需的能量比例因子和表示跃移撞击的强度因子乘积；φ，φ_k 为黏合能量和沙尘粒子释放时具有的初始动能；m_d 为直径为 d 的跃移撞击粒子质量。

$$F = C_{d0}\text{e}^{\left(-C_e \frac{u_{*st} - u_{*st0}}{u_{*st0}}\right)} f_{\text{bare}} f_c \frac{\rho_a(u_*^2 - u_{*t}^2)}{u_{*st}}\left(\frac{u_*}{u_{*t}}\right)^{C_\alpha \frac{u_{*st} - u_{*st0}}{u_{*st0}}} \tag{10}$$

式中，C_{d0}、C_e 和 C_α 为经验常数；u_{*st} 为标准化临界起沙摩擦速度，是指临界起沙摩擦速度在海平面标准大气密度（1.225kg/m³）下的值；u_{*st0}为易侵蚀土壤的标准化临界起沙摩擦速度（一般取 0.16m/s）。

$$F(d_i,d_s)=c_y\left[(1-\gamma)+\gamma\frac{p_m(d_i)}{p_f(d_i)}\right]\frac{Qg}{mu_*^2}(\eta_{fi}\Omega\rho_b+m\eta_{ci}) \quad (11)$$

式中，c_y为比例系数；m为直径为d的跃移撞击粒子的质量；η_{fi}和η_{ci}分别为第i档撞击过程中被释放到大气中粒子质量分数和覆盖土壤聚合体表明的粒子质量分数；Ω为被撞击的土壤表面凹坑体积；$p_m(d_i)$和$p_f(d_i)$分别为地表土壤两种理想状态的粒子尺度分布状态，一般采用高斯对数分布拟合；γ和$1-\gamma$分别为$P_m(d_i)$和$P_f(d_i)$在风蚀起沙过程中的权重系数。

9.1.3 沙尘溯源数值模型系统

本研究基于大气化学模式 CAMx 中的污染来源示踪模型进行沙尘溯源模拟。模型是一个离线化学传输模型，广泛用于模拟对流层空气污染。CAMx 中提供的源示踪技术（SAT）被用来计算空气污染物的来源和传输。SAT 使用示踪物种来追踪来自不同来源的前体物的生命周期，然后确定来自特定污染物、来源部门和地区的贡献。起沙机制中的临界起沙摩擦速度为式（1），水平跃移起沙通量采用式（5），垂直起沙通量采用式（8）。中尺度天气模式（WRF 4.0）用来为 CAMx 和沙尘排放模型生成气象场。前 24 小时被忽略，边界和初始条件来自 NCEP 全球再分析数据，分辨率为 1°。WRF 建模选择的物理参数化方案包括 Dudhia 短波辐射、RRTM 长波方案、YSU 行星边界层方案和统一 Noah 陆面方

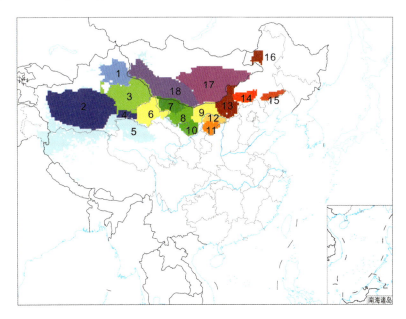

图 9-1 模型区域和沙尘源区

注：填色，1 古尔班通古特；2 塔克拉玛干；3 新疆东部；4 库木塔格；5 柴达木；6 甘肃西部；7 阿拉善西部；8 巴丹吉林；9 乌兰布；10 腾格里；11 毛乌素；12 库布齐；13 内蒙古中部；14 浑善达克；15 科尔沁；16 呼伦贝尔；17 蒙古东南部；18 蒙古西南部。

案。使用 CAMx（v7.0）来模拟 PM_{10} 浓度，并计算东亚地区不同尘源的贡献。中国多分辨率排放清单（MEIC 2017 http://meicmodel.org）和亚洲人为排放清单（MIX）被作为 CMAx 的人为排放。模型域覆盖了东亚的大部分地区。该模型的水平网格间距为 24km，从地表到 50hpa 有 30 个垂直层。图 9-1 显示了模型域和 18 个在模型中被标记的尘源区。这 18 个尘源区包括中国的 16 个沙漠和蒙古的两个地区。蒙古的两个地区以杭爱山为界。在沙尘排放方案中用于限制排放的沙尘排放掩码是根据中分辨率成像光谱仪（MODIS）土地覆盖产品生成的。根据前期研究结果，将内蒙古中部、浑善达克、科尔沁和呼伦贝尔纳入其中，更新了根据地表荒漠化的沙尘排放掩码。

9.2 我国沙尘来源情况

9.2.1 典型年份沙尘天气过程和模拟效果

选择对发生在 2020 年的 10 次沙尘过程进行模拟溯源，以分析典型年份我国沙尘天气的主要来源。5 次过程发生在中国西北部、内蒙古和蒙古，没有影响中国中东部。一次沙尘暴发生在蒙古、内蒙古和中国东北地区；一次发生在中国西北、内蒙古和蒙古，影响了中国中东部，但没有影响朝鲜半岛和日本。2 次沙尘过程发生在中国西北部、内蒙古和蒙古国，影响了中国中东部、朝鲜半岛和日本。在 10 次沙尘暴天气中，7 次发生在春季，这是沙尘暴天气的典型季节。3 次过程分别发生在冬季、初夏和秋季。10 月 20—22 日，SDSs 是分布最广的一次，覆盖了蒙古国和中国北方大部分地区，并被输送到朝鲜半岛和日本九州。10 月 22 日，韩国济州岛 PM_{10} 浓度达到 150μg/m³，日本长崎超过 50μg/m³。

表 9-1 和表 9-2 为我们的模型对于 PM_{10} 浓度的模拟统计结果，结果表明模型可以很好地模拟东亚地区的沙尘天气过程。模型轻微低估了蒙古国和内蒙古的风速，对韩国和日本岛屿上的风速存在高估。尽管模型对于风速的模拟存在一定的偏差，但是风速相关性和风向偏差结果表明模型基本上能反映风场的变化。对于蒙古国沙尘天气模拟的 TS 评分为 0.36，表明模型可以很好地把握蒙古国的起沙状况。

为了进一步分析模型对于中国西北地区的起沙模拟情况，选取了西北地区 4 个城市的 PM_{10} 浓度对模型进行验证对比。对塔克拉玛干沙漠中的和田地区的 PM_{10} 存在低估，低估在 35% 左右；对于位于西北地区沙源地附近的银川和金昌的模拟低估低于 15%，但是对于峰值浓度高于 1000μg/m³ 的时刻，低估可达 50%。对于内蒙古中部的呼和浩特既有低估也有高估。总的来说，模式对于塔克拉玛干沙漠存在低估，对于西北其他地区的起沙存在不确定性，但是于其他研究相比相关性和平均误差仍然是在可接受范围之内。对于评估模式都于传输的模拟效果，选择了传输通道上的 4 个城市（即北京、首尔、济州岛、长崎）进行对比分析。总的来说该模型可以很好地再现 PM_{10} 的时间趋势和高浓度。归一化平均偏差约为 30%~40%，相关性约为 0.67~0.79。在 10 月 20—22 日的沙尘过程期间，4 个站点的 PM_{10} 峰值浓度估计值高估了约 10%~40%。该模型还高估了呼和浩特市 PM_{10} 浓度峰值 35%，表明高估 PM_{10} 浓度可能是源区沙尘排放高估的结果。尽管如此，对比表明，该模型能够很好地模拟沙尘过程中 PM_{10} 的变化。

表 9-1　模型对不同区域风场和沙尘天气现象的模拟结果

地区	风速（m/s）			风向（°）	TS
	误差	均方根误差	相关系数	误差	
蒙古国	-0.2	1.9	0.76	-6.5	0.38
中国西北地区	0.41	1.51	0.78	4.19	—
内蒙古	-0.3	1.15	0.84	9.69	—
北京	0.4	1.24	0.73	-9.31	—
韩国和日本	1.46	2.03	0.68	-8.15	—

表 9-2　模型对不同城市沙尘天气过程中 PM_{10} 浓度模拟效果

统计量	和田	金昌	银川	呼和浩特	北京	首尔	济州	长崎
BIAS（$\mu g/m^3$）	-466.9	-18.1	-19.4	-9.5	-15.4	3.9	-7.3	-4.3
NMB（%）	-35	-13	-14	-8	-12	4	-13	-21
RMSE（$\mu g/m^3$）	669.2	67.2	83.6	182.5	49.5	18.2	17.2	7.2
IOA	0.67	0.81	0.8	0.83	0.76	0.82	0.78	0.8

9.2.2　沙源地沙尘相互传输分析

在这 10 个事件中，不同地区的沙尘排放量有所不同（图 9-2）。蒙古东南部和西南部是沙尘量最大的两个地区，分别为 3788kt 和 3854kt。包括哈顺戈壁和塔克拉玛干附近戈壁沙漠在内的新疆东部地区的沙尘排放量约为蒙古两个地区排放量的二分之一。内蒙古沙漠的沙尘排放量远小于蒙古沙漠，内蒙古沙漠的总沙尘排放量约为蒙古沙漠的三分之一。沙尘排放通量分布如图 9-3 所示。蒙古南部和新疆东部的沙尘排放通量远大于其他地区。塔克拉玛干沙漠的沙尘排放量较小的原因主要有两个：一是我们关注的影响范围较大的 10 次沙尘过程仅有 5 次发生在塔克拉玛干沙漠；二是和田等地的 PM_{10} 浓度低估表明模式对于塔克拉玛干沙漠的起沙存在低估。而很多研究指出，塔克拉玛干沙漠全年的沙尘排放量较大，并不少于蒙古国戈壁。

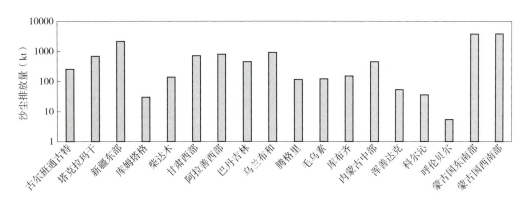

图 9-2　2020 年 10 个沙尘过程中 18 个沙源地区域沙尘排放量

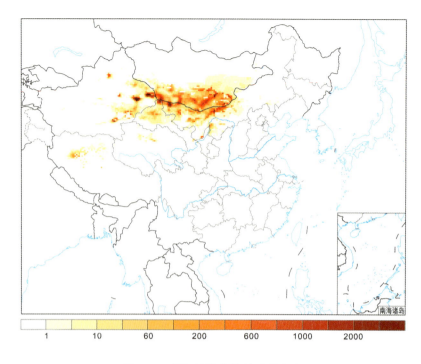

图 9-3　模拟的沙尘排放通量分布

沙源地之间存在着沙尘相互输送。图 9-4 显示了沙源地的沙尘排放对 PM_{10} 平均浓度的贡献。只有新疆东部、古尔班通古特、蒙古东南部和西南部的本地贡献率超过 50%。其他源区的 PM_{10} 浓度主要受传输影响，尤其是河套平原周围的沙漠。新疆东部地区的沙尘排放可显著输送至塔克拉玛干、库姆塔格、柴达木和甘肃西部，对这些地区的 PM_{10} 浓

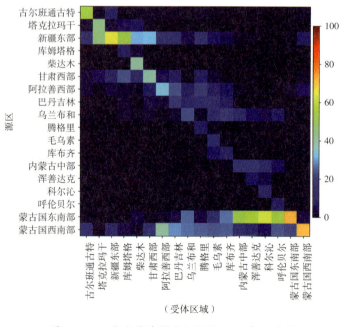

图 9-4　18 个主要沙源地之间的 PM_{10} 相互贡献

度贡献率分别为 45%、53%、32% 和 32%。古尔班通古特对其他地区的影响并不显著，但存在对新疆东部的影响，仅为 10%。塔克拉玛干沙漠仅对其周围地区（如柴达木）造成轻微影响。蒙古西南部的沙尘排放对巴丹吉林、乌兰布和、腾格里和毛乌素的 PM_{10} 浓度贡献约为 30%，对阿拉善西部贡献约为 40%。蒙古东南部的沙尘排放对内蒙古中部、浑善达克、科尔沁和呼伦贝尔的 PM_{10} 贡献约为 50%~60%。蒙古东南部对内蒙古西部的 PM_{10} 也有约 10%~20% 的贡献。总的来说，蒙古国两个地区对内蒙古大部分地区的贡献都超过了 50%。因此，蒙古国沙尘源区不仅是主要的沙尘排放源，而且会对内蒙古其他沙漠的沙尘浓度产生显著影响。虽然新疆沙漠的粉尘排放量也远高于其他地区，但其沙尘排放量主要影响新疆和甘肃西部的 PM_{10} 浓度。

河西走廊沙尘来源是研究的热点之一。图 9-5 显示位于河西走廊中部的金昌市，在沙尘天气期间 PM_{10} 浓度的来源。新疆东部、阿拉善西部、甘肃西部和蒙古西南部是金昌 PM_{10} 浓度的 4 个主要来源。新疆及其周边地区（新疆东部、塔克拉玛干、古尔班图古特和甘肃西部），以及内蒙古及其周边地区（蒙古西南部、阿拉善西部和巴丹加拉）的沙源地分别对金昌 PM_{10} 浓度贡献了约 38% 和 53%。此外，工业和家庭活动的人为排放量约占 3%，表明人为源不是沙尘天气中 PM_{10} 浓度的主要来源。

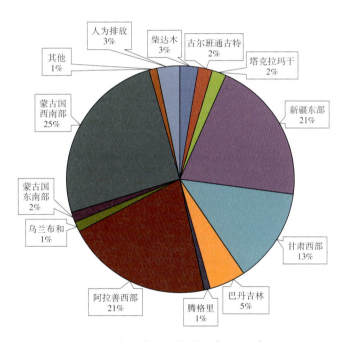

图 9-5　金昌沙尘天气过程中 PM_{10} 来源

9.2.3　对我国中东部传输的影响

2020 年 3 月 17—18 日（过程 A），5 月 11—12 日（过程 B），10 月 20—21 日（过程 C），3 次沙尘过程影响了中国中东部地区。3 次沙尘过程都是由蒙古高压和锋面系统引起的冷空气暴发引起的，这一系统导致了中国约 78% 的沙尘暴。图 9-6 显示 3 次沙尘过程期间每个网格中出现最大浓度时的模拟 PM_{10} 浓度和风场。在过程 A、B 和 C 期间，分别通过西、西北路径的冷空气暴发将沙尘输送至中国中东部。

北京每年数次受到沙尘天气的影响，戈壁沙漠是北京沙尘最重要的来源。在戈壁沙漠中，蒙古东南部是北京 PM_{10} 浓度的最大来源，在 2020 年的 3 次沙尘过程中，平均贡献率为 61.5%（表 9-3）。内蒙古中部的戈壁沙漠是北京的第二大来源地，约占 17.1%。其他沙漠对北京的贡献远小于这两个来源。浑善达克被认为是北京的一个重要尘源，仅贡献了北京 PM_{10} 浓度的 0.1%~4.0%。在沙尘天气期间，人为排放对北京 PM_{10} 浓度的贡献不到 5%。但是不同的沙尘天气过程中，不同的源区贡献存在差异。内蒙古西部的沙漠，如乌兰布和，在西路冷空气影响时比在西北路冷空气影响时对北京的贡献大。在过程 B 中，存在较强的径向风，浑善达克沙地对北京的贡献就大于其他两个过程。

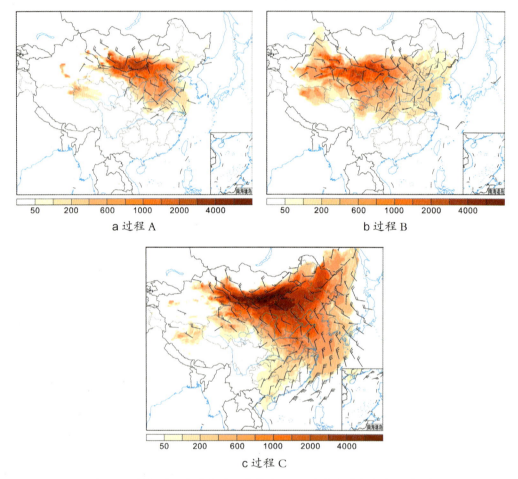

图 9-6　模拟的 3 次沙尘过程中最大 PM_{10} 浓度和最大浓度时的风场

表 9-3　主要沙源地对北京 PM_{10} 浓度的贡献

沙尘过程	蒙古国东南部	蒙古国西南部	内蒙古中部	乌兰布和	浑善达克	其他	人为源
过程 A	55.5%	5.0%	20.4%	7.7%	1.2%	3.9%	6.2%
过程 B	58.2%	1.3%	27.2%	3.5%	4.0%	2.3%	3.6%
过程 C	64.8%	7.1%	12.0%	9.5%	0.1%	2.2%	4.3%
平均	61.5%	5.3%	17.3%	7.7%	1.3%	2.5%	4.4%

在3次沙尘天气过程期间，中国东部超过50%的PM_{10}浓度来自蒙古东南部（图9-7a）。来自蒙古东南部的沙尘粒子通过内蒙古中部和华北平原输送到中国中东部。蒙古东南部对华南地区的贡献由东向西递减。蒙古东南部和蒙古西南部对华中地区的贡献相似，约为20%~30%。来自蒙古西南部的沙尘经过内蒙古西部和黄土高原，然后到达中国中部（图9-7b）。此外，内蒙古中部和乌兰布和对中国中东部的贡献率约为10%~30%（图9-7c）。在中国西南部，甘肃西部和内蒙古的沙尘排放是主要的尘源（图9-7d、e）。通往中国西南部的沙尘路径是典型的"蒙古偏北路径"。

虽然新疆东部的沙尘排放量比内蒙古其他地区大得多，但它对中国中东部PM_{10}浓度的贡献要小得多（图9-7e）。

由于地形、海拔和大气环流等因素，新疆地区的沙尘对我国中东部地区的沙尘浓度影响较小。新疆的沙源地四周都被山地环绕，并且沙尘多发生在东风控制下，导致了新疆的沙尘天气难以通过大气环流自西向东传输至我国中东部地区。新疆沙源地的沙尘基本都被滞留在了新疆本地，造成新疆塔克拉玛干沙漠等地较强的沙尘天气。

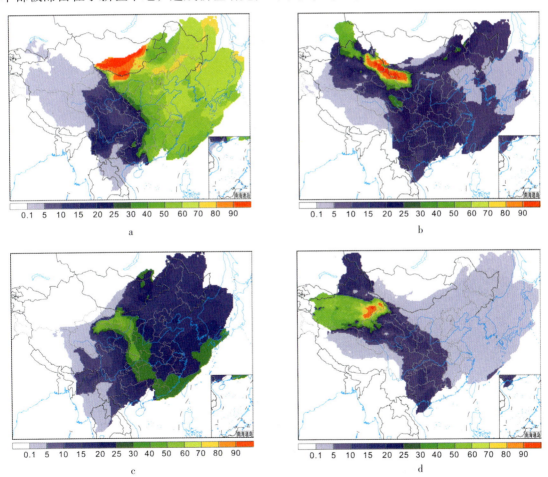

图9-7 不同的沙源地对东亚地区沙尘天气过程中PM_{10}浓度的贡献

注：a 蒙古国东南部；b 蒙古国西南部；c 内蒙古中部和乌兰布和；d 新疆东部；
e 甘肃西部、阿拉善西部、巴丹吉林和腾格里。

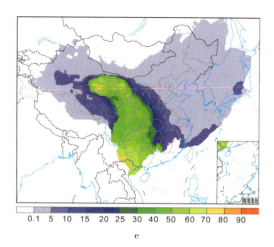

图 9-7　不同的沙源地对东亚地区沙尘天气过程中 PM_{10} 浓度的贡献（续）

注：a 蒙古国东南部；b 蒙古国西南部；c 内蒙古中部和乌兰布和；d 新疆东部；
　　e 甘肃西部、阿拉善西部、巴丹吉林和腾格里。

9.2.4　主要沙源地对日本、韩国等地的传输

许多研究认为蒙古南部、中国北部和中国东北部的戈壁是输送粉尘颗粒的主要来源。我们进一步量化了不同沙源区域的贡献。过程 B 和过程 C 影响了日本和韩国等地，图 9-8 显示了首尔、济州和长崎沙尘天气过程中 PM_{10} 浓度的来源。韩国和日本沙尘天气过程中 PM_{10} 浓度的来源没有显著差异。蒙古东南部是最大的贡献者，贡献率约为 60%，结果与北京的来源相似。乌兰布和、内蒙古中部和蒙古国东南部也分别贡献了约 6%~14% 的粉尘浓度。与北京不同，首尔受到中国东北部沙尘源的影响，贡献率不到 3%。结果表明，韩国和日本的沙尘天气过程中 PM_{10} 浓度主要来源于蒙古南部的沙尘排放，中国的沙源地贡献约为 30%，中国东北地区的贡献远小于其他地区。

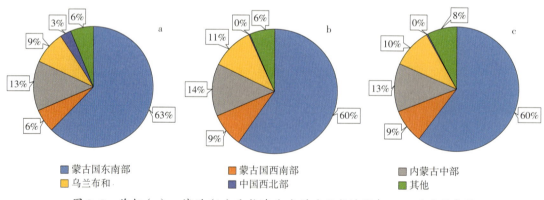

图 9-8　首尔（a）、济州（b）和长崎（c）沙尘天气过程中 PM_{10} 浓度的来源

为进一步描述沙尘的输送，图 9-9 显示在过程 C 期间出现最大 PM_{10} 浓度时，蒙古至日本沿线的 PM_{10} 浓度垂直分布和风场。该垂直剖面上的最高浓度出现在中国和蒙古的边境地区。内蒙古之后的整个剖面主要由西北风控制，表明西北风的输送是非沙源地区沙尘天气的主要原因。沙尘粒子被西北风输送到下风处，浓度随距离沙源的距离而降低。

近地层沙尘浓度高于高空。蒙古东南部对北京之后平原和近海沙尘浓度的贡献保持在 60% 左右,并且在 1km 以下基本保持不变,表明边界层内的沙尘颗粒来自相同的尘源。高层大气中沙尘的来源与边界层中沙尘来源明显不同。边界层内的浓度和来源表明,济州等下风向区的沙尘粒子不是通过高海拔输送然后沉降到地面,而是在边界层内进行传输。

亚洲沙尘的长距离传输有两种显著的模式。一种是在一个典型的暖区内产生沙尘天气,该暖区将沙尘提升到自由对流层中。沙尘颗粒可以远距离输送,甚至可以在太平洋上空输送。另一种模式是在"冷锋后"暴发,沙尘被强稳定结构限制在边界层内,并由低压系统输送。过程 C 与"冷锋背后"暴发引发的模式相对应。因此,标记方法为确定东亚地区沙尘传输的结构提供了一种有效方法。

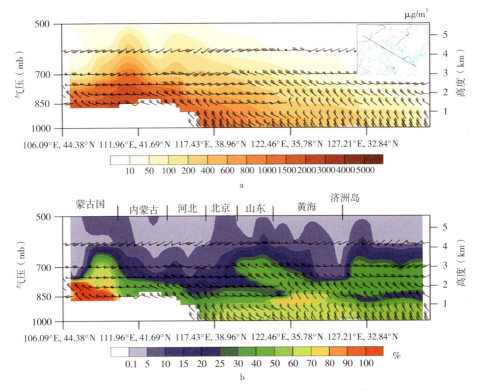

图 9-9 过程 C 中最大沙尘浓度和来源垂直分布

注:a 为过程 C 中模拟的沙尘最大浓度的垂直分布及风场分布,b 为蒙古国东南部对沙尘浓度的贡献剖面分布。剖面开始于蒙古国至日本,并跨过北京、济州岛。

9.3 典型沙尘过程溯源分析

9.3.1 2021 年 3 月 15 日沙尘过程概述和模拟效果

2021 年 3 月 14—15 日,一个超强的蒙古气旋(最小 SLP=978hPa,图 9-10a)在蒙古和中国北部引发了严重的沙尘暴事件。在这次沙尘暴事件中,蒙古和中国西北部的最低能见度远远低于 0.5km,风速超过 15m/s(图 9-10b)。沙尘颗粒被北风输送到长江以北的大部分地区,造成低能见度(<7km)和较高的 PM_{10} 浓度。这是近 10 年来最强的沙尘

暴事件。

冬初和冬末的破坏性降温和升温导致蒙古的尘源区出现裸露和松散的地表。3月上半月，内蒙古的温度明显比气候条件高5~8℃。降水的缺少、过度融雪和强烈的蒸发导致土壤干燥。蒙古松散干燥的土壤为沙尘排放提供了有利条件。超强的蒙古气旋和极为有利的地表条件，导致了蒙古国和中国北方大部地区遭遇了近10年来最强的沙尘暴天气。

模式可以成功模拟出本次沙尘过程中的PM_{10}浓度分布，覆盖蒙古国、我国中西部的大部地区（图9-11）。沙源地附近的PM_{10}浓度超过5000μg/m³，能见度低于1km。影响范围达到了长江以北的大部分区域，模式的PM_{10}浓度大于200μg/m³的区域与能见度低于10km的区域一致。模式对于几个重点城市的沙尘浓度都有很好的模拟效果，对峰值浓度误差低于10%，对于平均值浓度的误差在20%以内，相关性大于0.7，表明模式对本次沙尘过程的把握较好，反映出了沙尘的动态变化（表9-4）。

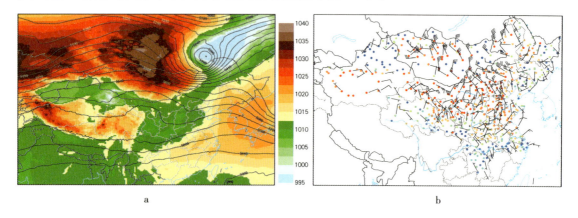

图9-10　北京时间2021年3月15日20:00的大气环流

注：a为500hPa地势高度和海平面气压，b为能见度（彩点）和最小能见度开始时的风场。

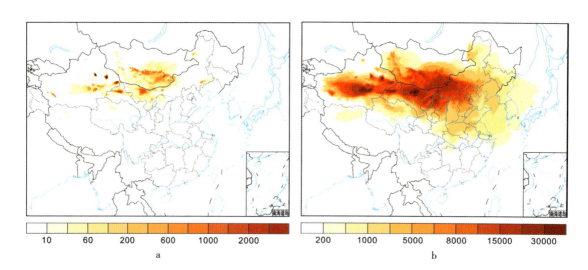

图9-11　北京时间2021年3月14至15日强沙尘暴过程起沙通量和PM_{10}浓度分布

注：a为模拟的本次过程中的起沙通量，b为PM_{10}浓度分布。

表9-4 3·15沙尘过程模拟效果统计

城市	观测峰值浓度	模拟峰值浓度	观测平均浓度	模拟平均浓度	相关性
北京	7685	7076	2698.9	2182.8	0.97
呼和浩特	>6500	12036	>2793.7	2490.0	—
银川	>6500	11513	>2975.2	2867.3	0.87
兰州	4086	3488	2934.9	1696.4	0.71
郑州	1826	1682	736.2	612.7	0.98
济南	3522	2796	1097.4	844.2	0.90

9.3.2 2021年3月15日沙尘过程溯源分析

针对3·15沙尘过程，模式对北京的沙尘来源结果表明，蒙古国的贡献是主要来源，占比可达80%，我国内蒙古中部沙源地占比低于20%。因此本次沙尘过程重要来源于蒙古国地表沙化，在蒙古气旋和大风作用下，大量的沙尘被输送至下游区域，导致了北京PM_{10}浓度超过9000 μg/m³。蒙古国对我国中东部大部分区域沙尘浓度贡献均超过70%，因此蒙古国的地表状况是本次沙尘天气形成的关键（图9-12）。

针对本次沙尘天气过程，利用高时间分辨率的遥感数据、实时气象数据，并结合所获珍贵样品的微量/稀土元素组成、锶-钕（Sr-Nd）同位素比值等数据，对这次沙尘暴事件进行了系统分析。结果发现，大多数样品难以仅用中国境内的源区来解释，远源的蒙古国贡献明显。中国库布齐沙漠和毛乌素沙地对本次沙尘天气过程几乎没有贡献。

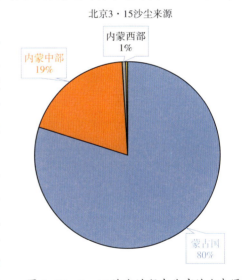

图9-12 3·15沙尘过程中北京沙尘来源

通过对比沙尘样本数据库，发现包头沙尘样本的轻稀土元素相比地壳富集约3倍，但是其他的元素均与地壳相似。但是在包头背景的样本中轻稀土元素相比于地壳富集约5~10倍，因此外来的沙尘传输稀释了这种高度的背景浓度。对包头的样本进一步分析发现，远距离传输对本次沙尘过程的贡献可达74%。结合样品测试结果、遥感分析和传输轨迹模型发现，此次沙尘暴天气过程起源于蒙古国中南部，并呈辐射状传输，影响了我国北方大部地区。其研究结果与本次模拟研究的结果类似，蒙古国的沙源地对我国北方大部地区的沙尘贡献可超过70%（图9-13）。

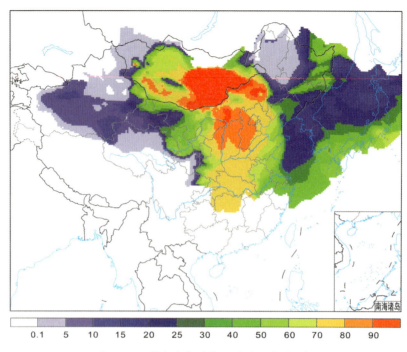

图 9-13 蒙古沙尘对我国的贡献率（%）

10 沙尘策源地防治

在我国北方，与沙尘路径和强风蚀区分布相吻合，一条西起塔里木盆地、东至松嫩平原西部的万里风沙带，横亘在中国北部边疆，其间分布着我国八大沙漠、四大沙地，这一区域既是我国境内沙尘主要策源地，也是强风蚀区所包括的风口区域，同时还是我国防沙、治沙的重点区域和林草生态建设的重点和难点区域，更是我国今后一段时间增加林草植被资源和战略性后备土地资源的主要区域。2023年6月，习近平总书记在内蒙古考察并主持召开加强荒漠化综合防治和推进"三北"等重点生态工程建设座谈会上强调，"要勇担使命、不畏艰辛、久久为功，努力创造新时代中国防沙治沙新奇迹。"习近平总书记的重要讲话，为我国防沙、治沙事业提出了明确的要求，指明了今后的建设方向。

10.1 沙化土地空间分布状况

10.1.1 自然概况

我国沙区主体位于大陆深处，大陆性气候特征明显，冬春季受蒙古高压控制，气候寒冷干燥、多风。夏秋季受海洋性季风影响，温暖湿润、降水集中。沙区水资源由降水、森林与山地冰雪消融所形成的地表水和地下水组成。沙区地域广袤，跨越多个自然地带，植被类型丰富，有森林、灌丛、草原、草甸、荒漠植被等。区域地带性土壤包括栗钙土、棕钙土、灰钙土、灰漠土、灰棕漠土、棕漠土、黄绵土、褐土、黑垆土、荒漠土等，非地带性土包括灌淤土、龟裂土、草甸土、沼泽土、盐碱土等。

10.1.2 沙化土地现状

全国第六次荒漠化和沙化调查结果表明，我国沙化土地面积达到168.78万km^2，与2014年相比净减少33352km^2，沙化土地面积持续减少。沙区生态状况呈"整体好转、改善加速"态势。2019年沙化土地平均植被综合盖度为20.22%，较2014年上升了1.90%。植被综合盖度大于40%的沙化土地较2014年明显增加，2019年较2014年累计增加了791.45万hm^2。土壤风蚀呈现减弱态势，2019年风蚀总量比2000年减少了约27.95亿t，风蚀总量减少了40%左右。

10.1.3 空间分布状况

我国沙化土地主要分布在北方，形成一条西起塔里木盆地，东至松嫩平原西部，横贯"三北"地区的沙化土地分布带。分布于不同自然地带的沙化土地由于所处地理位置不同，其风沙地貌特征也存在着明显差异。总体分布特征为：从西到东，戈壁逐步减少，到贺兰山东麓基本消失。沙漠呈不连续分布，在塔里木盆地、准噶尔盆地、柴达木盆地及阿拉善高原等西北干旱地区大量分布。沙地基本上分布在贺兰山以东、长城沿线以北的广大区域。从西向东，沙化土地从以流动沙地为主过渡到以半固定沙地为主，再向固定沙地过渡的特征。

10.2 建设取得的成就

10.2.1 沙化土地治理实现了全面逆转

伴随着我国北方沙化土地保护和治理力度的持续加强，沙化土地实现了从总体扩展到持续缩减的重大转变。全国荒漠化、沙化面积连续3个监测期出现"双缩减"。荒漠化土地由20世纪末，年均扩展1.04万km^2转变为年均缩减$2424km^2$，沙化土地由年均扩展$3436km^2$转变为年均缩减$1980km^2$。沙区生态环境步入良性循环轨道，沙区经济社会和生态面貌发生了巨大变化。

10.2.2 沙区植被大幅增加，生态状况明显改善

总体上看，我国沙区植被种类和植被综合盖度明显增加、碧水蓝天日数增多、沙化土地面积减少、沙尘天气强度持续减弱的大好局面。毛乌素、浑善达克、科尔沁、呼伦贝尔四大沙地得到有效治理，林草植被增加了226.7万km^2，沙化土地减少了16.9万km^2，生态状况整体改善。

10.2.3 防沙治沙重点工程建设取得重大进展

我国大力实施京津风沙源治理工程、沙化土地封禁保护区、防沙治沙综合示范区、"三北"防护林、退耕还林还草等工程，对沙化土地重点分布区域进行集中治理，推动了沙区生态状况的持续好转。京津风沙源治理工程实施20年，累计完成营造林面积902.9万hm^2，"三北"工程实施40年，累计完成营造林面积3014万hm^2，落实草原禁牧8000万hm^2，沙化土地封禁保护总面积177.2万hm^2，在北方风沙带上初步构建起了一条多林种、多树种有机结合、乔灌草科学配置的绿色生态屏障。

10.2.4 沙区产业发展明显加快，促进了民生改善

按照"多采光、少用水、新技术、高效益"的理念，培育和发展沙区特色产业，引导沙区充分发挥比较优势，因地制宜发展沙区种植养殖与加工、沙漠旅游及生物质能源等特色沙产业，带动沙区农牧民增收和区域经济转型升级。防沙治沙和特色产业的快速发展，促进了兴边、富民，加快了脱贫致富步伐，增进了民族团结，维护了社会和谐与稳定，并逆向拉动了防沙治沙步伐。同时，通过产业结构调整，改变了过去单一增长模式，初步形成了以饲料、中草药材、特色林果、沙漠旅游等为重点的一大批沙区特色产业，显著增加了荒漠化地区群众的就业机会，拓宽了农牧民增收渠道。

10.2.5 推动了生态文明建设

沙化土地综合治理的建设思路、政策机制、组织管理、技术措施、治理模式、试点示范等，为生态建设提供了经验，发挥了示范和带动作用，在沙化土地治理过程中涌现

出的治沙英雄，激励了更多人民群众参与到防沙治沙的工程建设中，提高了沙区干部群众的生态意识，坚定了人们建设生态文明的信心。

10.2.6　取得了良好的国际影响

我国是联合国防治荒漠化公约缔约国，签约后积极履行公约义务，我国北方13个省（自治区）和新疆生产建设兵团认真组织开展防沙治沙，取得了较好成效，为世界荒漠化防治提供了中国经验、中国技术、中国模式，在国际上产生了良好影响，树立了负责任大国形象，为提高我国国际地位作出了重要贡献。

10.3　存在问题

10.3.1　边治理边破坏的现象依然存在

我国沙化土地分布区域经济发展相对落后，人为活动对沙区植被的负面影响远未消除，超载过牧、盲目开垦、滥采滥挖等破坏植被和不合理利用水资源的行为依然存在。部分地方在工作中只注重经济效益和眼前利益，忽视沙区植被保护与建设，没有把防沙治沙放在应有的位置，许多沙区开发建设项目在立项和实施过程中防沙治沙意识淡薄，没有同步规划和实施防沙治沙措施，对沙区植被产生了新的破坏。个别地方甚至将固定沙地开垦为耕地，导致流沙泛起。

10.3.2　国家资金投入不足，地方资金配套不到位

在沙化土地区域开展的林草生态建设项目，国家投资属于补助性质，不足部分由地方配套资金解决。由于沙区立地地处偏远区域，立地条件差、土壤贫瘠，导致沙化土地治理成本越来越高。在实际工作中，许多地方不能全额配套项目建设费用，导致建设任务并未减少，每亩投资下降，投资标准与实际需求相比差距很大，影响了防沙治沙的进度和质量。

10.3.3　沙产业发展不平衡，巩固脱贫攻坚成果任务艰巨

大部分沙区仍以传统的农牧业生产方式为主，农牧业产出效益很低，大量的沙区资源得不到高效的开发利用。受经济条件限制，部分地区沙产业规模较小，结构不合理，基础设施不够完善，科技含量较低，开发利用在低档次徘徊，沙区缺少具有核心竞争力、带动力强的龙头企业，沙区产业发展总体上处于"大资源、小产业、低效益"的状况。

10.3.4　治理成果巩固已逐步成为新的工作难点

经过多年的沙化土地保护和治理，沙区林草植被种类不断扩展，植被综合覆盖度逐步提高，生态建设成效明显，但总体上沙区生态状况仍处于初步恢复阶段，自我调节和恢复能力还较弱，具有脆弱、不稳定和反复性，同时后期气候、病、虫、鼠害、林草火

灾的威胁将会长期存在，要巩固好防沙治沙成果、保护沙区林草植被的任务繁重且艰巨。

10.3.5 沙区采矿业发展影响了植被建设

我国北方沙区是矿产资源十分丰富的区域，地下矿产资源过度开发引发地表塌陷、地下水位下降，导致地表植被枯死，或导致新造林出现死亡，使得原本就比较脆弱的生态环境继续恶化。

10.4 治理的制约因素

10.4.1 水资源分布不均，生态用水难以保证

我国沙化土地主要分布区，气候干旱，降水稀少，区域内水资源总量匮乏。干旱地区由于发展经济的需要，水资源长期处于过度利用状态，生态建设用水得不到保证，已经影响当地经济社会的可持续发展。

10.4.2 可利用土地少，总体质量差

我国沙化土地主要分布区土地资源绝对数量多，但可利用土地少。区内可作为农林牧用地的面积大约占区域总面积的48%，而戈壁、流动沙丘、未利用土地等不可利用土地所占比例高达50%以上。长期以来，由于过牧超载使草地资源消耗速度超出自然再生能力，草地总体质量退化。

10.4.3 科技推广不到位，治沙技术含量低

我国目前治沙工作中还普遍存在着手段落后、技术力量不足，科技成果不能有效转化和推广普及，一批新技术、新工艺和新品种不能充分发挥应有的经济效益。对沙区高效节水农业、动植物品种改良与培育研究不够，沙区水、土、光、热资源得不到合理利用，防沙治沙工程建设还没有真正步入科学治理的轨道。

10.4.4 区域经济发展不平衡，防沙治沙投入有限

土地沙化地区多是少数民族聚居区和边疆地区，经济不发达，自我积累、自我发展能力弱。国家在防沙治沙上的投入虽然有所增加，但大部分沙区目前没有国家防沙治沙建设项目，只是借助"三北"工程建设开展沙化土地治理。

10.5 治理思路及重点区域

10.5.1 治理思路

"荒漠生态系统天生脆弱，牵一发而动全身。既不能在不适宜的地方改造沙漠，也

不能观望、畏手畏脚。有些沙漠改不好、改不了，不要知其不可为而为之。"本着这一指导思想，确定我国沙尘策源地治理思路为在全面保护沙区植被的基础上，实现防沙治沙重点突破。

（1）绿洲内部

以绿洲为核心，改造和完善农田防护林体系，推广节水灌溉技术，建设高效经济型林业，推动农牧业集约化经营和沙产业开发。

在绿洲内部营造"窄林带、小网格"为特征的护田林网，林网内实行林、粮、草混作；在村旁、路旁、渠旁、宅旁开展多方式、多树种、多草种的造林种草绿化；在绿洲内部的小片夹荒地、盐碱地、下潮地和河滩地，建立小片经济林和饲料林发展特色沙产业；开展草场改良和人工种草，发展舍饲畜牧业。最终在绿洲内部构建乔灌草、网片带结合的绿色林草防护体系，使绿洲处于人工创造的庇护环境下。

在绿洲水资源总量内合理分配生活、生产、生态用水，在保证生活、生产用水的同时，解决好生态用水问题。积极推广喷灌、滴灌、管道灌、膜孔灌等现代节水技术，改进农业灌溉制度，达到既节约水资源，又避免大水漫灌引起地下水位升高，诱发土壤次生盐渍化的问题。选择耐旱树种造林，采取科学的节水措施，减少水资源的消耗。

（2）绿洲与沙漠、戈壁交错分布地带

以保护现有植被为前提，以生物措施为主，配套工程措施，注重防风与固沙，重视抗旱、低耗水植被配置和节水技术应用，农林牧措施相结合，进行综合治理。

绿洲与半固定、固定沙丘接壤的交错带，应以封沙育林、围栏封育为主，保护原生植被，辅以适当的人工促进措施，扩大植被种类，增加植被盖度；在人工绿洲外营造乔灌草为主的防护林体系，通过扩展、增厚、补空、连接、完善等，提高和扩大防风固沙林带的功能、范围，维持或有限度地扩大绿洲范围，阻止沙漠对绿洲的侵蚀，减少周边风沙危害。结合防护林体系建设，配套修建水源及节水灌溉设施，以保证防护林带用水需要。

绿洲与流动沙丘、戈壁接壤的突变型交错带因流动沙丘或戈壁属于目前难以治理的区域，应以阻止流动沙丘吞食绿洲、保护戈壁砾幕免遭破坏为主要目的。在交错带建立非生物工程治理区和防护林带，一般情况下对该防护林带不实行经济利用。

（3）绿洲外围沙漠及戈壁

把大沙漠、大戈壁和难以治理及需要特别保护的地区作为生态维护区域，采取保护措施、减少人为破坏、维持生态现状。

绿洲外围无论流动沙丘、半固定沙丘、固定沙丘、戈壁和其他类型的沙化土地，在现有技术水平和经济条件下都很难进行治理，目前也无须投入大量人力、物力进行治理。对这些区域应以保持、维护区域现有状况为主，在暂时不易开发利用或地表现有植被及砾幕破坏后无法恢复的沙漠、戈壁地区建立封禁保护区，严格禁止一切人为活动，保护沙漠和戈壁原始生态系统。

同时对区域内风沙危害严重的道路、水渠、工矿周围，采用多种技术，构建机械、化学和生物措施相结合的综合防护体系，在周边一定范围内，严格禁止一切造成土地沙化的人为活动,确需开展道路维修、水渠保护、矿产开采等活动的,应及时对破坏的地表、植被进行人工修复。

(4) 沙地分布区域

在贺兰山以东四大沙地分布区域,采取乔、灌、草相结合,宜林则林、宜灌则灌、宜草则草,科学配置林草植被覆盖类型和密度,恢复沙区植被。

(5) 充分发挥沙区比较优势

适度发展沙产业,引导产业结构优化调整,构建种养加、产供销、农文旅一体化的现代沙产业体系,加快实现集聚、集约、集中发展,助推乡村振兴。

10.5.2 重点治理区域

习近平总书记强调,要突出重点区域沙化土地治理,全力打好三大标志性战役。一是要全力打好黄河"几字弯"攻坚战,二是要全力打好科尔沁沙地、浑善达克沙地歼灭战,三是要全力打好河西走廊—塔克拉玛干沙漠边缘阻击战。加强沙尘暴策源地林草生态建设和非生物治沙工程建设力度,确保沙源不扩散,有效减少沙尘危害。

10.6 治理对策

10.6.1 落实国土空间用途管控制度

强化沙区国土空间用途管控,明确生态功能区、生产功能区、生活功能区范围和四至边界,落实生态保护、基本农田、城镇开发等空间管控边界,减少人类活动对生态空间的占用,用最严格的手段保护好沙区林草植被和原生荒漠生态系统。

10.6.2 落实封禁保护修复制度

根据《中华人民共和国防沙治沙法》《国家沙化土地封禁保护区管理办法》《沙化土地封禁保护修复制度方案》的有关规定,对暂不具备治理条件、生态区位特别重要、对当地及其周边区域,乃至全国生态和重要基础设施可能产生严重影响的沙化土地;受自然、技术和资金等条件限制,对目前尚不具备治理条件及因保护生态的需要不宜开发利用的沙化土地,人为活动,且人为活动对生态破坏比较严重的沙化土地,划定为沙化土地封禁保护区,实行严格的封禁保护。

10.6.3 加大沙化土地治理力度

以"三北"等重点生态工程为依托,采取林业、草原、农业、水利等多种防治措施,加大干旱绿洲区、沙尘暴路径区、严重沙化草原区、严重水土流失区生态修复和沙化土地治理力度,恢复和增加林草植被,提升生态屏障功能。"要科学选择植被恢复模式,合理配置林草植被类型和密度,坚持乔灌草相结合",要依靠科技进步,坚持以水而定、量水而行,因地制宜地采取工程措施、生物措施,选用乡土树种和草种,宜乔则乔、宜灌则灌、宜草则草，乔、灌、草相结合，以雨养、节水为导向，科学配置乔灌草植被类型和栽植密度，营造防风固沙林、沙漠锁边林等。

10.6.4　加强沙区生态系统和植被保护

加强荒漠生态系统保护，落实沙区林草植被保护修复制度，加强沙化土地封禁保护区建设和国家沙漠公园建设，保护和修复荒漠生态系统。加强沙区森林资源保护，重点加强塔里木河流域胡杨林、灰杨林、柽柳林，黑河流域胡杨林、柽柳林，科尔沁沙地榆树疏林，浑善达克沙地榆树疏林、沙地云杉林等重要生态功能区天然林资源保护，维护沙区天然林生态系统的原真性、完整性。加强沙区草原保护，重点加强科尔沁沙地疏林草原，浑善达克沙地疏林草原、典型草原、荒漠草原，毛乌素沙地典型草原、荒漠草原等重要生态功能区草原保护，促进草原生态系统休养生息，恢复和提高草原植被覆盖度，预防产生新的土地沙化。

10.6.5　推动荒漠生态补偿制度

根据荒漠生态补偿制度研究成果，尽快出台荒漠生态补偿制度，按照"谁受益、谁补偿"的原则，对因保护沙区生态而丧失发展机会的省区，由中央财政转移支付进行合理的经济补偿，有关地方人民政府根据相关规定落实荒漠生态补偿资金，提高沙区生态保护的积极性。

10.6.6　合理利用水资源

坚持合理用水、科学用水的原则，避免在新疆塔里木河、甘肃黑河等内陆河流上游，过度开垦、大兴水利，保障河流中下游生态用水，特别是保障塔里木河生态走廊、黑河尾闾居延海生态用水充足，以巩固和恢复生态脆弱区和绿洲边缘区的林草植被。保护天山、祁连山水源涵养林，强化其涵养水源、调节径流、保持水土、保护生物多样性等生态功能。同时，避免过度利用地下水，特别是甘肃、内蒙古等河流供水量短缺的地区。

11 结论

（1）分析了不同沙漠沙地物质组成差异。结果表明各地区含量最高的物质都为 SiO_2，在 70% 以上；其次为 Al_2O_3，在 10% 左右。乌兰布和沙漠和古尔班通古特沙漠物质组成相似；塔克拉玛干沙漠与其他地区物质组成差异最大。在所检测的指标中，P_2O_5、K_2O、MgO、Al_2O_3、Fe_2O_3、CaO、TiO_2、Ni、Ba、Rb、Y 可以作为示踪物质示踪沙尘来源。

（2）阐明了近 20 年沙尘天气过程发生规律。结果表明主要沙尘路径为偏西路径型和西北路径型；20 年来沙尘暴天气过程呈现显著下降趋势；北极涛动指数和太平洋北美遥相关指数与沙尘天气过程有显著的相关性；在植物稀少的干旱区，沙尘天气与 NDVI 的相关性较弱；而在植物茂盛的亚湿润干旱区，沙尘天气与 NDVI 的相关性较强。

（3）识别了降尘来源。浑善达克沙地及巴丹吉林沙漠对所有调查区域的降尘来源贡献比最大，其次是毛乌素沙地，它对降尘也有着较大的贡献率，库布齐沙漠、腾格里沙漠、乌兰布和沙漠对所有调查区域的影响较弱，且所有来源随着时间的变化保持稳定。

（4）研究了气流来源分布。研究发现，在沙尘暴多发的春季，西北方向来源的气流占大部分比例，且西北方向气流较其他方向气流运动速度更快，多从低空向高空运动，更易携带地表物质到空中。2021 年"3·15"沙尘暴期间气流由西伯利亚地区经蒙古国西北部至东南部，又经内蒙古中部、华北北部向东运动。

（5）识别了 2021 年"3·15"特大沙尘暴国内潜在沙尘源区。基于土地利用类型、土壤湿度、植被覆盖度等数据，建立了研究区潜在沙尘源区多指标分级体系。识别土地利用中的旱地、疏林地、中覆盖度草地、低覆盖度草地、沙地、裸土地为潜在沙尘源区；识别土壤含水量在 15% 以下及植被覆盖率在 40% 以下的部分为潜在沙尘源区；结合"3·15"特大沙尘暴 500m 高度后向轨迹，推测"3·15"特大沙尘暴影响北京的境内潜在沙尘源区在锡林郭勒盟的浑善达克沙地。

（6）识别了北京市大气颗粒物输送路径。分析结果表明北京市除夏季气流主要来源于东南方向外，春、秋、冬季气流均主要来源于西北方向，且占比均在 40% 以上；来自西北方向的气流运动速度最快，距离最长。

（7）分析了北京市大气颗粒物潜在源区。北京市春季 $PM_{2.5}$ 的主要来源区域分布在北京市的西南部；PM_{10} 的潜在来源区域呈西北—东南分布；冬季 $PM_{2.5}$ 的潜在来源区域主要有山西中南部与陕西交界处、河北南部、河南北部及山东西部的部分地区；冬季 PM_{10} 的潜在来源区域主要位于山西中南部与陕西交界处，以及内蒙古中部的部分地区。

（8）分析沙尘策源地沙化土地现状，总结沙尘策源地治理成效和存在问题，梳理制约因素，结合我国目前实施的防沙治沙重点工程建设情况，分区域提出沙尘策源地治理对策，以期为沙化土地治理提供参考。

参考文献

艾雪，王艺霖，张威，等. 柴达木沙漠结皮中耐盐碱细菌的分离及其固沙作用研究 [J]. 北京干旱区资源与环境，2015，29（10）：145-151.

安林昌，张恒德，桂海林，等. 2015 年春季华北黄淮等地一次沙尘天气过程分析 [J]. 气象，2018（1）：180-188.

白冰，张强，陈旭辉，等. 东亚三次典型沙尘过程移动路径和特征 [J]. 干旱气象，2018，36（1）：11-16.

鲍锋，董治宝. 柴达木盆地沙漠地表沉积物矿物构成特征 [J]. 西北大学学报，2015，45（1）：90-96.

曹广真，张鹏，陈林，等. 地面能见度观测在卫星遥感 IDDI 指数中的融合应用 [J]. 遥感技术与应用，2013，28（4）：588-593.

曹广真，张鹏，胡秀清，等. 静止与极轨气象卫星监测沙尘的融合算法研究 [J]. 气象科技进展，2016，6（1）：116-119.

曾永年，冯兆东，曹广超. 末次冰期以来柴达木盆地沙漠形成与演化 [J]. 地理学报，2003，58（3）：452-457.

常生华，李广，侯扶江. 我国沙尘暴发生日数的空间分布格局 [J]. 中国沙漠，2006，26（3）：384-388.

陈仁升，康尔泗，杨建平，等. 甘肃河西地区近 50 年气象和水文序列的变化趋势 [J]. 兰州大学学报，2002，（2）.

陈晓光，张存杰，董安祥，等. 甘肃省沙尘暴过程的划分及统计分析 [J]. 高原气象，2004，23（3）：374-381.

陈治平. 准噶尔盆地古尔班通古特沙漠的基本特征 [C]//. 地理集刊（第五号）[M]. 北京：科学出版社，1963.

程弘毅. 河西地区历史时期沙漠化研究 [D]. 兰州：兰州大学，2007.

崔彩霞. 新疆近 40 年气候变化与趋势分析 [J]. 气象，2001，27（12）：38-41.

崔徐甲，董治宝，逯军峰，等. 巴丹吉林沙漠高大沙山区植被特征与地貌形态的关系 [J]. 水土保持通报，2014，34（5）：278-283.

丁瑞强，王式功，尚可政，等. 近 45a 我国沙尘暴和扬沙天气变化趋势和突变分析 [J]. 中国沙漠，2003，23（3）：306-310.

丁仲礼，孙继敏. 上新世以来毛乌素沙地阶段性扩张的黄土——红黏土沉积证据 [J]. 科学通报，1999，44（3）：324-326.

董光荣，陈惠实. 塔克拉玛干南缘新生代古风成沙 [C]//. 中国第四纪冰川与环境研究中心，中国第四纪研究委员会. 中国西部第四纪冰川与环境 [M]. 北京：科学出版社，1991.

董光荣，王贵勇. 塔克拉玛干沙漠第四纪地质 [C]//. 塔克拉玛干沙漠综合科学考察专题汇报材料，内部出版物，1995b.

董光荣，吴波，慈龙骏，等. 我国荒漠化现状、成因与防治对策 [J]. 中国沙漠，1999，19（4）：318-332.

董光荣. 中国沙漠形成演化气候变化与沙漠化研究 [M]. 北京：海洋出版社，2002.

董旭辉，杉本伸夫，白雪椿，等. 激光雷达在沙尘观测中的应用 [J]. 中国沙漠，2006，26（6）：942-947.

董治宝，屈建军，钱广强，等. 库姆塔格沙漠风沙地貌区划[J]. 中国沙漠，2011，31（4）：805-814.

杜宏印. 沙尘溯源方法研究进展[J]. 世界林业研究，2016，29（3）：6.

杜宏印. 中国六大沙漠（沙地）表层沉积物的稳定同位素和常量元素特征研究[D]. 北京：中国林业科学研究院，2016.

杜会石，哈斯额尔敦，王宗明. 科尔沁沙地范围确定及风沙地貌特征研究[J]. 北京师范大学学报（自然科学版），2017，53（1）：33-37.

杜俊平，陈年来，叶得明. 干旱区水资源与区域经济协调发展时空特征研究——以河西走廊为例[J]. 中国农业资源与区划，2017，38（4）：161-169.

樊璠，陈义珍，陆建刚，等. 北京春季强沙尘过程前后的激光雷达观测[J]. 环境科学研究，2013，26（11）：1155-1161.

范一大，史培军，罗敬宁. 沙尘暴卫星遥感研究进展[J]. 地球科学进展，2003，18（3）：367-373.

范一大，史培军，周俊华，等. 近50年来中国沙尘暴变化趋势分析[J]. 自然灾害学报，2005，14（3）：22-28.

符超. "双逆转"中国的荒漠化和沙化防治更有底气[N]. 绿色中国，2023-01-16.

付蓉. 近10年我国荒漠化地区干湿变化分析[J]. 林业资源管理，2013（4）：104-108.

高建峰，任璞，刘秀春. 山西省近40年沙尘暴天气气候特征分析[J]. 干旱区资源与环境，2004，18（增刊）：306-309.

高涛，徐永福，于晓，等. 内蒙古沙尘暴的成因、趋势及其预报[J]. 干旱区资源与环境，2004，18（1）：220-230.

耿宽宏. 中国沙区气候[M]. 北京：科学出版社，1986.

郭彪. 绿化荒漠 美丽中国[N]. 绿色时报，2014-06-01.

郭承录，李发明. 石羊河流域生态系统存在的问题及治理对策[J]. 中国沙漠，2010，30（3）：608-613.

郭承录，李宗礼，陈年来，等. 石羊河流域下游民勤绿洲草地退化问题分析[J]. 草业学报，2010，19（6）：62-71.

郭连生. 荒漠化防治理论与实践[M]. 呼和浩特：内蒙古大学出版社，1998.

郭亚洲，张睿涵，孙暾，等. 甘肃天然草地毒草危害、防控与综合利用[J]. 草地学报，2017，25（2）：243-256.

国家林业局. 中国沙漠图集[M]. 北京：科学出版社，2018.

韩兰英，万信，方峰，等. 甘肃河西地区沙漠化遥感监测评估[J]. 干旱区地理，2013，36（1）：131-138.

韩雪莹. 近30年毛乌素沙地沙漠化土地时空动态变化及其自相关研究[D]. 呼和浩特：内蒙古农业大学，2019.

郝成元，吴绍洪，杨勤业. 毛乌素地区沙漠化与土地利用研究[J]. 中国沙漠，2005，25（1）：35-41.

何彤慧，王乃昂，李育，等. 历史时期中国西部开发的生态环境背景及后果——以毛乌素沙地为例[J]. 宁夏大学学报（人文社会科学版），2006，（02）：26-31.

何彤慧. 毛乌素沙地历史时期环境变化研究[D]. 兰州：兰州大学，2009.

何占玺. 黑河流域退耕还林模式——以临泽县为例 [J]. 草业科学, 2004（1）: 15-16.

侯晓真. 基于多时相 TM 影像的波段运算分类方法研究 [D]. 徐州: 中国矿业大学, 2014.

胡秀清, 卢乃锰, 张鹏. 利用静止气象卫星红外通道遥感监测中国沙尘暴 [J]. 应用气象学报, 2007, 18（3）: 266-275.

胡隐樵, 光田宁. 强沙尘暴发展与干飑线——黑风暴形成的一个机理分析 [J]. 高原气象, 1996, 15（2）: 178-185.

胡钰玲, 赵中军, 马盼, 等. 库姆塔格沙漠降水和大降水的时空变化研究 [J]. 兰州大学学报: 自然科学版, 2017, 53（4）: 481-488.

虎陈霞. 绿洲景观空间格局的研究初探 [D]. 兰州: 西北师范大学硕士论文, 2003.

花丛, 刘超, 张碧辉. 影响北京的两次沙尘过程传输特征对比分析 [J]. 中国沙漠, 2019, 39（6）: 99-107.

黄悦, 陈斌, 董莉, 等. 利用星载和地基激光雷达分析 2019 年 5 月东亚沙尘天气过程 [J]. 大气科学, 2021, 45（3）: 524-538.

季方, 叶玮, 魏文寿. 古尔班通古特沙漠固定与半固定沙丘成因初探 [J]. 干旱区地理, 2000（1）: 32-36.

贾宝全, 任一萍, 杨洁泉. 绿洲景观生态建设的理论思考 [N]. 干旱区资源与环境, 2001-03-30.

贾治邦. 加强防沙治沙 造福天下众生——写在第十六个世界防治荒漠化与干旱日之际 [N]. 经济, 2010-07-15.

姜红, 何清, 曾小青, 等. 基于随机森林和卷积神经网络的 FY-4A 号卫星沙尘监测研究 [J]. 高原气象, 2021, 40（3）: 680-689.

蒋盈沙, 高艳红, 潘永洁, 等. 青藏高原及其周边区域沙尘天气的时空分布特征 [J]. 中国沙漠, 2019, 39（4）: 83-91.

金维林, 张宝珠, 尤木金, 等. 呼伦贝尔沙地沙化原因分析 [J]. 内蒙古林业科技, 2004（3）: 35-37.

康杜娟, 王会军. 中国北方沙尘暴气候形势的年代际变化 [J]. 中国科学: 地球科学, 2005, 35（11）: 1096-1102.

寇江泽, 李晓晴. 第六次全国荒漠化和沙化调查结果发布 荒漠化和沙化双逆转 [N]. 科学大观园, 2023-03-13.

雷春英, 吴明, 吴圣华, 等. 新疆沙化土地封禁保护区选址策略 [N]. 防护林科技, 2016-09-15.

雷向杰, 李亚丽, 王小宁, 等. 陕西强沙尘暴、特强沙尘暴天气气候特征分析 [J]. 中国沙漠, 2005, 25（1）: 118-122.

李璠, 肖建设, 祁栋林, 等. 柴达木盆地沙尘天气影响因素 [J]. 中国沙漠, 2019, 39（2）: 144-150.

李冰, 张宇清, 张志涛, 等. 我国北方沙区荒漠化防治工作思考与建议 [J]. 林草政策研究, 2021（3）: 20-27.

李宽. 内蒙古西部风蚀地表沙尘释放与输沙过程研究 [D]. 呼和浩特: 内蒙古农业大学, 2017.

李林, 赵强. 青海沙尘暴天气研究 [J]. 气象科技, 2002, 30（4）: 218-221.

李孝泽, 董光荣, 靳鹤龄, 等. 鄂尔多斯白垩系沙丘岩的发现 [J]. 科学通报, 1999, 44（8）: 874-877.

李艳春，赵光平，陈楠，等. 宁夏沙尘暴天气研究进展 [J]. 中国沙漠，2006，26（1）：137-141.

李云. 风云卫星在沙尘天气监测中的业务应用 [J]. 卫星应用，2018，11：24-28.

李彰俊，孙照渤，姜学恭，等. 蒙古气旋天气中的沙尘传输特征 [J]. 中国沙漠，2008，28（5）：927-930.

李志熙. 毛乌素沙地高等植被调查与研究 [D]. 咸阳：西北农林科技大学，2005.

李智飞. 河西走廊地区水资源脆弱性指标及应用研究 [D]. 北京：华北电力大学，2014.

丽君，马岩. 新疆生产建设兵团天然林保护工程现状及对策探讨 [N]. 中南林业调查规划，2012-05-15.

梁变变，石培基，周文霞，等. 河西走廊城镇化与水资源效益的时空格局演变 [J]. 干旱区研究，2017，34（2）：452-463.

刘超，张碧辉，花丛，等. 风廓线雷达在北京地区一次强沙尘天气分析中的应用 [J]. 中国沙漠，2018，38（5）：1663-1669.

刘东莱. 绿色"长城"现新疆石榴云 [N]. 新疆日报（汉），2023-07-31.

刘虎俊，王继和，廖空太，等. 地理学：库姆塔格沙漠的"羽毛状沙丘"形态的观测 [J]. 中国学术期刊文摘，2007.

刘虎俊，赵明，王继和，等. 库姆塔格沙漠南部的风积地貌特征 [J]. 干旱区资源与环境，2005（S1）：130-134.

刘景涛，正安，姜学恭，等. 中国北方特强沙尘暴的天气系统分型研究 [J]. 高原气象，2004，23（4）：540-547.

刘菊祥，张树森. 中国地质时代的古气候 [J]. 地质科学，1959，33（2）：33-39.

刘学峰，安月改，李元华. 京津冀区域沙尘暴和群发性强沙尘暴特征分析 [J]. 灾害学，2004，19（4）：51-56.

刘奕顺. 张继书. 西北的气候 [M]. 西安：陕西人民出版社，1988.

刘尊驰，刘彤，韩志全，等. 新疆和田地区春季气流和沙尘传输路径的时空特征 [J]. 干旱区资源与环境，2016，30（12）：129-134.

刘尊驰. 南疆典型沙区沙尘天气发生发展规律研究 [D]. 石河子：石河子大学，2016.

柳丹，张武，陈艳，等. 基于卫星遥感的中国西北地区沙尘天气发生机理及传输路径分析 [J]. 中国沙漠，34（6）：1605-1616.

卢琦，杨有林. 全球沙尘暴警示录 [M]. 北京：中国环境科学出版社，2001.

罗东兴. 陕北榆林靖边间的风沙问题 [J]. 科学通报，1954（3）：40-46.

吕嘉. 柴达木沙漠化现状及防治对策 [J]. 生态圈视野，2003（3）.

吕世海. 呼伦贝尔沙化草地系统退化特征及围封效应研究 [D]. 北京：北京林业大学，2005.

马静，单立山，孙学刚，等. 甘肃民勤连古城国家级自然保护区土地荒漠化特征分析 [J]. 甘肃农业大学学报，2019，54（3）：43-45.

[美]Edwin D. Mckee. 世界沙海的研究 [M]. 赵兴梁，译. 银川：宁夏人民出版社，1993.

孟秀敬，张士锋，张永勇. 河西走廊57年来气温和降水时空变化特征 [J]. 地理学报，2012，67（11）：1482-1492.

穆桂金，吉启慧. 塔克拉玛干沙漠地区第四纪沉积物的机械组成特征及其意义[J]. 干旱区地理，1990，13（2）：9-18.

庞国锦，董晓峰，宋翔，等. "三北"防护林建设以来河西走廊林地变化的遥感监测[J]. 中国沙漠，2012，32（2）：539-544.

彭振玲. 短期围封对河西走廊盐化草甸植物及土壤的影响[D]. 兰州：兰州大学，2018.

祁栋林，赵全宁，赵慧芳，等. 2004—2017年青海省降尘的时空变化特征及区域差异[J]. 干旱气象，2018，36（6）：927-935.

钱莉，李岩瑛，杨永龙，等. 河西走廊东部强沙尘暴分布特征及飑线天气引发强沙尘暴特例分析[J]. 干旱区地理，2010，33（1）：29-36.

钱亦兵，吴兆宁，等. 古尔班通古特沙漠环境研究[M]. 北京：科学出版社，2010.

钱正安，宋敏红，李万元. 近50年来中国北方沙尘暴的分布及变化趋势分析[J]. 中国沙漠，2002，22（2）：106-111.

秦大河. 沙尘暴[M]. 北京：气象出版社，2003.

丘明新. 我国沙漠中部地区植被[M]. 兰州：甘肃文化出版社，2000.

裘善文. 试论科尔沁沙地的形成与演变[J]. 地理科学，1989（4）：317-328.

全林生，时少英，朱亚芬，等. 中国沙尘天气变化的时空特征及其气候原因[J]. 地理学报，2001，56（4）：477-485.

申元村，王秀红，丛日春，等. 中国沙漠、戈壁生态地理区划研究[J]. 干旱区资源与环境，2013，27（1）：13.

沈建国，王娴. 蒙古气旋的天气气候分析[J]. 气象，1991，17（2）：23-27.

史正涛，宋友桂，安芷生. 天山黄土记录的古尔班通古特沙漠形成演化[J]. 中国沙漠，2006，26（5）：675-679.

宋阳，刘连友，严平，等. 中国北方5种下垫面对沙尘暴的影响研究[J]. 水土保持学报，2005，19（6）：15-18.

苏敏. 呼伦贝尔沙区土地沙化防治立地类型划分及对位防治措施研究[D]. 北京：北京林业大学，2019.

孙剑. 准噶尔盆地南缘土地沙化的林业治理措施[N]. 新疆林业，2017-02-28.

孙毅，丁国栋，吴斌，等. 呼伦贝尔沙地沙化成因及防治研究[J]. 水土保持研究，2007（6）：3.

唐国利，巢清尘. 近48年中国沙尘暴的时空分布特征及其变化[J]. 应用气象学报，2005，16（增刊）：128-132.

唐进年，苏志珠，丁峰，等. 库姆塔格沙漠的形成时代与演化[J]. 干旱区地理，2010（3）：9.

唐进年. 库姆塔格沙漠沉积物特征与沉积环境研究[D]. 北京：中国林业科学研究院，2018.

唐俊煜，冉丽. 建设现代林草业 推动新疆碳汇工作发展[N]. 新疆林业，2022-12-31.

唐维尧，鲍艳松，张兴赢，等. FY-3A/MERSI、modis C5.1和C6气溶胶光学厚度产品在中国区域与地面观测站点的对比分析[J]. 气象学报，2018，76（3）：449-460.

滕晓宁. 绿色沙漠扩张的"刹车片"[N]. 中国绿色时报，2015-12-17.

藤玲. "封沙令"的无奈与理智[N]. 地球，2015-06-08.

田晓萍，占玉芳，马力，等. 河西走廊沙漠人工林群落结构特征 [J]. 林业科技通讯，2021（6）：35-39.

王北辰. 毛乌素沙地南沿的历史演化 [J]. 中国沙漠，1983，3（4）：56.

王刚，柳军荣，赵虎人，等. 准噶尔盆地油田开发区土地沙漠化防治研究——以石西、莫北油田为例 [J]. 新疆环境保护，2003，25（3）：4.

王华，轩春怡，吴方，等. 北京两次重污染沙尘天气成因及动力传输特征的对比研究 [J]. 沙漠与绿洲气象，2020，14（4）：18-26.

王辉，徐向宏，徐当会，等. 河西走廊荒漠化地区景观格局的动态变化 [J]. 中国水土保持科学，2003（2）：5.

王劲峰. 人地关系的演进及其调控 [M]. 北京：科学出版社，1995.

王敏仲，魏文寿，何清，等. 边界层风廓线雷达资料在沙尘天气分析中的应用 [J]. 中国沙漠，2011，31（2）：352-356.

王森，王雪姣，陈东东，等. 1961—2017年南疆地区沙尘天气的时空变化特征及影响因素分析 [J]. 干旱区资源与环境，2019，33（9）：81-86.

王式功，金炯. 我国西北地区黑风暴的成因和对策 [J]. 中国沙漠，1995，15（1）：19-30.

王涛. 中国沙漠与沙漠化 [M]. 石家庄：河北科学技术出版社，2003.

王天河，孙梦仙，黄建平. 中国利用星载激光雷达开展沙尘和污染研究的综述 [J]. 大气科学学报，2020，43（1）：144-158.

王小军，陈翔舜，刘晓荣，等. 河西走廊区沙漠化年度趋势变化分析研究 [J]. 甘肃科技，2014，30（9）：5.

王旭，马禹，陈洪武. 南疆沙尘暴气候特征分析 [J]. 中国沙漠，2003，23（2）：147-151.

王旭，马禹，汪宏伟，等. 北疆沙尘暴天气气候特征分析 [J]. 北京大学学报（自然科学版），2002，38（5）：681-687.

王雪芹，张元明，蒋进，等. 放牧对古尔班通古特沙漠南部沙垄地表性质的影响 [J]. 地理学报，2007，62（7）：698-706.

王永胜，杨文斌，李永华，等. 库姆塔格沙漠东缘荒漠绿洲过渡带风况及输沙势 [J]. 干旱区资源与环境，2015（1）：5.

王永胜. 库姆塔格沙漠东缘风沙活动及羽毛状沙丘剖面特征 [D]. 北京：中国林业科学研究院，2014.

魏文寿，王敏仲，何清. 基于风廓线雷达技术的沙尘天气监测研究 [J]. 中国工程科学，2012，14（10）：51-56.

温仰磊，蒿承智，谭利华，等. 1:25万《毛乌素风沙地貌图》的编制 [J]. 中国沙漠，2018，38（3）：8.

吴波，慈龙骏. 五十年以来毛乌素沙地荒漠化扩展及其原因 [J]. 第四季研究，1998，2：165-172+193-194.

吴波，慈龙骏. 毛乌素沙地荒漠化的发展和成因 [J]. 科学通报，1998，43（22）：4.

吴正. 准噶尔盆地沙漠地貌发育的基本特征 [M]. 1960年全国地理学术会议论文选集（地貌）. 北京：科学出版社，1962.

吴正. 风沙地貌学 [M]. 北京：科学出版社，1987.

吴正. 风沙地貌研究论文选集 [M]. 北京：海洋出版社，2004.

吴正. 中国沙漠及其治理 [M]. 北京：科学出版社，2009.

夏热帕提乌斯满，阿布力孜，玉苏普. 新疆生态文明型产业结构建设的区域特色 [N]. 中外企业家，2013-03-15.

夏训诚，李崇舜，周兴佳，等. 新疆沙漠化与风沙灾害治理 [M]. 北京：科学出版社，1991.

徐传奇. 中国北方沙尘暴时空演化特征及源贡献 [D]. 兰州：兰州大学，2016.

徐当会. 河西走廊荒漠化土地景观格局变化机理及荒漠化程度评价研究 [D]. 兰州：甘肃农业大学，2002.

徐恒刚. 内蒙古西部沙区荒漠灌丛植被及沙区生态建设 [M]. 北京：中国农业科学技术出版社，2005.

徐文帅，李云婷，孙瑞雯，等. 典型沙尘回流天气过程对北京市空气质量影响的特征分析 [J]. 环境科学学报，2014，34（2）：297-302.

徐文帅，魏强，冯鹏，等. 2010年春季沙尘天气对北京市空气质量的影响及其天气类型分析 [J]. 中国环境监测，2012，28（6）：19-26.

徐志伟，鹿化煜，赵存法，等. 库姆塔格沙漠地表物质组成、来源和风化过程 [J]. 地理学报，2010，65（1）：53-64.

徐志伟，鹿化煜. 毛乌素沙地风沙环境变化研究的理论和新认识 [J]. 地理学报，2021，76（9）：2203-2223.

许燮. 气候变化对河西走廊沙漠化影响的风险评价研究 [D]. 兰州：兰州大学，2015.

闫德仁，安晓亮，任建民. 库布齐沙漠东缘沙物质特征的研究 [J]. 内蒙古林业科技，2003（2）：44-45.

闫德仁，张宝珠. 呼伦贝尔沙地研究综述 [J]. 内蒙古林业科技，2008（3）：34-39.

闫满存，王光谦，李保生，等. 巴丹吉林沙漠高大沙山的形成发育研究 [J]. 地理学报，2001，56（1）：83-91.

杨根生. 中国北方沙漠化地区在历史上曾是"水草丰美"或"林桑翳野"之地 [J]. 中国沙漠，2002（5）：36-38.

杨华兵. 新疆兵团沙区团场外围防护林体系建设的典型模式 [J]. 中南林业调查规划，2009，28（2）：17-19.

杨怀德，冯起，黄珊，等. 民勤绿洲水资源调度的生态环境效应 [J]. 干旱区资源与环境，2017，31（7）：68-73.

杨民，蔡玉琴，王式功，等. 2000年春季中国北方沙尘暴天气气候成因研究 [J]. 中国沙漠，2001，21（增刊）：6-11.

杨文斌，王涛，冯伟，等. 低覆盖度治沙理论及其在干旱半干旱区的应用 [J]. 干旱区资源与环境，2017，31（1）：5.

杨晓军，张强，叶培龙，等. 中国北方2021年3月中旬持续性沙尘天气的特征及其成因 [J]. 中国沙漠，2021，41（3）：245-255.

杨艳，王杰，田明中，等. 中国沙尘暴分布规律及研究方法分析 [J]. 中国沙漠，2012，32（2）：465-472.

杨永梅，杨改河，冯永忠，等. 毛乌素沙漠沙化过程探析 [J]. 西北农林科技大学学报（自然科学版），2006（9）：103–108.

尹晓惠，时少英，张明英，等. 北京沙尘天气的变化特征及其沙尘源地分析 [J]. 高原气象，2007（05）：1039–1044.

尹晓惠. 我国沙尘天气研究的最新进展与展望 [J]. 中国沙漠，2009，29（4）：728–733.

喻文虎，杨鹏翼，刘富庭，等. 高台县天然草地退化原因及治理对策 [J]. 四川草原，2006（1）：38–39.

袁国波. 21世纪以来内蒙古沙尘暴特征及成因 [J]. 中国沙漠，2017，37（6）：1204–1209.

云静波，姜学恭，孟雪峰，等. 冷锋型和蒙古气旋型沙尘天气过程典型个例对比分析 [J]. 中国沙漠，2013，33（6）：1848–1857.

张存杰，宁惠芳. 甘肃省近30年沙尘暴、扬沙、浮尘天气空间分布特征 [J]. 气象，2002，28（4）：28–32.

张高英，赵思雄，孙建华. 近年来强沙尘暴天气气候特征的分析研究 [J]. 气候与环境研究，2004（01）：101–115.

张广军. 沙漠学 [M]. 北京：北京林业出版社，1996.

张国胜，李林，汪青春，等. 基于遥感的巴丹吉林沙漠范围与面积分析 [J]. 地理科学进展，2010，29（9）：1087–1094.

张海霞，蔡守新，尤凤春，等. 冀南地区一次强对流型强沙尘暴成因分析 [J]. 气象，2007（05）：69–76.

张宏升，李晓岚. 沙尘天气过程起沙特征的观测试验和参数化研究进展 [J]. 气象学报，2014，72（5）：987–1000.

张家诚. 中国气候总论 [M]. 北京：气象出版社，1991.

张立运，陈昌笃. 论古尔班通古特沙漠植物多样性的一般特点 [J]. 生态学报，2002，22（11）：1923–1932.

张立运，李小明，海鹰，等. 乌鲁木齐河中下游的植被及人类活动的影响 [C]// 中国科学院新疆生物土壤沙漠研究所. 新疆植物学研究文集 [M]. 北京：科学出版社，1991.

张立运，刘速，周兴佳，等. 古尔班通古特沙漠植被及工程行为影响 [J]. 干旱区研究，1998（增刊）：168–177.

张璐，范凡，吴昊，等. 2021年3月14—16日中国北方地区沙尘暴天气过程诊断及沙尘污染输送分析 [J]. 环境科学学报，42（5）：1–13.

张仁健，韩志伟，王明星，等. 中国沙尘暴天气的新特征及成因分析 [J]. 第四纪研究，2002，22（4）：374–380.

张钛仁，张明伟，蒋建莹. 近60年北京地区沙尘天气变化及路径分析 [J]. 高原气象，2012，31（2）：487–491.

张霄. 防治荒漠化的"中国智慧" [N]. 今日中国，2017-10-15.

张正偲，董治宝，赵爱国，等. 库姆塔格沙漠风沙活动特征 [J]. 干旱区地理，2010（6）：8.

张志刚，高庆先，矫梅燕，等. 影响北京地区沙尘天气的源地和传输路径分析 [J]. 环境科学研究，

2007,20(4):21-27.

张志刚,赵燕华,陈万隆,等. 北京沙尘天气与源地气象条件的关系 [J]. 安全与环境学报,2003,3(1):20-24.

赵明,周春晓,李崇,等. 1960—2020年辽宁沙尘强度特征 [J]. 中国沙漠,2022,42(2):113-120.

赵运昌. 准噶尔盆地的地下水 [C]//. 治沙研究(第六号)[M]. 北京:科学出版社,1964.

赵珍珍. 基于多源数据的科尔沁沙地生态环境变化研究 [D]. 武汉:武汉大学,2017.

郑威. 陕北长城内外的流动沙丘,地理集刊,第一号 [M]. 北京:科学出版社,1957.

郑新江,陆文杰,罗敬宁. 气象卫星多通道信息监测沙尘暴的研究 [J]. 遥感学报,2001,5(4):300-305.

郑新江,杨义文,李云. 北京地区沙尘天气的某些特征分析 [J]. 气候与环境研究,2004,9(1):14-23.

中国科学院. "绿桥系统"建设咨询报告 [J]. 干旱区研究,2003,20(3):161-163.

中国科学院黄土高原综合科学考察队. 内蒙古伊金霍洛旗自然资源开发利用与土地沙漠化防治[M]. 北京:科学出版社,1991.

中国科学院新疆生态与地理研究所. 天山天体演化 [M]. 北京:科学出版社,1986:38-37.

中国气象局. 沙尘天气年鉴 [M]. 北京:气象出版社,2018.

钟德才. 中国沙海动态演变 [M]. 兰州:甘肃文化出版社,1998.

钟德才. 中国现代沙漠动态演变图(1:400万)[M]. 北京:中国地图出版社,2003.

周廷儒. 关于新疆最近地球历史时期的古地理问题 [J]. 北京师范大学学报(自然科学版)1964(1).

周廷儒. 新疆第四纪陆相沉积的主要类型及其和地貌气候发展的关系 [J]. 地理学报,1963,29(02):25-45.

周自江,艾孜秀,张洪政,等. 沙尘暴常规观测资料中若干问题的解析 [J]. 应用气象学报,2004,15(增刊):60-67.

周自江,王锡稳,牛若芸. 近47年中国沙尘暴气候特征研究 [J]. 应用气象学报,2002,13(2):193-200.

朱孟娜. 科尔沁沙地沙丘砂的来源分析 [D]. 长沙:湖南师范大学,2017.

朱震达,陈广庭. 中国土地沙质荒漠化 [M]. 北京:科学出版社,1994.

朱震达,陈治平,吴正,等. 塔克拉玛干沙漠风沙地貌研究进展 [M]. 北京:科学出版社,1981.

朱震达,刘恕. 关于沙漠化的概念及其发展程度的判断 [J]. 中国沙漠,1984,4(3):2-8.

朱震达,刘恕. 中国北方地区的沙漠化过程及其治理区划 [M]. 北京:中国林业出版社,1981.

朱震达,吴正,刘恕,等. 中国沙漠概论(修订版)[M]. 北京:科学出版社,1980.

朱震达. 塔克拉玛干沙漠地区沙漠化过程及其发展趋势 [J]. 中国沙漠,1987,7(3):16-28.

AN L C, CHE H Z, XUE M, et al. Temporal and spatial variations in sand and dust storm events in East Asia from 2007 to 2016: Relationships with surface conditions and climate change[J]. Science of the Total Environmen, 2018, 633: 452-462.

DING Z L, DERBYSHIRE E, YANG S L, et al. Step wise expansion of desert environment acrossnorthern China in the past 3.5 Maan dimplications form on soon evolution[J]. Earthand Planetary Science Letters, 2005, 237(1-2).

GUAN Q, LUO H, PAN N, et al.Contribution of dust in northern china to pm10 concentrations over the hexi corridor[J]. Science of The Total Environment, 2019, 660(APR.10): 947-958.

JI K W, HAI L G, LINC A, et al. Modeling for the source apportionments of PM_{10} during sand and dust storms over East Asia in 2020[J]. Atmospheric Environment, 2021, 267:118768.

JU T, LI X, ZHANG H, et al. Parameterization of dust flux emitted by convective turbulent dust emission (ctde) over the horqin sandy land area[J]. Atmospheric environment, 2018, 187(8), 62-69.

KANG J, YOON S, SHAO Y, et al. Comparison of vertical dust flux by implementing three dust emission schemes in wrf/chem[J]. Journal of Geophysical Research Atmospheres, 2011, 116: 202.

KAUFMAN Y J, TANR é, DIDIER, et al, 2001. Absorption of sunlight by dust as inferred from satellite and ground-based remote sensing[J]. Geophysical Research Let-ters, 28(8): 1479-1482.

KLAUS K, SWEN M, MOHAMED A, et al. Revised mineral dust emissions in the atmospheric chemistry-climate model EMAC (MESSy 2.52 DU_Astithal KKDU2017 patch)[J]. Geoscientific Model Development, 2018, 11(3):989-1008.

KOK J F, MAHOWALD N M, FRATINI G, et al. An improved dust emission model – Part 1: Model description and comparison against measurements[J]. Atmospheric Chemistry and Physics, 2014, 14:13023-13041.

KURBATOVA M, RUBINSTEIN K, GUBENKO I, et al. Comparison of seven wind gust parameterizations over the European part of Russia[J]. Advances in Science and Research, 2018, 15: 251-255.

LI Q, CHENG X, ZENG Q. Gustiness and coherent structure under weak wind period in atmospheric boundary layer[J]. Atmospheric and Oceanic Science Letters, 2016, 9:1, 52-59.

LIANG P, CHEN B, YANG X, et al. Revealing the dust transport processes of the mega dust storm event in 2021, northern China[J]. Science Bulletin, 2021, 66: 21-24.

LIU S, XING J, SAHU S K,et al. Wind-blown dust and its impacts on particulate matter pollution in northern China: current and future scenario[J]. Environmental research letters, 2021, 16(11): 192.

LU H, SHAO Y. 1999 A new model for dust emission by saltation bombardment[J]."Journal of Geophysical Research Atmospheres", 1999, 104: D14.

LUO J N, HUANG F X, GAO S, et al. Satellite monitoring of the dust storm over northern China on 15 march 2021[J]. Atmosphere, 2022, 13(2): 157.

NORIM E. Quaternary Climate Changes within Tarim Basin.[J] Geographic Review, 1992, 22.

PATLAKAS P, DARKAKI E, GALANIS G, et al. Wind gust estimation by combining a numerical weather prediction model and statistical post-processing - Energy Procedia, 2017, 125: 190-198.

SHAO Y, DONG C H. A review on East Asian dust storm climate, modelling and monitoring[J]. Global and Planetary Change, 2006, 52(1-4): 1-22.

SHAO Y P. Simplification of a dust emission scheme and comparison with data[J]. Journal of Geophysical Research Atmospheres, 2004, 109: 202.

STUCKI P, DIERER S, WELKER C, et al. Evaluation of downscaled wind speeds and parameterised gusts for recent and historical windstorms in Switzerland[J]. Tellus, 2016, 68(1): 55.

SUN J M.provenance of loess material and formation of loess deposites on the Chinese Loess Plateau[J]. Earth and Planetary Science Letters, 2002, 203(23): 845-859.

WANG J, ZHANG B, ZHANG H, et al. Simulation of a Severe Sand and Dust Storm Event in March 2021 in Northern China: Dust Emission Schemes Comparison and the Role of Gusty Wind[J]. Atmosphere, 2022, 13:108.

ZHOU C H, GUI H L, HU J K, et al. Detection of new dust sources in central/East Asia and their impact on simulations of a severe sand and dust storm[J]. Journal of Ge-ophysical Research: Atmospheres, 2019, 124: 10232-10247.